CAD技能训练

刘 利 主 编
于 静 马 良 孙福贵 副主编

辽宁科学技术出版社
·沈阳·

图书在版编目（CIP）数据

CAD技能训练 / 刘利主编；于静，马良，孙福贵副主编. —沈阳：辽宁科学技术出版社，2022.12（2024.6重印）
ISBN 978-7-5591-2815-7

Ⅰ. ①C… Ⅱ. ①刘… ②于… ③马… ④孙… Ⅲ. ①工程制图－AutoCAD软件 Ⅳ. ①TB237

中国版本图书馆CIP数据核字（2022）第214364号

出版发行：辽宁科学技术出版社
（地址：沈阳市和平区十一纬路25号 邮编：110003）
印 刷 者：沈阳丰泽彩色包装印刷有限公司
幅面尺寸：185mm × 260mm
印　　张：13.75
字　　数：300千字
出版时间：2022年12月第1版
印刷时间：2024年6月第2次印刷
责任编辑：高雪坤
封面设计：博瑞设计
版式设计：博瑞设计
责任校对：李　霞

书　　号：ISBN 978-7-5591-2815-7
定　　价：58.00元

编辑电话：024-23284360
邮购热线：024-23284502
http://www.lnkj.com.cn

辽宁煤炭技师学院国家级高技能人才培训基地系列培训教材编写委员会

组　　长　毕树海　李志民

副 组 长　廖　颖　王　平　常延玲

成　　员　马　良　潘远东　杨　娜　李　慧　李　昱
　　　　　郑舒云　孙革琳　纪正君　刘丽杰　董　毅
　　　　　从小玲　童雯艳　李传宝　徐　茜　刘　强
　　　　　祁　贺　张鹏野

本书参编人员

主　　编　刘　利

副 主 编　于　静　马　良　孙福贵

参编人员　侯　丹　王海军　孙革琳　李　昱　赵孟琼
　　　　　徐　茜　从小玲　郭　莹　张　卓

前　言

为进一步加强高技能人才队伍的建设工作，贯彻国家人力资源和社会保障部、国家财政部《关于深入推进国家高技能人才振兴计划的通知》的精神，加快培养高素质劳动者和技能型人才，切实提升职业技工学校服务经济社会发展的能力和水平，培养具有与本专业岗位相适应的文化水平和良好职业道德、了解企业生产全过程、掌握本专业基本专业知识和技术的技能型人才，学校组织专家、骨干教师编写了体现本校专业特色和学生实际情况、满足企业岗位能力需求的系列教材，以适应新的技工教育模式的要求。

本校重视教材的编写工作，成立了教材编写委员会，统一思想、明确目标、制定标准，并在编写委员会组织下深入企业开展调研工作，了解企业对技能型劳动者的要求，掌握企业高新技术的应用水平和发展趋势，认真研究相关的国家职业技能鉴定内容，按照“会用、实用、够用”的原则，编写工作以典型任务为主体，以工作过程为导向，融入职业标准、对接企业岗位能力的系列教材，在此基础上构建了《CAD技能训练》的整体框架。

本书具有以下两个特点:

1.根据“会用、实用、够用”的原则，以相应的职业资格标准为指导，以企业调研及学生的实际情况为依据，以传统教材为参考，构建出教材的框架，在编写中以能力为本位，注重专业知识的拓展，突出职业技术教育的特色。根据企业及机械类、计算机类专业的要求，合理确定学生应该具备的能力结构与知识结构，在教材中由浅入深地设置从界面到直线、曲线、平面、曲面、文字、数字、三维图形的绘制及编辑操作技能训练。

2.本教材在编写过程中以职业技能为核心，以职业活动模块项目任务为导向，力求以最小的篇幅、最精练的语言，在教材编写模式上尽可能地采用插图将各个知识点生动地展示出来，给学生营造一个更加直观的认知环境，使学生易学、易懂、易记、易练，同时具有根据科技发展进行调整的灵活性和实用性，符合培训、鉴定和就业工作的需要。达到了既可以在专业教师的指导下进行操作练习，也可以进行自我训练的目的。

本书由刘利主编，于静、马良、孙福贵为副主编，侯丹、王海军、孙革琳、李昱、赵孟琼、徐茜、丛小玲、郭莹、张卓为参编人员。机械专业、电教专业部分骨干教师参与了调研及教材框架的制定。在此对支持本书编写工作的各位领导、对本书提出宝贵意见和建议的企业专家、参与本书编写的专业教师、对本书编写及出版做出努力和贡献的所有人员一并表示衷心的感谢。

由于编者水平有限，加之编写时间仓促，书中难免存在不妥之处，恳请广大读者批评指正。

编 者

2022年3月

目 录

知识目标：

1.了解AutoCAD 2009的基本操作。

2.掌握基本图形、视图、零件图的绘制方法。

3.熟悉高级图形的绘制与编辑以及装配图的绘制过程。

技能目标：

1.熟练运用AutoCAD 2009绘制平面图形和基本视图。

2.能比较熟练地运用AutoCAD 2009绘制零件图和简单装配图。

模块训练一　AutoCAD的绘图环境及基本操作

【学习目标】

1.熟悉AutoCAD 2009用户界面的组成。

2.调用AutoCAD命令的方法。

3.选择对象的常用方法。

4.快速缩放、移动图形及全部缩放图形。

5.重复命令和取消已执行的操作。

6.掌握图层、线型、线宽等。

通过本模块的训练，使读者熟悉AutoCAD 2009的用户界面，并掌握一些基本操作。

项目训练一　了解用户界面及基本操作训练

【任务1】熟悉AutoCAD 2009的绘图界面

启动AutoCAD 2009后，其用户界面如图1-1所示，主要由菜单浏览器、快速访问工具栏、功能区、绘图窗口、滚动条、命令提示窗口、状态栏等部分组成。

1.单击【菜单浏览器】图标，弹出菜单列表，选择菜单命令【工具】/【选项板】/【功能区】，关闭【功能区】。

2.再次打开【菜单浏览器】，选择菜单命令【工具】/【选项板】/【功能区】，打开【功能区】。

3.单击【功能区】中【常用】选项卡【绘图】面板上的按钮，展开该面板，再单击按钮，固定面板。

4.将鼠标指针移动到【快速访问】工具栏的任意一个按钮上，单击鼠标右键，弹出快捷菜单，选择【工具栏】/【AutoCAD】/【绘图】命令，打开【绘图】工具栏，如图1-2所示。用户可移动工具栏或改变工具栏的形状。将鼠标指针移动到工具栏边缘处，按下鼠标左键并移动鼠标，工具栏就随鼠标指针移动。将鼠标指针放置在拖出工具栏的边缘，当鼠标指针变成双面箭头时，按住鼠标左键，拖动鼠标，工具栏的形状就发生变化。

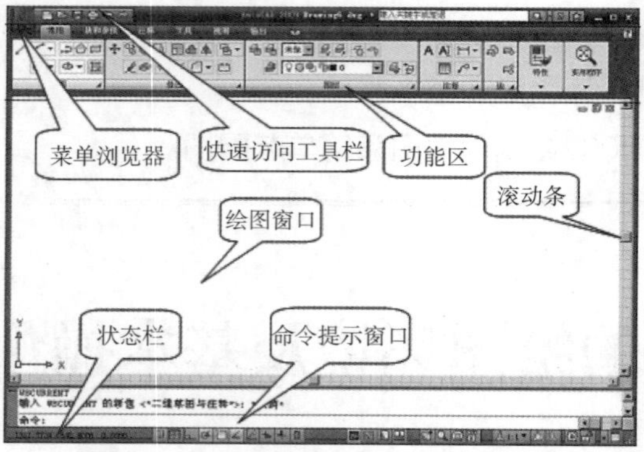

图1-1　AutoCAD 2009操作界面

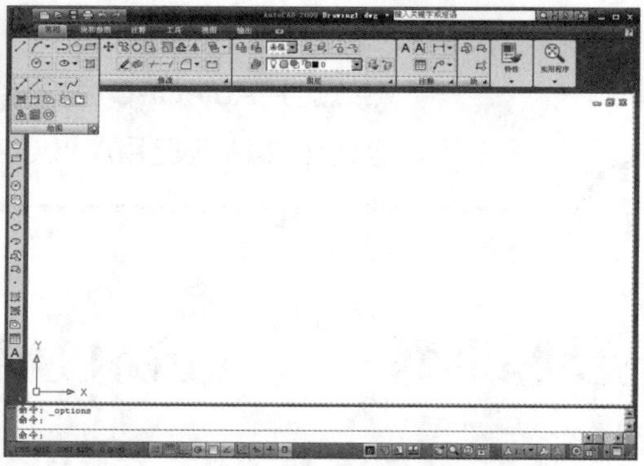
图1-2　打开【绘图】工具栏

5.绘图窗口是用户绘图的工作区域，该区域无限大，其左下方有一个表示坐标系的图标，图标中的箭头分别指示X轴和Y轴的正方向。在绘图区域中移动鼠标指针，状态栏上将显示光标点的坐标读数。单击该坐标区可改变坐标的显示方式。

6.AutoCAD提供了两种绘图环境：模型空间及图纸空间。单击状态栏上的按钮，切换到图纸空间。单击按钮，切换到模型空间。默认情况下，AutoCAD的绘图环境是模型空间，用户在这里按实际尺寸绘制二维或三维图形。图纸空间提供了一张虚拟图纸（与手工绘图时的图纸类似），用户可在这张图纸上将模型空间的图样按不同的缩放比例布置在图纸上。

7.AutoCAD绘图环境的组成一般称为工作空间，单击状态栏上的按钮，弹出快捷菜单，该菜单【二维草图与注释】选项被选中，表明现在处于“二维草图与注释”工作空间。选择该菜单上的【AutoCAD经典】选项，切换至以前版本的默认工作空间。

8.命令提示窗口位于AutoCAD程序窗口的底部，用户输入的命令、系统的提示信息等都反映在此窗口中。将鼠标指针放在窗口的上边缘，鼠标指针变成双面箭头，按住鼠标左键向上拖动鼠标就可以增加命令窗口显示的行数。按F2键将打开命令提示窗口，再次按F2键就关闭此窗口。

【任务2】用AutoCAD绘制图形的基本过程

1.启动AutoCAD 2009。

2.单击【菜单浏览器】，选择菜单命令【文件】/【新建】（或单击【快速访问】工具栏上的按钮来创建新图形），打开【选择样板】对话框，如图1-3所示。该对话框列出了许多用于创建新图形的样板文件，默认的样板文件为“acadiso.dwt”。单击打开(O) 按钮，开始绘制新图形。

图1-3　【选择样板】对话框

3.按下状态栏上的、及按钮，注意，不要按下按钮 。

4.单击【功能区】中【绘图】面板上的按钮，结果如图1-4所示。

AutoCAD提示:

命令: _line 指定第一点:　　//单击*A*点，如图1-4所示

指定下一点或 [放弃（U）]: 400　　//向右移动鼠标指针，输入线段长度并按Enter键

指定下一点或 [放弃（U）]: 600　　//向上移动鼠标指针，输入线段长度并按Enter键

指定下一点或 [闭合（C）/放弃（U）]: 500　　//向右移动鼠标指针，输入线段长度并按Enter键

指定下一点或 [闭合（C）/放弃（U）]: 800　　//向下移动鼠标指针，输入线段长度并按Enter键

指定下一点或 [闭合（C）/放弃（U）]:　　//按Enter键结束命令

5.按Enter键重复画线命令，绘制线段*BC*，如图1-5所示。

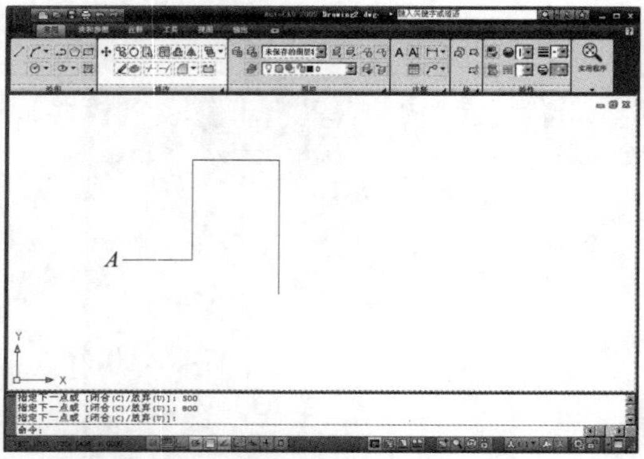

图1-4 画线

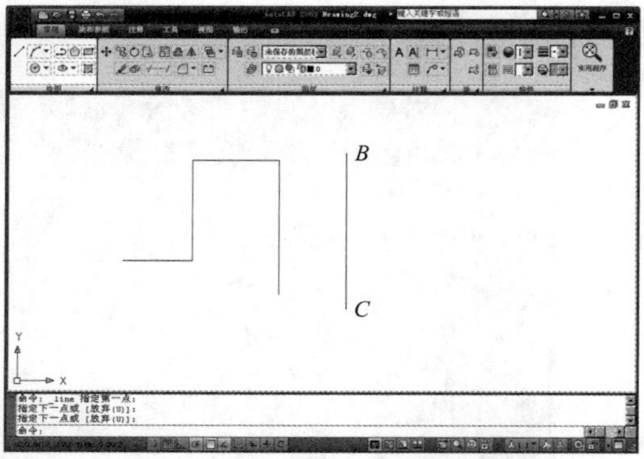

图1-5 绘制线段*BC*

6.单击【快速访问】工具栏上的按钮，线段*BC*消失，再次单击该按钮，连续折线也消失。单击按钮，连续折线显示出来，继续单击该按钮，线段*BC*也显示出来。

7.输入画圆命令全称CIRCLE或简称C，结果如图1-6（1）所示。

AutoCAD提示：

命令: CIRCLE　　//输入命令，按Enter键确认

指定圆的圆心或 [三点（3P）/两点（2P）/相切、相切、半径（T）]:　　//单击*D*点，指定圆心，如图1-6（1）所示

指定圆的半径或 [直径（D）]:　　//输入圆半径，按Enter键确认

8.单击【功能区】中【绘图】面板上的按钮，结果如图1-6（2）所示。

AutoCAD提示：

命令: _circle

指定圆的圆心或 [三点（3P）/两点（2P）/相切、相切、半径（T）]:　　//将鼠标指针移动到端点*E*处，AutoCAD自动捕捉该点，再单击鼠标左键确认，如图1-6（2）所示

指定圆的半径或 [直径（D）] <100.0000>: 160　//输入圆半径，按Enter键

9.单击状态栏上的按钮，鼠标指针变成手（）的形状，按住鼠标左键向右拖动鼠标，直至图形不可见为止。按Esc键或Enter键退出。

10.单击【功能区】中【实用程序】面板上的按钮，图形又全部显示在窗口中，如图1-7所示。

11.单击程序窗口下边的按钮，按Enter键，鼠标指针变成放大镜（）形状，此时按住鼠标左键向下拖动鼠标，图形缩小，如图1-8所示。按Esc键或Enter键退出，也可单击鼠标右键，在弹出的快捷菜单中选择【退出】命令。该菜单上的“范围缩放”选项可使绘图区域充满整个图形窗口。

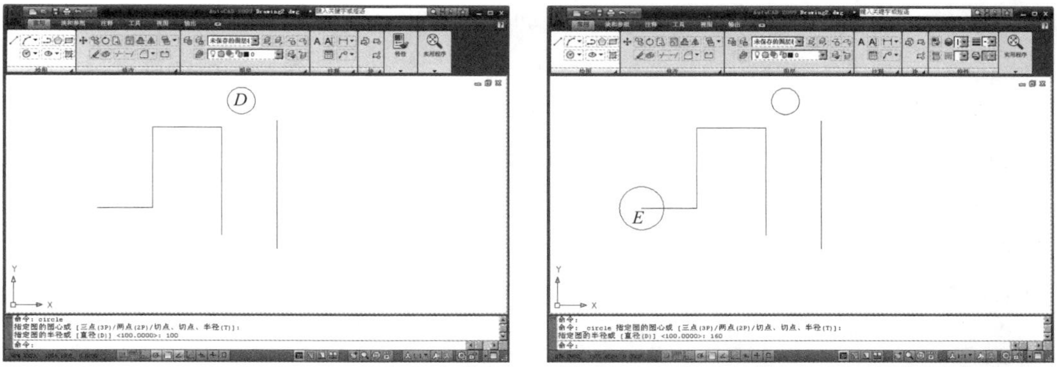

（1）　　　　（2）

图1–6　画圆

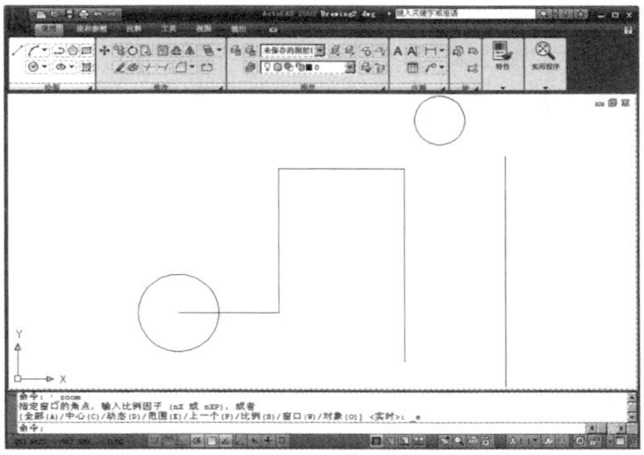

图1–7　全部显示图形

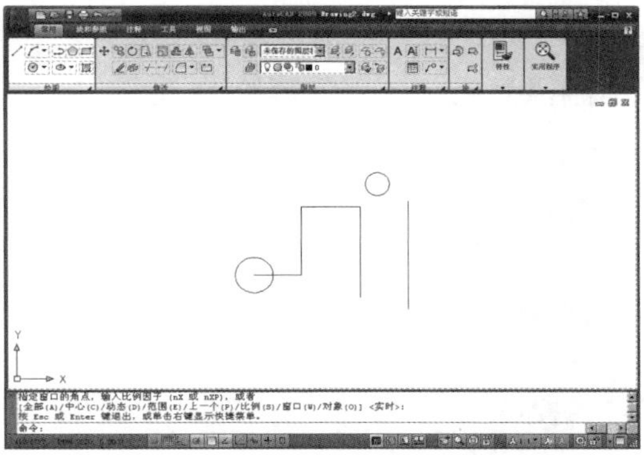

图1–8　缩小图形

12.单击鼠标右键，弹出快捷菜单，选择【平移】命令，再单击鼠标右键，选择【窗口缩放】命令。按住并拖动鼠标左键，使矩形框包含图形的一部分，松开鼠标左键，矩形框内的图形被放大。继续单击鼠标右键，选择【缩放为原窗口】命令，则又返回原来的显示。

13.单击【功能区】中【修改】面板上的按钮（删除对象），结果如图1–9（2）所示。

AutoCAD提示：

命令: _erase

选择对象:　　　//单击*A*点，如图1–9（1）所示

指定对角点:找到 1 个　　　//向右下方拖动鼠标指针，出现一个实线矩形窗口

//在*B*点处单击一点，矩形窗口内的圆被选中，被选对象变为虚线

选择对象:　　//按Enter键删除圆

命令:ERASE　　//按Enter键重复命令

选择对象:　　//单击*C*点

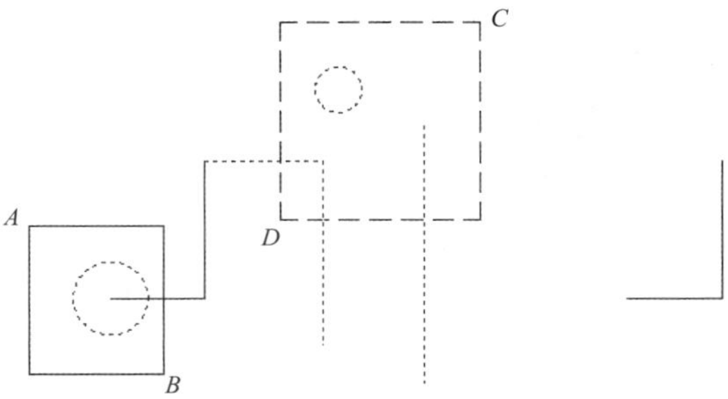

（1）　　　　（2）

图1–9　删除对象

指定对角点: 找到 4个　　//向左下方拖动鼠标指针，出现一个虚线矩形窗口

//在*D*点处单击一点，矩形窗口内及与该窗口相交的所有对象都被选中

选择对象:　　//按Enter键删除圆和线段

14.单击【菜单浏览器】，选择菜单命令【文件】/【另存为】（或单击【快速访问】工具栏上的按钮），弹出【图形另存为】对话框，在该对话框的【文件名】文本框中输入新文件名。该文件默认的类型为“dwg”，若想更改，可在【文件类型】下拉列表中选择其他类型。

【任务3】用矩形窗口选择对象

如图1-10（1）所示，用ERASE命令将图修改为图1-10（2）所示。

命令:_erase

选择对象:　　//在*A*点处单击一点，如图1-10（1）所示

指定对角点: 找到 9个　　//在*B*点处单击一点

选择对象:　　//按Enter键结束

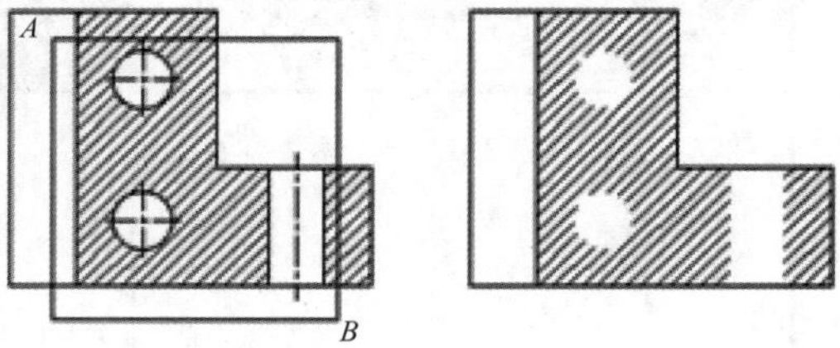

（1）　　（2）

图1-10　用矩形窗口选择对象

【任务4】用交叉窗口选择对象

如图1-11（1）所示，用ERASE命令将图修改为图1-11（2）所示。

命令: _erase

选择对象:　　//在*C*点处单击一点，如图1-11（1）所示

指定对角点: 找到 14个　　//在*D*点处单击一点

选择对象:　　//按Enter键结束

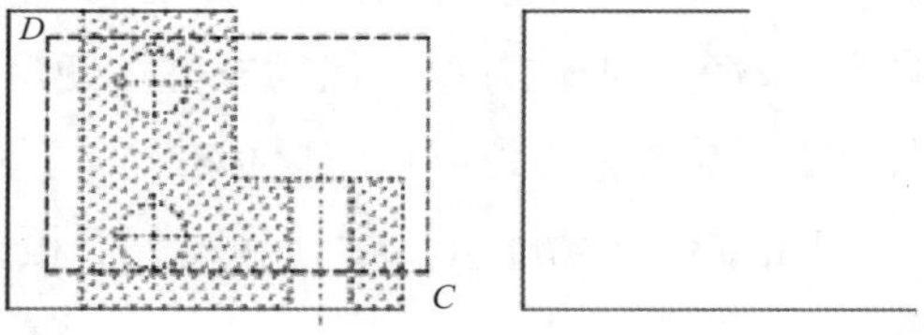

（1）　　（2）

图1-11　用交叉窗口选择对象

【任务5】修改选择集

如图1-12（1）所示，用ERASE命令将图修改为图1-12（3）所示。

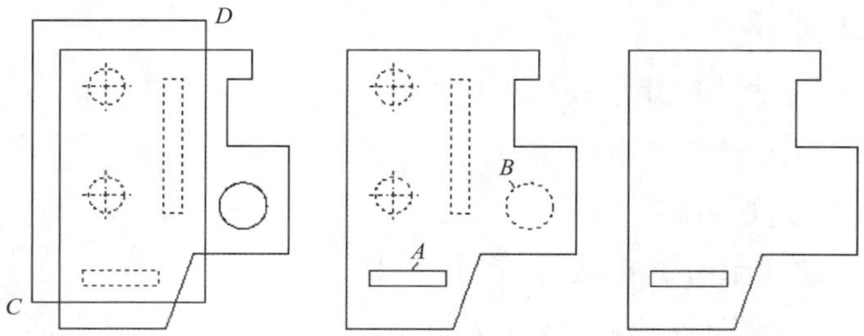

（1）　　（2）　　（3）

图1-12　修改选择集

命令: _erase

选择对象:　　//在C点处单击一点，如图1–12（1）所示

指定对角点: 找到 8 个　　//在D点处单击一点

选择对象:找到1个，删除1个，总计7个//按住Shift键，选取矩形A，该矩形从选择集中去除，如图1–12（2）所示

选择对象:找到1个，总计8个　　//松开Shift键，选择圆B

选择对象:　　//按Enter键结束

【任务6】观察图形的方法

1.如图1–13所示，单击状态栏上的按钮并按Enter键，AutoCAD进入实时缩放状态，鼠标指针变成放大镜（）形状，此时按住鼠标左键向上拖动鼠标，可放大零件图；向下拖动鼠标，可缩小零件图。按Esc键或Enter键可退出实时缩放状态，也可单击鼠标右键，然后选择快捷菜单上的【退出】命令实现这一操作。

2.单击状态栏上的按钮，AutoCAD进入实时平移状态，鼠标指针变成手（）的形状，此时按住鼠标左键并拖动鼠标，就可以平移视图。单击鼠标右键，弹出快捷菜单，然后选择【退出】命令。

3.单击鼠标右键，选择【缩放】命令，进入实时缩放状态。再次单击鼠标右键，选择【平移】命令，切换到实时平移状态，按Esc键或Enter键退出。

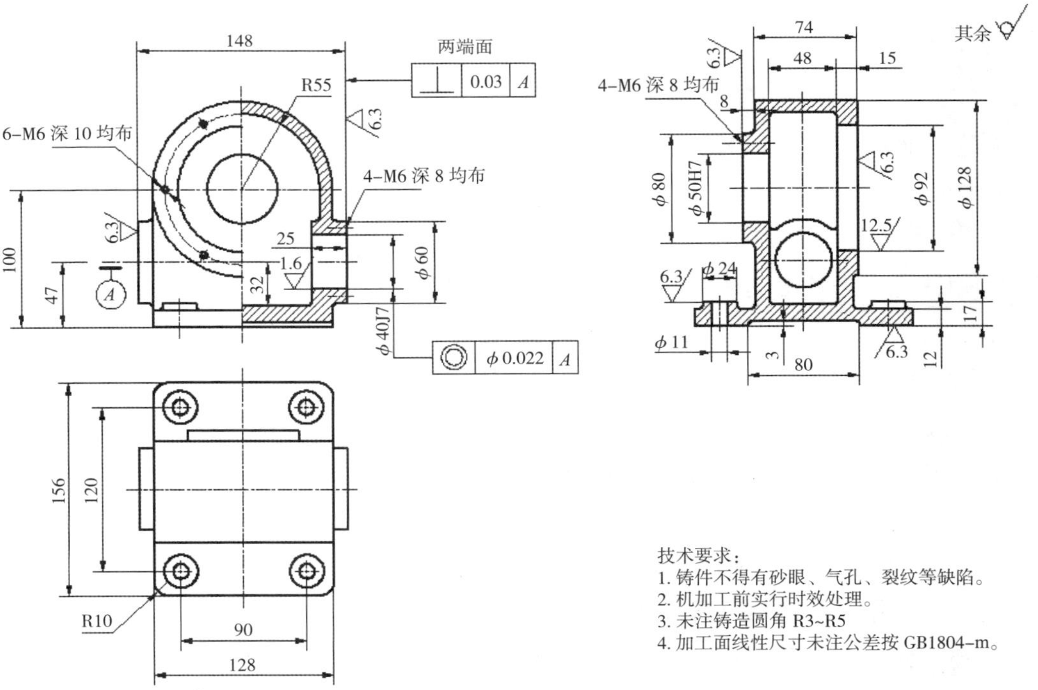

图1–13　观察图形

【任务7】设定绘图区域大小

1.单击【绘图】面板上的按钮。

AutoCAD提示:

命令: _circle 指定圆的圆心或 [三点（3P）/两点（2P）/相切、相切、半径（T）]:// 在屏幕的适当位置单击一点

指定圆的半径或 [直径（D）]: 50　　//输入圆半径

2.选择菜单命令【视图】/【缩放】/【范围】，直径为100的圆就充满整个图形窗口，如图1–14所示。

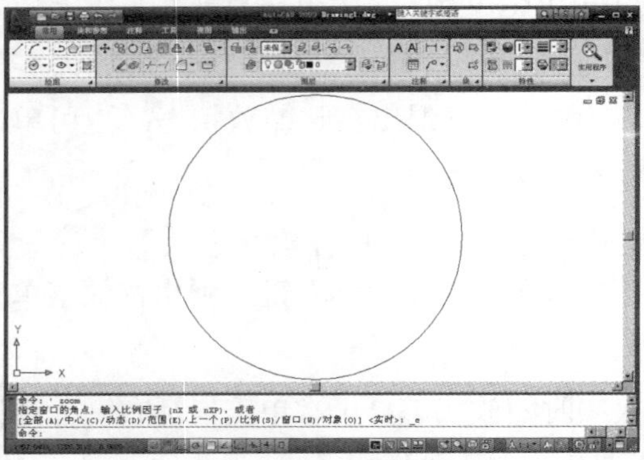

图1–14　设定绘图区域大小

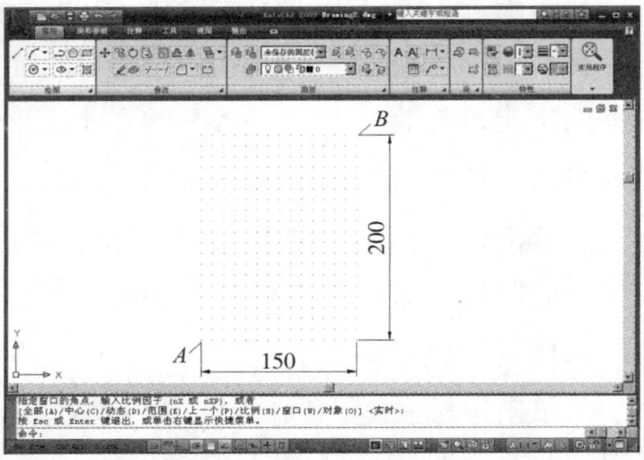

图1–15　用LIMIST命令设定绘图区域大小

【任务8】用LIMITS命令设定绘图区大小

1.选择菜单命令【格式】/【图形界限】。

AutoCAD提示:

命令: _limits指定左下角点或 [开（ON）/关（OFF）] <0.0000，0.0000>:100，80 //输入*A*点的X、Y坐标值，或任意单击一点，如图1–15所示

指定右上角点 <420.0000，297.0000>: @150，200　　//输入*B*点相对于*A*点的坐标，按Enter键

2.将鼠标指针移动到程序窗口下方的按钮上，单击鼠标右键，弹出快捷菜单，选择【设置】命令，打开【草图设置】对话框，取消对【显示超出界线的栅格】复选项的选择。

3.关闭【草图设置】对话框，单击按钮，打开栅格显示，再选择菜单命令【视图】/【缩放】/【范围】，使矩形栅格充满整个图形窗口。

4.选择菜单命令【视图】/【缩放】/【实时】，按住鼠标左键向下拖动鼠标，使矩形栅格缩小，如图1–15所示。该栅格的长宽尺寸是“200×150”，且左下角点的X、Y坐标为（100，80）。

【任务9】布置用户界面，练习AutoCAD基本操作

1.启动AutoCAD 2009，打开【绘图】及【修改】工具栏并调整工具栏的位置，如图1–16所示。

2.用鼠标右键单击【功能区】选项卡标签，弹出快捷菜单，选择【浮动】选项，调整【功能区】的位置，如图1–16所示。

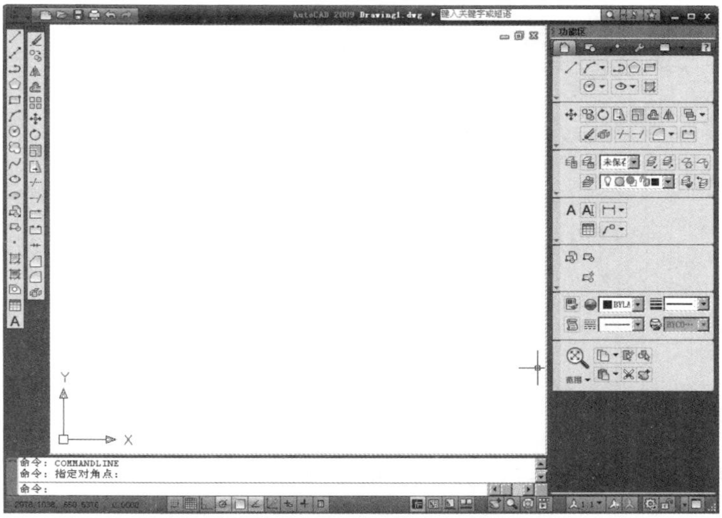

图1–16　布置用户界面

3.单击状态栏上的按钮，选择【二维草图与注释】选项。

4.利用AutoCAD提供的样板文件“acadiso.dwt”创建新文件。

5.设定绘图区域大小为1500×1200。打开栅格显示。单击鼠标右键，弹出快捷菜单，选择【缩放】命令。再次单击鼠标右键，选择【范围缩放】命令，使栅格充满整个图形窗口。

6.单击【绘图】工具栏上的按钮。

AutoCAD提示:

命令: _circle 指定圆的圆心或 [三点（3P）/两点（2P）/相切、相切、半径（T）]:

//在屏幕上单击一点

指定圆的半径或 [直径（D）] <30.0000>: 1　　//输入圆半径

命令:　　//按Enter键重复上一个命令

CIRCLE 指定圆的圆心或 [三点（3P）/两点（2P）/相切、相切、半径（T）]:　　//在屏幕上单击一点

指定圆的半径或 [直径（D）] <1.0000>: 5　　//输入圆半径

命令:　　//按Enter键重复上一个命令

CIRCLE 指定圆的圆心或 [三点（3P）/两点（2P）/相切、相切、半径（T）]: *取消*

//按Esc键取消命令

7.单击【实用程序】面板上的按钮，使圆充满整个图形窗口。

8.单击鼠标右键，弹出快捷菜单，选择【选项】，打开【选项】对话框，在【显示】选项卡的【圆弧和圆的平滑度】文本框中输入10000。

9.利用状态栏上的、按钮移动和缩放图形。

10.以文件名“User.dwg”保存图形。

项目训练二　设置图层、线型、线宽及颜色训练

【任务1】创建以下图层并设置图层的线型、线宽及颜色

名称	颜色	线型	线宽
轮廓线层	白色	Continuous	0.5
中心线层	红色	CENTER	默认
虚线层	黄色	DASHED	默认
剖面线层	绿色	Continuous	默认
尺寸标注层	绿色	Continuous	默认
文字说明层	绿色	Continuous	默认

1.单击【图层】面板上的按钮，打开【图层特性管理器】对话框，再单击按钮，列表框显示出名称为“图层1”的图层，直接输入“轮廓线层”，按Enter键结束。

2.再次按Enter键，又创建新图层。总共创建6个图层，结果如图1-17所示。图层“0”前有绿色标记“Ö”，表示该图层是当前层。

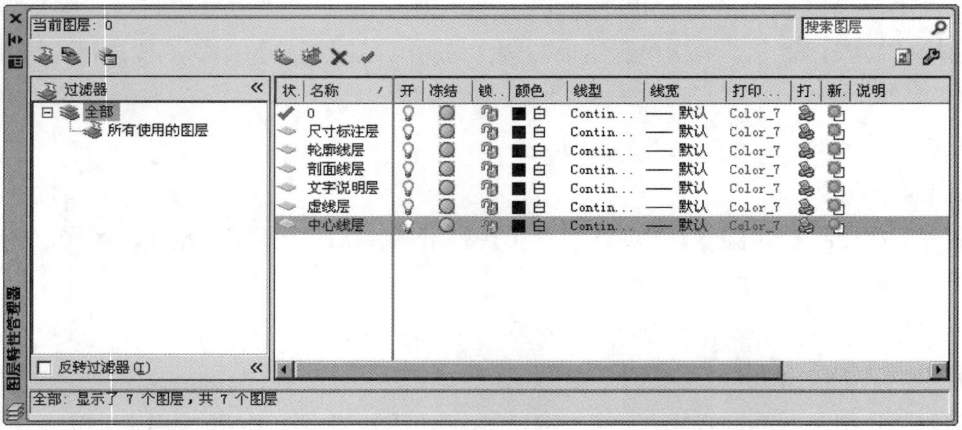

图1-17　创建图层

3.指定图层颜色。选中“中心线层”，单击与所选图层关联的白色图标，打开【选择颜色】对话框，选择“红”颜色，如图1-18所示。再设置其他图层的颜色。

4.给图层分配线型。默认情况下，图层线型是“Continuous”。选中“中心线

层”，单击与所选图层关联的“Continuous”，打开【选择线型】对话框，如图1-19所示，通过此对话框用户可以选择一种线型或从线型库文件中加载更多的线型。

5.单击加载(L)...按钮，打开【加载或重载线型】对话框，如图1-20所示。选择线型“CENTER”及“DASHED”，再单击确定按钮，这些线型就被加载到系统中。当前线型库文件是“acadiso.lin”，单击文件(F)...按钮，可选择其他的线型库文件。

6.返回【选择线型】对话框，选择“CENTER”，单击确定按钮，该线型就分配给“中心线层”。用相同的方法将“DASHED”线型分配给“虚线层”。

7.设定线宽。选中“轮廓线层”，单击与所选图层关联的—— 默认图标，打开【线宽】对话框，指定线宽为“0.50毫米”，如图1-21所示。

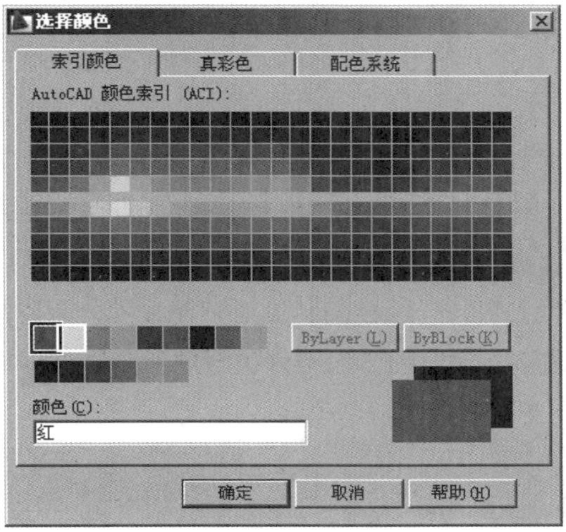

图1-18　【选择颜色】对话框

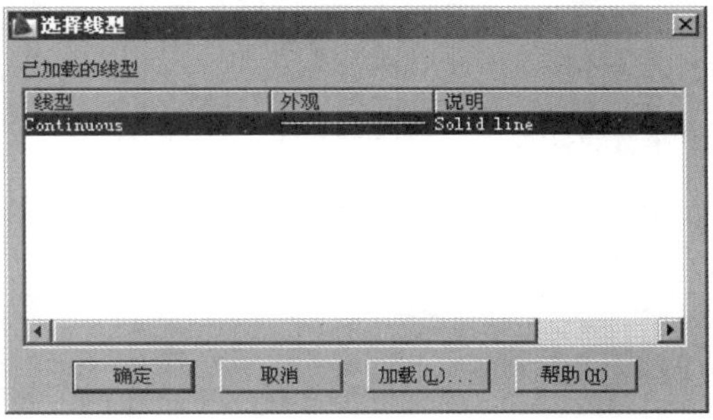

图1-19　【选择线型】对话框

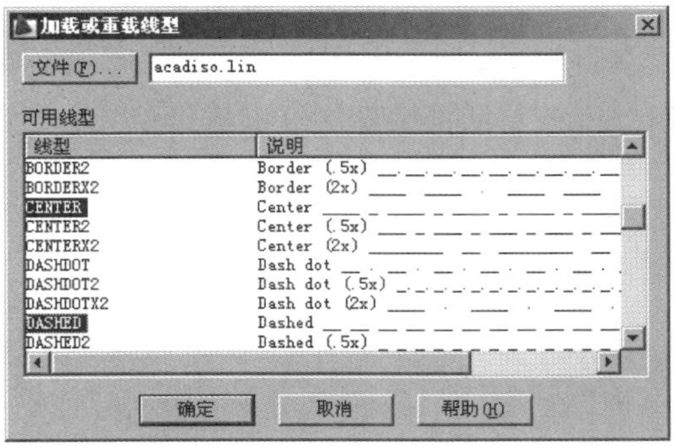

图1-20　【加载或重载线型】对话框

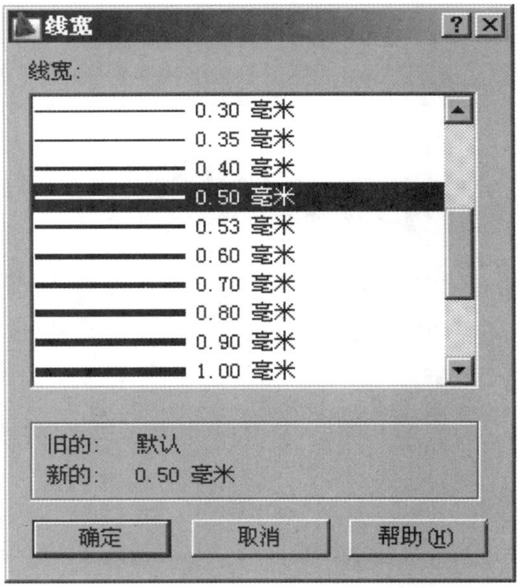

图1-21　【线宽】对话框

【任务2】控制图层状态、切换图层、修改对象所在的图层并改变对象线型和线宽

1.打开【图层】面板上的【图层控制】下拉列表，选择“文字说明层”，则该层成为当前层，如图1-22所示。

2.打开【图层控制】下拉列表，单击“尺寸标注层”前面的图标，然后将鼠标指针移出下拉列表并单击一点，关闭该图层，则层上的对象变为不可见。

3.打开【图层控制】下拉列表，单击“轮廓线层”及“剖面线层”前面的图标，然后将鼠标指针移出下拉列表并单击一点，冻结这两个图层，则层上的对象变为不可见。

4.选中所有的黄色线条，则【图层控制】下拉列表显示这些线条所在的图层——虚线层。在该列表中选择“中心线层”，操作结束后，列表框自动关闭，被选对象转移到“中心线层”上。

5.展开【图层控制】下拉列表，单击“尺寸标注层”前面的图标，再单击“轮廓线层”及“剖面线层”前面的图标，打开“尺寸标注层”及解冻“轮廓线层”和“剖面线层”，则3个图层上的对象变为可见。

6.选中所有的图形对象，打开【特性】面板上的【颜色控制】下拉列表，从列表中选择“蓝”色，则所有对象变为蓝色。改变对象线型及线宽的方法与修改对象颜色类似。

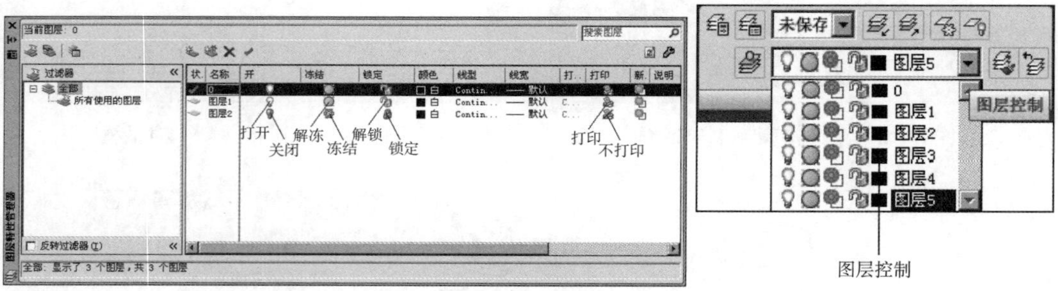

图1-22　图层状态

【任务3】改变线型全局比例因子

1.打开【特性】面板上的【线型控制】下拉列表，在列表中选择“其他”选项，打开【线型管理器】对话框，再单击显示细节(D)按钮，则该对话框底部出现【详细信息】分组框，如图1-23所示。

2.在【详细信息】分组框的【全局比例因子】文本框中输入新的比例值。

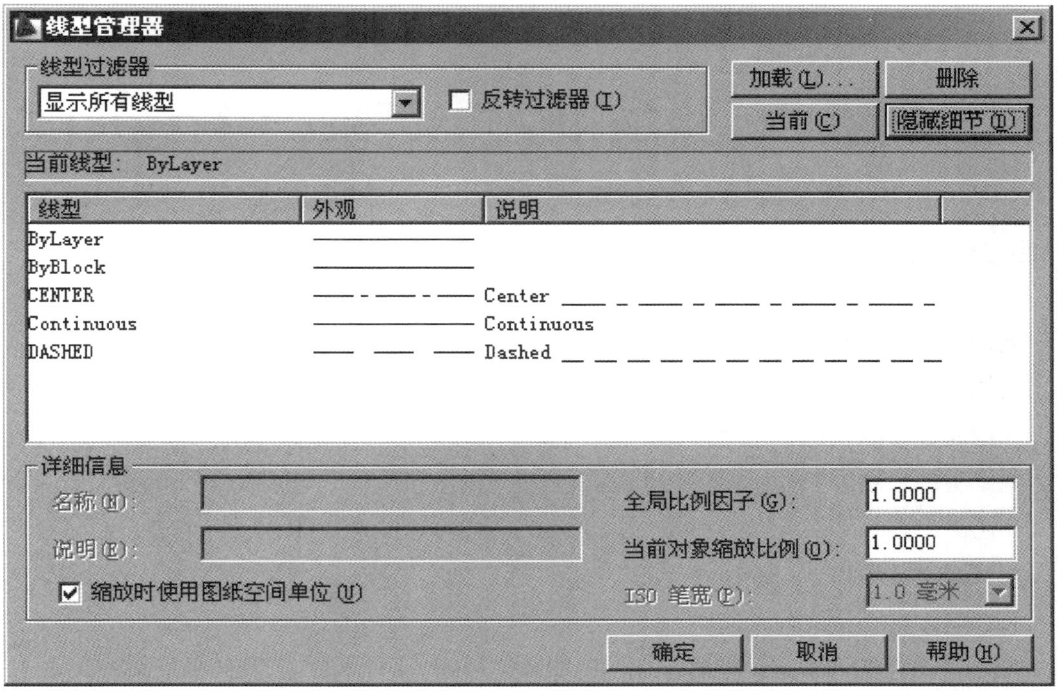

图1-23　【线型管理器】对话框

模块训练二　绘制和编辑线段、平行线及圆

【学习目标】

1.输入点的绝对坐标或相对坐标画线。

2.结合对象捕捉、极轴追踪及自动追踪功能画线。

3.绘制平行线及任意角度斜线。

4.修剪、打断线条及调整线条长度。

5.画圆、圆弧连接及圆的切线。

6.倒圆角及倒角。

7.移动、复制及旋转对象。

通过本模块的训练，使读者掌握绘制线段、斜线、平行线、圆及圆弧连接的方法，并能够灵活运用相应的命令绘制简单图形。

项目训练一　绘制线段的方法训练（一）

【任务1】用LINE命令绘制图形

图形左下角点的绝对坐标及图形尺寸如图2–1所示。

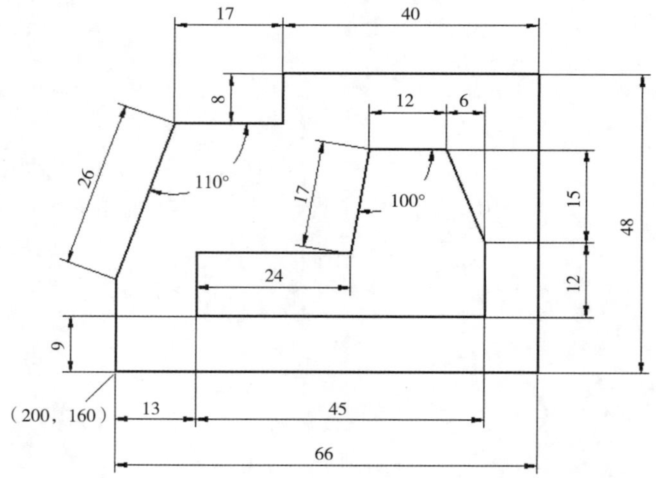

图2–1　输入点的坐标画线

1.设定绘图区域大小为80 × 80，该区域左下角点的坐标为（190，150），右上角点的相对坐标为（@80，80）。单击【实用程序】面板上的按钮，使绘图区域充满整个图

形窗口。

2.单击【绘图】面板上的按钮或输入命令代号LINE，启动画线命令。

命令: _line 指定第一点: 200，160　　//输入*A*点的绝对直角坐标，如图2-2所示

指定下一点或 [放弃（U）]: @66，0　　//输入*B*点的相对直角坐标

指定下一点或 [放弃（U）]: @0，48　　//输入*C*点的相对直角坐标

指定下一点或 [闭合（C）/放弃（U）]: @-40，0　　//输入*D*点的相对直角坐标

指定下一点或 [闭合（C）/放弃（U）]: @0，-8　　//输入*E*点的相对直角坐标

指定下一点或 [闭合（C）/放弃（U）]: @-17，0　　//输入*F*点的相对直角坐标

指定下一点或 [闭合（C）/放弃（U）]: @26<-110　　//输入*G*点的相对极坐标

指定下一点或 [闭合（C）/放弃（U）]: c　　//使线框闭合

3.绘制图形的其余部分。

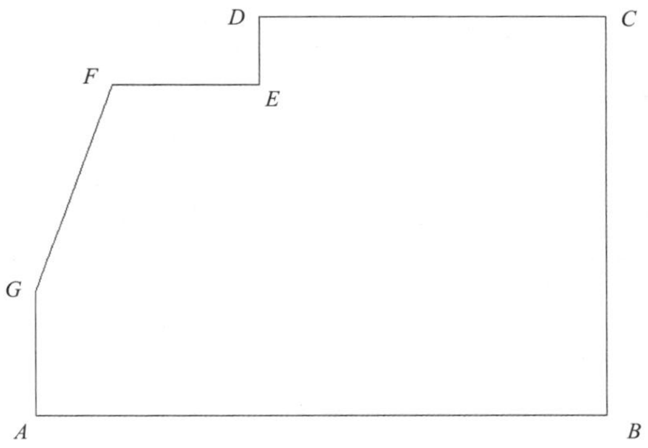

图2-2　绘制线段*AB*、*BC*等

【任务2】用捕捉命令修改图样

如图2-3（1）所示，使用捕捉命令将图修改为图2-3（2）样式。

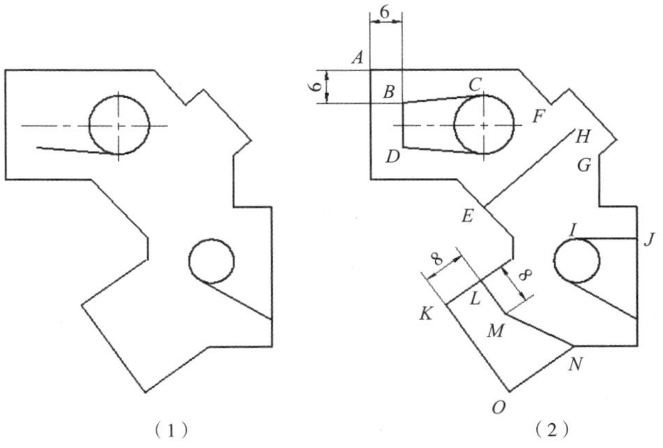

图2-3　捕捉几何点

1.单击状态栏上的按钮，打开自动捕捉方式，在此按钮上单击鼠标右键，弹出快捷菜单，选择【设置】命令，打开【草图设置】对话框，在该对话框的【启用对象捕捉】选项卡中设置自动捕捉类型为【端点】、【中点】及【交点】，如图2-4所示。

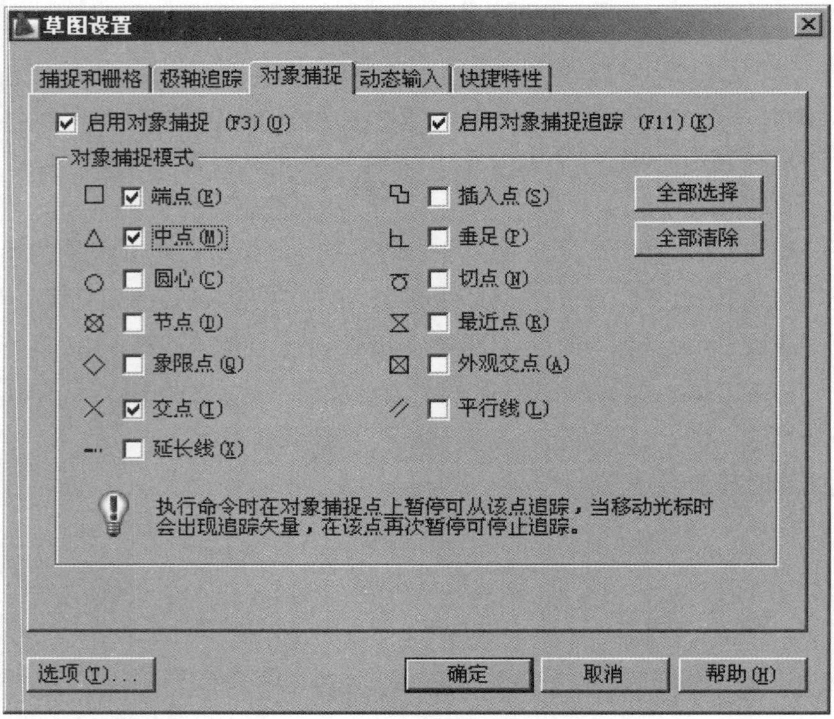

图2–4 【草图设置】对话框

2.绘制线段*BC*、*BD*。*B*点的位置用正交偏移捕捉确定 。结果如图2–3（2）所示。

命令: _line 指定第一点: from //输入正交偏移捕捉代号“FROM”，按Enter键

基点: //将鼠标光标移动到*A*点处，AutoCAD自动捕捉该点，单击鼠标左键确认

<偏移>: @6，-6 //输入*B*点的相对坐标

指定下一点或 [放弃（U）]: tan到 //输入切点捕捉代号“TAN”并按Enter键，捕捉切点*C*

指定下一点或 [放弃（U）]: //按Enter键结束

命令: //重复命令

LINE 指定第一点: //自动捕捉端点*B*

指定下一点或 [放弃（U）]: //自动捕捉端点*D*

指定下一点或 [放弃（U）]: //按Enter键结束

3.绘制线段*EH*、*IJ*。结果如图2–3（2）所示。

命令: _line 指定第一点: //自动捕捉中点*E*

指定下一点或 [放弃（U）]: m2p //输入捕捉代号“M2P”，按Enter键

中点的第一点: /自动捕捉端点*F*

中点的第二点: //自动捕捉端点*G*

指定下一点或 [放弃（U）]: //按Enter键结束

命令: //重复命令

LINE 指定第一点: qua于　　//输入象限点捕捉代号“QUA”，捕捉象限点I

指定下一点或 [放弃（U）]: per到　　//输入垂足捕捉代号“PER”，捕捉垂足J

指定下一点或 [放弃（U）]:　　//按Enter键结束

【任务3】用TRIM修改图样

如图2-5（1）所示，用TRIM命令将图修改为图2-5（2）样式。

单击【修改】面板上的按钮或输入命令代号TRIM，启动修剪命令。

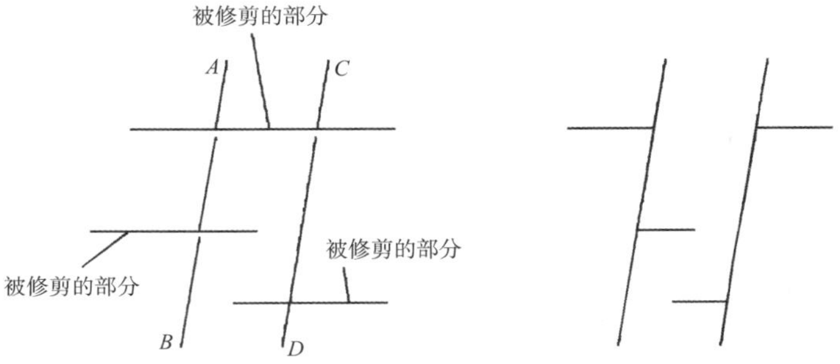

（1）选择剪切边　　（2）修剪结果

图2-5　练习TRIM命令

【任务4】用EXTEND命令修改图样

如图2-6（1）所示，用EXTEND命令将图修改为图2-6（2）样式。

命令: _extend

选择对象或 <全部选择>: 找到 1 个　　//选择边界线段A，如图2-7（1）所示

选择对象:　　//按Enter键

选择要延伸的对象，或按住 Shift 键选择要修剪的对象，或[栏选（F）/窗交（C）/投影（P）/边（E）/放弃（U）]:　　//选择要延伸的线段B

选择要延伸的对象，或按住 Shift 键选择要修剪的对象，或[栏选（F）/窗交（C）/投影（P）/边（E）/放弃（U）]:　　//按Enter键结束

命令:EXTEND　　//重复命令

选择对象:总计 2 个　　//选择边界线段A、C

选择对象:　　//按Enter键

选择要延伸的对象或[/边（E）]: e　　//选择“边（E）”选项

输入隐含边延伸模式 [延伸（E）/不延伸（N）] <不延伸>: e　　//选择“[延伸（E）”选项

选择要延伸的对象:　　//选择要延伸的线段A、C

选择要延伸的对象:　　//按Enter键结束，结果如图2-7（2）所示

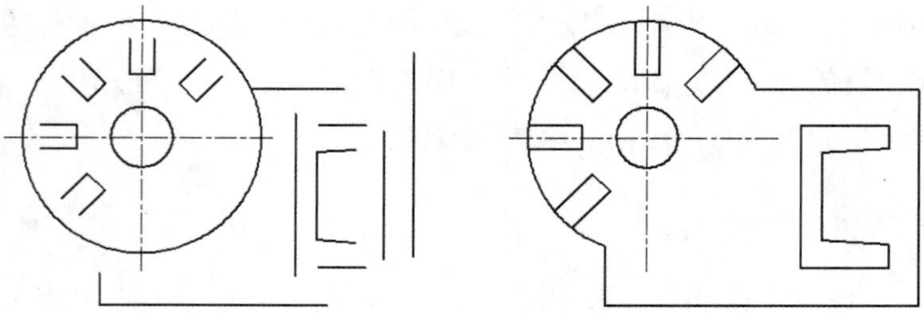

（1）　　　　（2）

图2-6　练习EXTEND命令

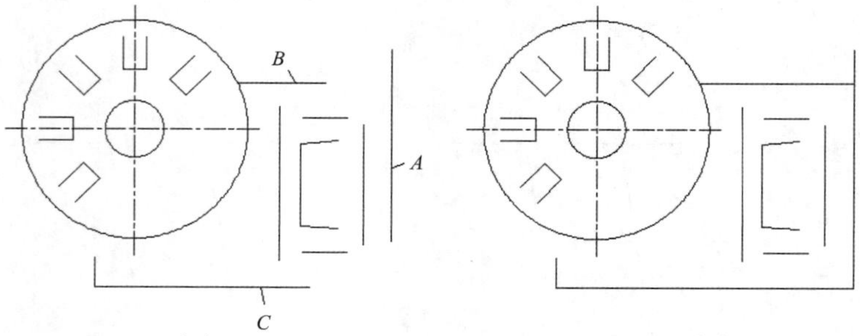

（1）　　　　（2）

图2-7　延伸及修剪线条

【综合练习】

【练习1】利用LINE、TRIM等命令绘制平面图形（图2-8）。

【练习2】创建以下图层并利用LINE、TRIM等命令绘制平面图形（图2-9）。

名称	颜色	线型	线宽
轮廓线层	白色	Continuous	0.5
虚线层	黄色	DASHED	默认

【练习3】利用LINE、TRIM等命令绘制平面图形（图2-10）。

【练习4】利用LINE、TRIM等命令绘制平面图形（图2-11）。

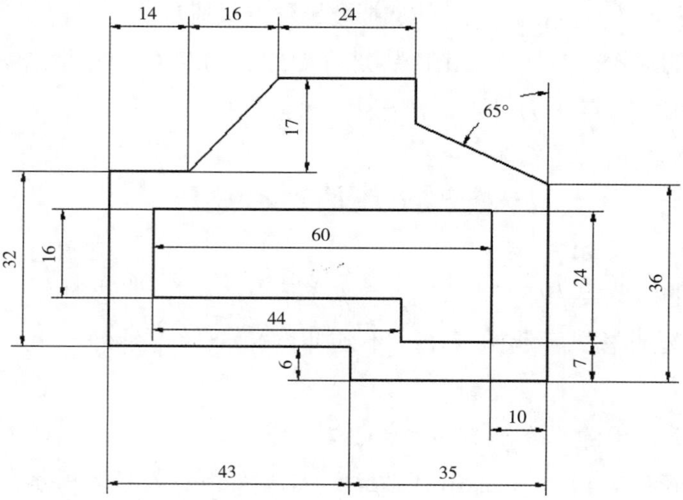

图2-8　利用LINE、TRIM等命令绘图（1）

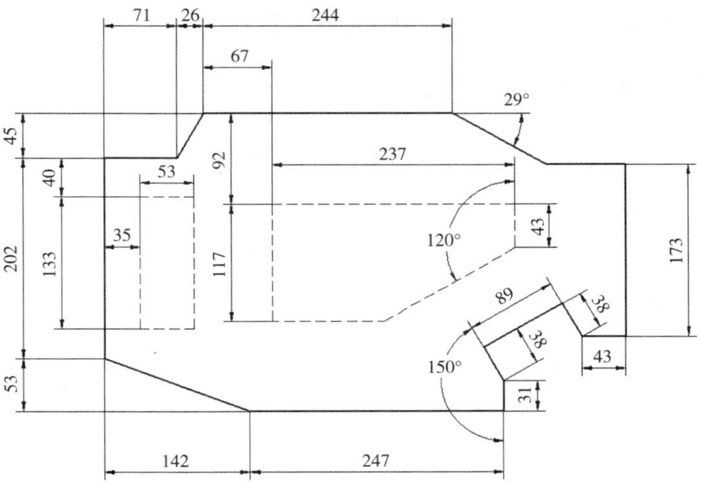

图2-9　利用LINE、TRIM等命令绘图（2）

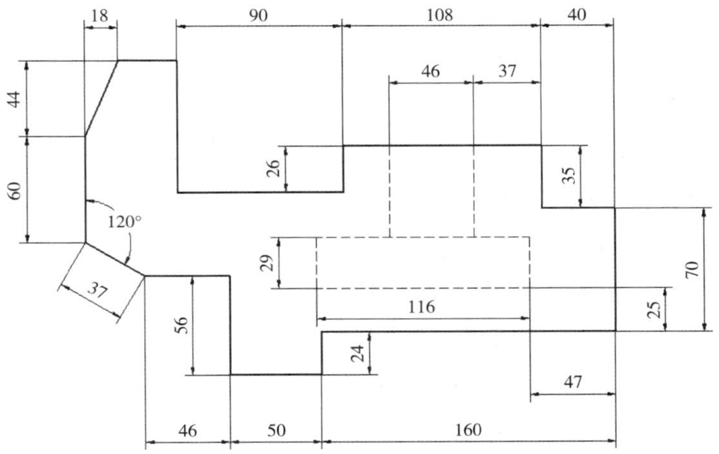

图2-10　利用LINE、TRIM等命令绘图（3）

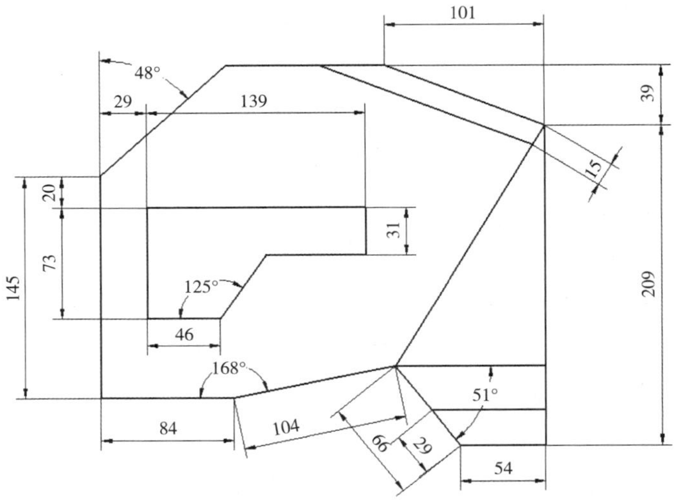

图2-11　利用LINE、TRIM等命令绘图（4）

项目训练二　绘制线段的方法训练（二）

【任务1】用LINE命令并结合极轴追踪、对象捕捉及自动追踪功能修改图样

如图2–12（1）所示，用LINE命令并结合极轴追踪、对象捕捉及自动追踪功能将图修改为图2–12（2）样式。

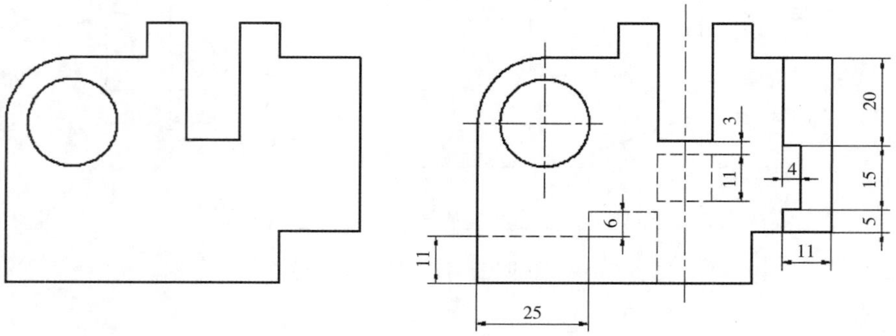

（1）　　　　　　　　　　　　（2）

图2–12　利用极轴追踪、对象捕捉及自动追踪功能画线

1.打开对象捕捉，设置自动捕捉类型为【端点】、【中点】、【圆心】及【交点】，再设定线型全局比例因子为“0.2”。

2.在状态栏的按钮上单击鼠标右键，在弹出的快捷菜单中选择【设置】命令，打开【草图设置】对话框，进入【启用极轴追踪】选项卡，在该选项卡的【增量角】下拉列表中设定极轴角增量为“90”，如图2–13所示。此后，若用户打开极轴追踪画线，则鼠标指针将自动沿0°、90°、180°及270°方向进行追踪，再输入线段长度值，AutoCAD就在该方向上画出线段。最后单击 确定 按钮，关闭【草图设置】对话框。

3.单击状态栏上的、及按钮，打开极轴追踪、对象捕捉及自动追踪功能。

4.切换到轮廓线层，绘制线段*BC*、*EF*等，如图2–14所示。

命令: _line 指定第一点:　　//从中点*A*向上追踪到*B*点

指定下一点或 [放弃（U）]:　　//从*B*点向下追踪到*C*点

指定下一点或 [放弃（U）]:　　//按Enter键结束

命令:　　//重复命令

LINE 指定第一点: 11　　//从*D*点向上追踪并输入追踪距离

指定下一点或 [放弃（U）]: 25　　//从*E*点向右追踪并输入追踪距离

指定下一点或 [放弃（U）]: 6　　//从*F*点向上追踪并输入追踪距离

指定下一点或 [闭合（C）/放弃（U）]:　　//从*G*点向右追踪并以*I*点为追踪参考点确定*H*点

指定下一点或 [闭合（C）/放弃（U）]:　　/从*H*点向下追踪并捕捉交点*J*

指定下一点或 [闭合（C）/放弃（U）]:　　//按Enter键结束

5.绘制图形的其余部分，然后修改某些对象所在的图层。

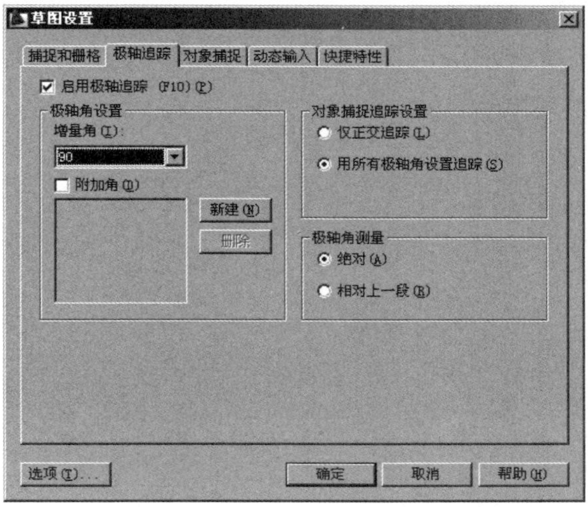

图2-13　【草图设置】对话框

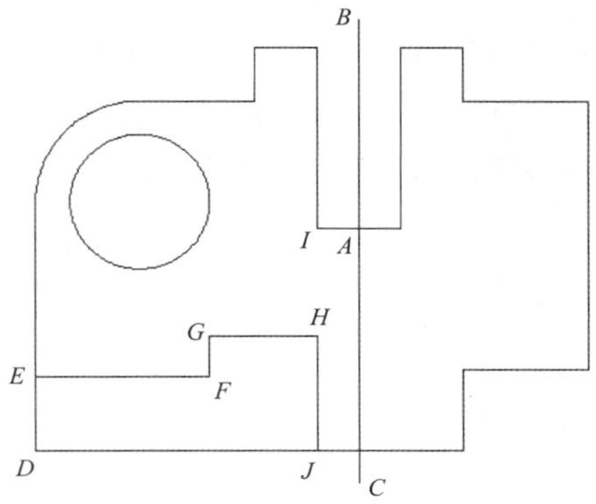

图2-14　绘制线段*BC*、*EF*等

【任务2】用OFFSET、EXTEND、TRIM等命令修改图样

如图2-15（1）所示，用OFFSET、EXTEND、TRIM等命令将图修改为图2-15（2）样式。

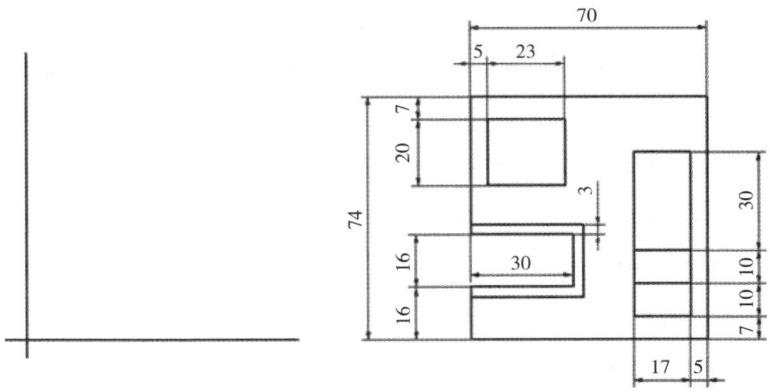

（1）　　（2）

图2-15　绘制平行线

1.用OFFSET命令偏移线段*A*、*B*，得到平行线*C*、*D*，如图2-16（1）所示。

命令: _offset

指定偏移距离或 [通过（T）/删除（E）/图层（L）] <10.0000>: 70　　//输入偏移距离

选择要偏移的对象，或 [退出（E）/放弃（U）] <退出>:　　//选择线段*A*

指定要偏移的那一侧上的点，或 [退出（E）　　/多个（M）/放弃（U）] <退出>://在线段*A*的右边单击一点

选择要偏移的对象，或 [退出（E）/放弃（U）] <退出>:　　//按Enter键结束

命令:OFFSET　　//重复命令

指定偏移距离或 <70.0000>: 74　　//输入偏移距离

选择要偏移的对象，或 <退出>:　　//选择线段*B*

指定要偏移的那一侧上的点:　　//在线段*B*的上边单击一点

选择要偏移的对象，或 <退出>:　　//按Enter键结束

结果如图2-16（1）所示。用TRIM命令修剪多余线条，结果如图2-16（2）所示。

2.用OFFSET、EXTEND及TRIM命令绘制图形的其余部分。

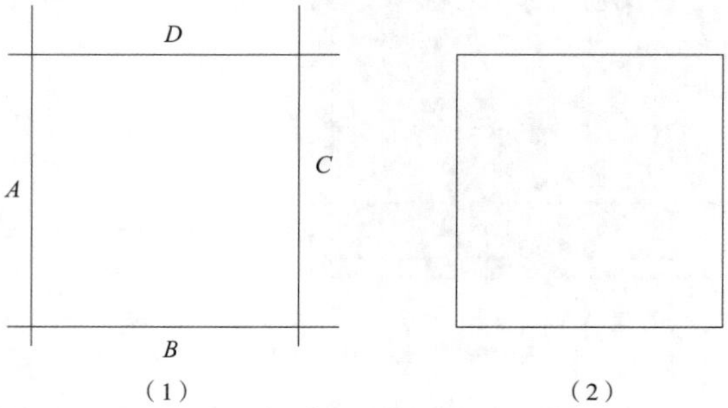

图2-16　绘制平行线及修剪多余线

【任务3】用BREAK等命令修改图样

如图2-17（1）所示，用BREAK等命令将图修改为图2-17（2）样式。

1.用BREAK命令打断线条，如图2-17所示。再将线段*E*修改到虚线层上，结果如图2-18（2）所示。

命令: _break 选择对象:　　//在*A*点处选择对象，如图2-18（1）所示

指定第二个打断点 或 [第一点（*F*）]:　　//在*B*点处选择对象

命令:　　//重复命令

BREAK 选择对象:　　//在*C*点处选择对象

指定第二个打断点 或 [第一点（*F*）]:　　//在*D*点处选择对象

命令:　　//重复命令

BREAK 选择对象:　　//选择线段*E*

指定第二个打断点 或 [第一点（*F*）]: f　　//使用选项“第一点（*F*）”

指定第一个打断点: int于　　//捕捉交点*F*

指定第二个打断点: @　　//输入相对坐标符号，按Enter键，在同一点打断对象

2.用BREAK等命令修改图形的其他部分。

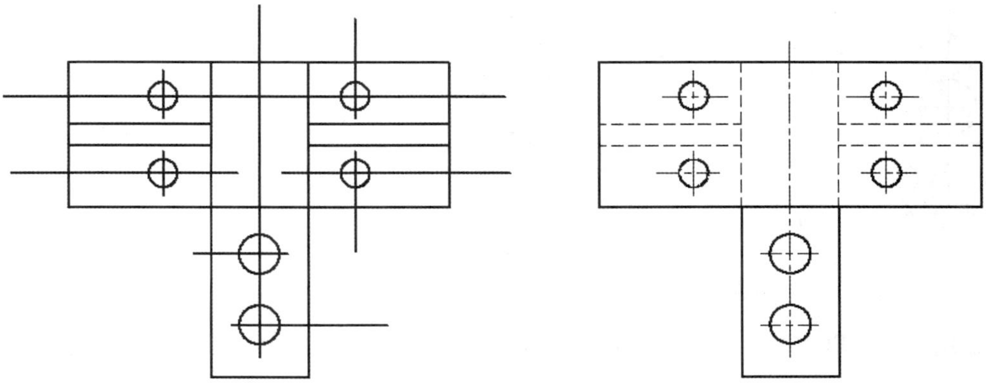

（1）　　（2）

图2–17　打断线条

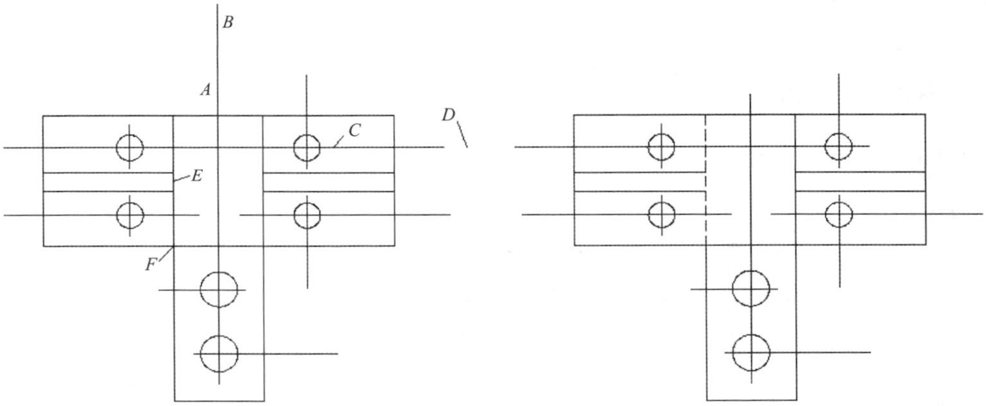

（1）　　（2）

图2–18　用命令修改其他部分

【任务4】用LENGTHEN等命令修改图样

如图2–19（1）所示，用LENGTHEN等命令将图修改为图2–19（2）样式。

1.用LENGTHEN命令调整线段*A*、*B*的长度，如图2–20（1）所示。结果如图2–20（2）所示。

命令: _lengthen

选择对象或 [增量（DE）/百分数（P）/全部（T）/动态（DY）]: dy　　//使用“动态（DY）”选项

选择要修改的对象或 [放弃（U）]:　　/在线段*A*的上端选中对象

指定新端点:　　//向下移动鼠标光标，单击一点

选择要修改的对象或 [放弃（U）]:　　　//在线段*B*的上端选中对象

指定新端点:　　//向下移动鼠标光标，单击一点

选择要修改的对象或 [放弃（U）]:　　　//按Enter键结束

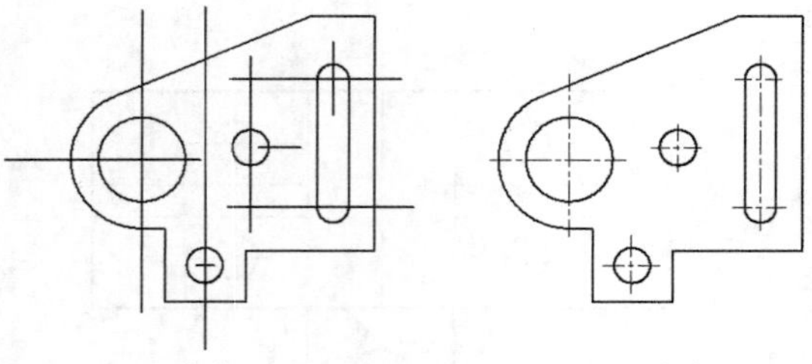

（1）　　　　（2）

图2-19　调整线条长度

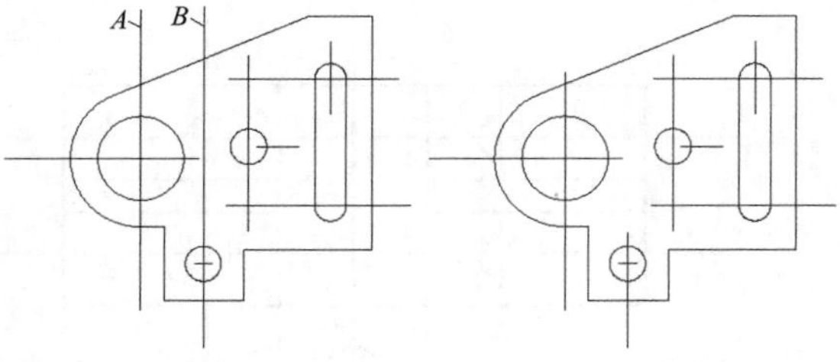

（1）　　　　（2）

图2-20　调整线段A、B的长度

2.用LENGTHEN命令调整其他定位线的长度，然后将定位线修改到中心线层上。

【综合练习】

【练习1】用LINE命令并结合极轴追踪、对象捕捉及自动追踪功能绘制平面图形（图2-21）。

主要作图步骤如图2-22所示。

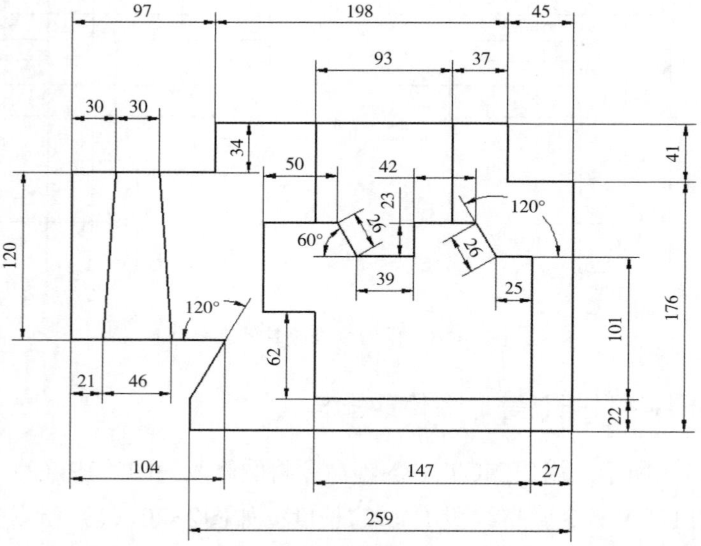

图2-21　平面图形

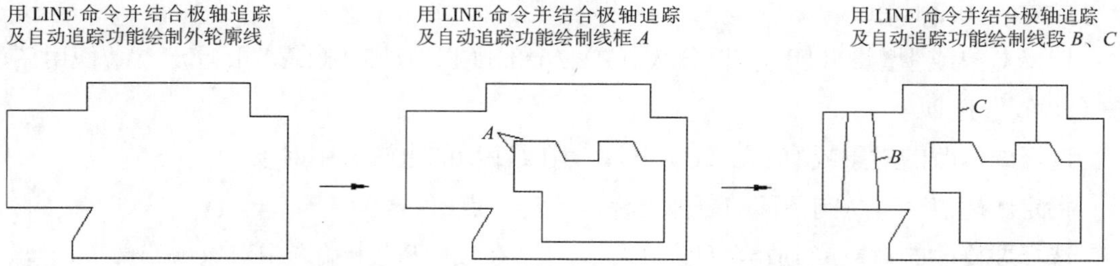

用 LINE 命令并结合极轴追踪及自动追踪功能绘制外轮廓线
用 LINE 命令并结合极轴追踪及自动追踪功能绘制线框 A
用 LINE 命令并结合极轴追踪及自动追踪功能绘制线段 B、C
A
C
B

图2-22　作图步骤

【练习2】利用LINE、OFFSET、TRIM等命令绘制平面图形（图2-23）。

主要作图步骤如图2-24所示。

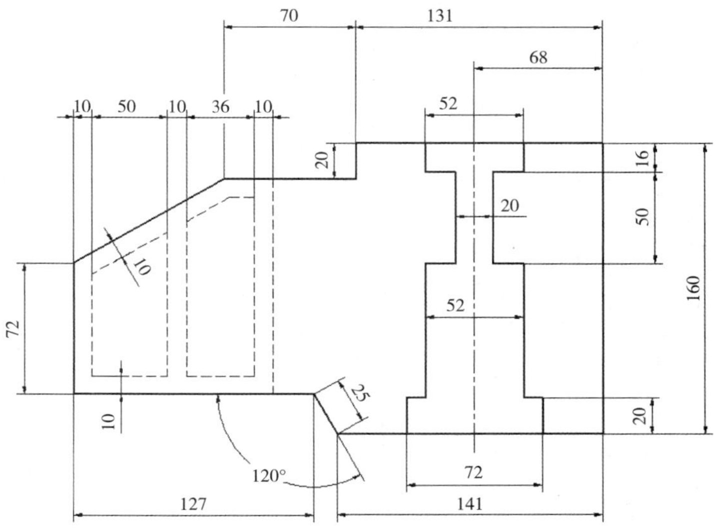

图2-23　利用LINE、OFFSET、TRIM等命令绘图（1）

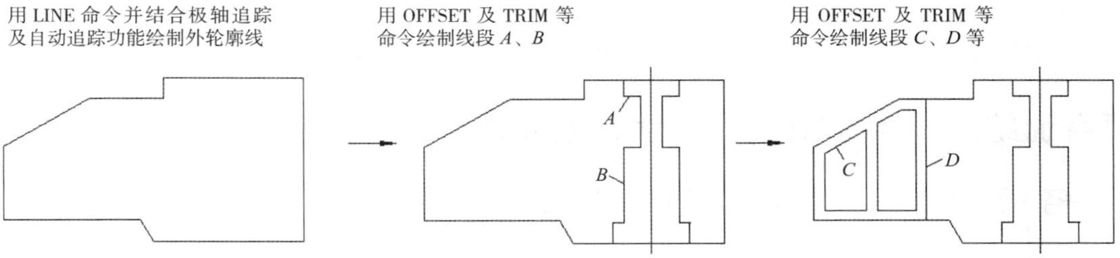

图2-24　作图步骤

【练习3】利用LINE、OFFSET、TRIM等命令绘制平面图形（图2-25）。

【练习4】利用LINE、OFFSET、TRIM等命令绘制平面图形（图2-26）。

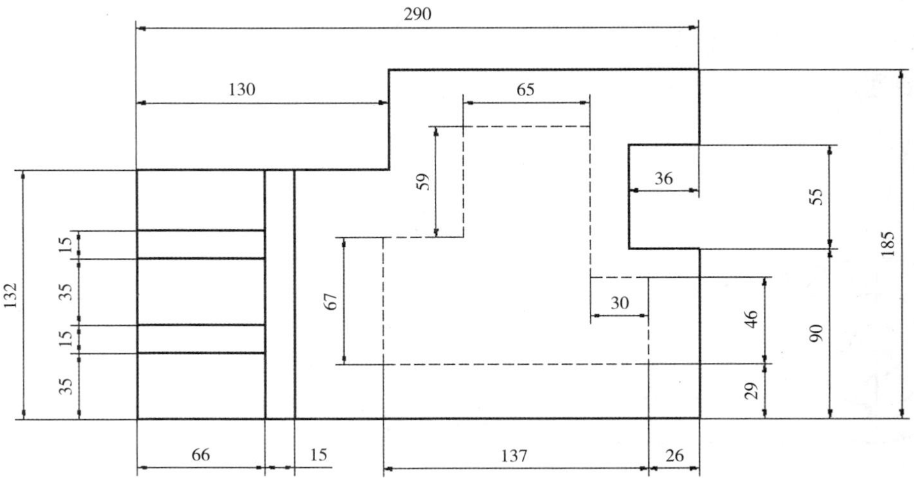

图2-25　利用LINE、OFFSET、TRIM等命令绘图（2）

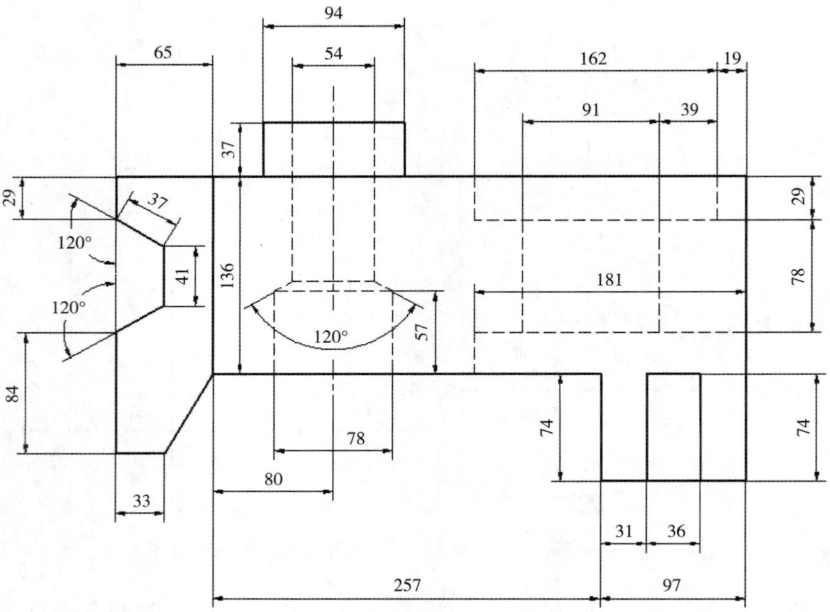

图2-26 利用LINE、OFFSET、TRIM等命令绘图（3）

项目训练三 绘制斜线、切线、圆及圆弧连接训练

【任务1】用LINE、XLINE、TRIM等命令修改图样

如图2-27（1）所示，用LINE、XLINE、TRIM等命令将图修改为图2-27（2）样式。

1.用XLINE命令绘制直线*G*、*H*、*I*，用LINE命令绘制斜线*J*，如图2-28（1）所示。修剪多余线条，结果如图2-28（2）所示。

命令：_xline 指定点或 [水平（H）/垂直（V）/角度（A）/二等分（B）/偏移（O）]: v　　//使用“垂直（V）”选项

指定通过点: ext　　//捕捉延伸点*B*

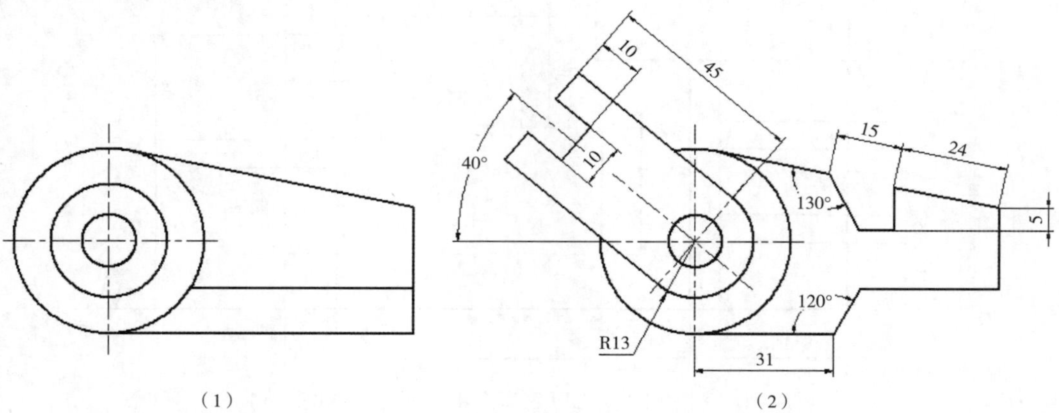

图2-27 绘制任意角度斜线

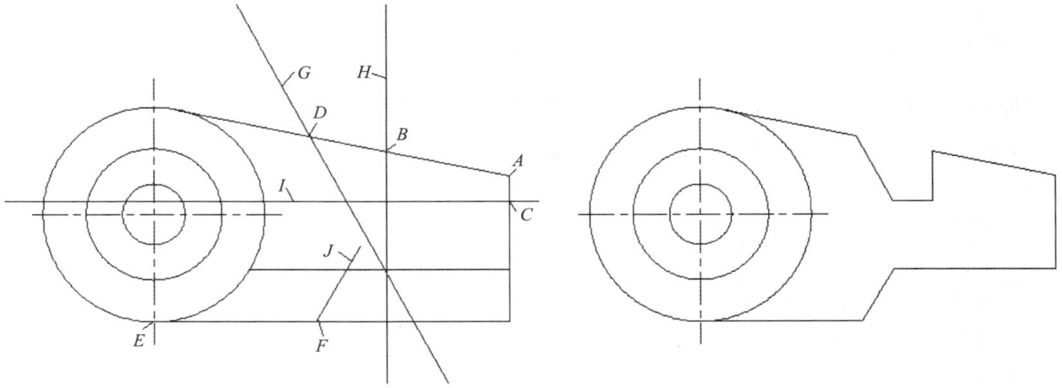

（1）　　（2）

图2-28　绘制斜线及修剪线条

于 24　　//输入*B*点与*A*点的距离

指定通过点:　　//按Enter键结束

命令:　　//重复命令

XLINE 指定点或 [水平（H）/垂直（V）/角度（A）/二等分（B）/偏移（O）]: h　　//使用“水平（H）”选项

指定通过点: ext　　//捕捉延伸点*C*

于 5　　//输入*C*点与*A*点的距离

指定通过点:　　//按Enter键结束

命令:　　//重复命令

XLINE 指定点或 [水平（H）/垂直（V）/角度（A）/二等分（B）/偏移（O）]: a　　//使用“角度（A）”选项

输入构造线的角度 （0） 或 [参照（R）]: r　　//使用“参照（R）”选项

选择直线对象:　　//选择线段*AB*

输入构造线的角度 <0>: 130　　//输入构造线与线段*AB*的夹角

指定通过点: ext　　//捕捉延伸点*D*

于 39　　//输入*D*点与*A*点的距离

指定通过点:　　//按Enter键结束

命令: _line 指定第一点: ext　　//捕捉延伸点*F*

于 31　　//输入*F*点与*E*点的距离

指定下一点或 [放弃（U）]: <60　　//设定画线的角度

指定下一点或 [放弃（U）]:　　//沿60°方向移动鼠标指针

指定下一点或 [放弃（U）]:　　//单击一点结束

2.用XLINE、OFFSET、TRIM等命令绘制图形的其余部分。

【任务2】用LINE、CIRCLE等命令修改图样

如图2-29（1）所示，用LINE、CIRCLE等命令将图修改为图2-29（2）样式。

1.绘制切线及过渡圆弧，如图2-30（1）所示。修剪多余线条，结果如图2-30（2）所示。

命令: _line 指定第一点: tan到　　//捕捉切点*A*

指定下一点或 [放弃（U）]: tan到　　//捕捉切点*B*

指定下一点或 [放弃（U）]:　　//按Enter键结束

命令: _circle 指定圆的圆心或 [三点（3P）/两点（2P）/相切、相切、半径（T）]: 3p　　//使用“三点（3P）”选项

指定圆上的第一点: tan到　　//捕捉切点*D*

指定圆上的第二点: tan到　　//捕捉切点*E*

指定圆上的第三点: tan到　　//捕捉切点*F*

命令:　　//重复命令

CIRCLE 指定圆的圆心或 [三点（3P）/两点（2P）/相切、相切、半径（T）]: t　　//利用“相切、相切、半径（T）”选项

指定对象与圆的第一个切点:　　//捕捉切点*G*

指定对象与圆的第二个切点:　　//捕捉切点*H*

指定圆的半径 <10.8258>:30　　//输入圆半径

命令:　　//重复命令

命令: CIRCLE 指定圆的圆心或 [三点（3P）/两点（2P）/相切、相切、半径（T）]: from　　//使用正交偏移捕捉

基点: int于　　//捕捉交点*C*

<偏移>: @22，4　　//输入相对坐标

指定圆的半径或 [直径（D）] <30.0000>: 3.5　　//输入圆半径

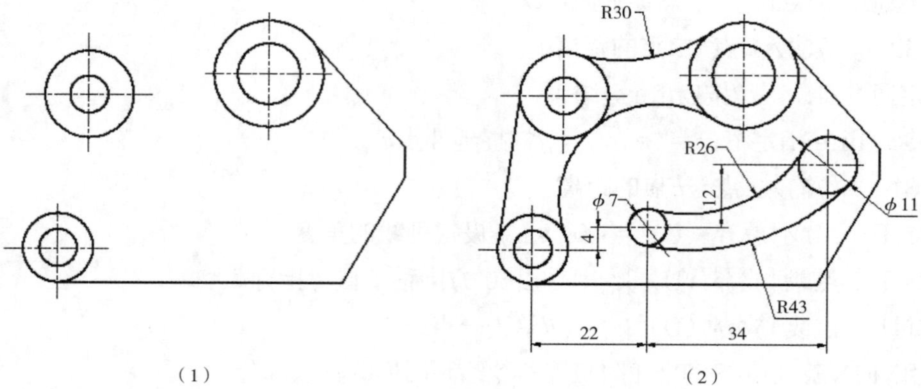

（1）　　　　（2）

图2-29　绘制圆及过渡圆弧

2.用LINE、CIRCLE、TRIM等命令绘制图形的其余部分。

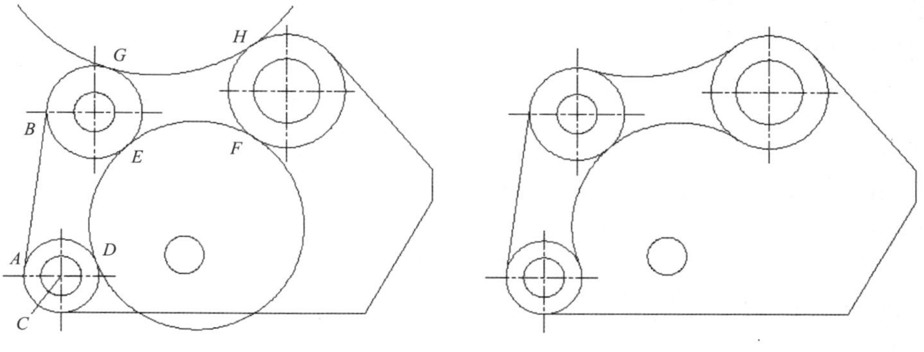

（1）　　　　　　（2）

图2-30　绘制切线及过渡圆弧

【任务3】用FILLET及CHAMFER命令修改图样

如图2-31（1）所示，用FILLET及CHAMFER命令将图修改为图2-31（2）样式。

1.倒圆角，圆角半径为R5，如图2-31（2）所示。

命令: _fillet

选择第一个对象或 [放弃（U）/多段线（P）/半径（R）/修剪（T）/多个（M）]: r

//设置圆角半径

指定圆角半径 <3.0000>: 5　　//输入圆角半径值

选择第一个对象或 [放弃（U）/多段线（P）/半径（R）/修剪（T）/多个（M）]:

//选择线段*A*

选择第二个对象，或按住 Shift 键选择要应用角点的对象:　　//选择线段*B*

2.倒角，倒角距离分别为5和10，如图2-32所示。

命令: _chamfer

选择第一条直线[放弃（U）/多段线（P）/距离（D）/角度（A）/修剪（T）/方式

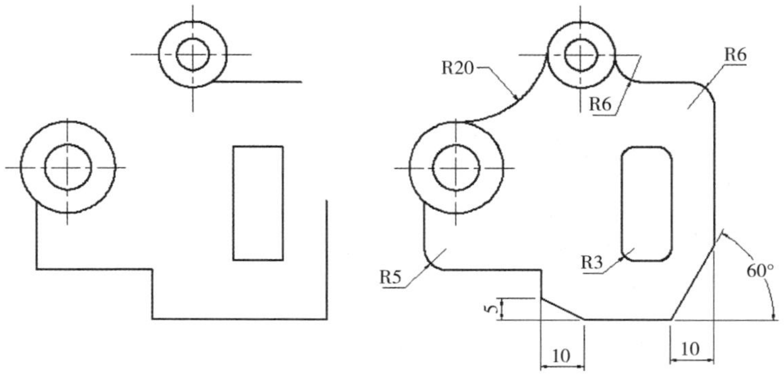

（1）　　　　　　（2）

图2-31　倒圆角及倒角

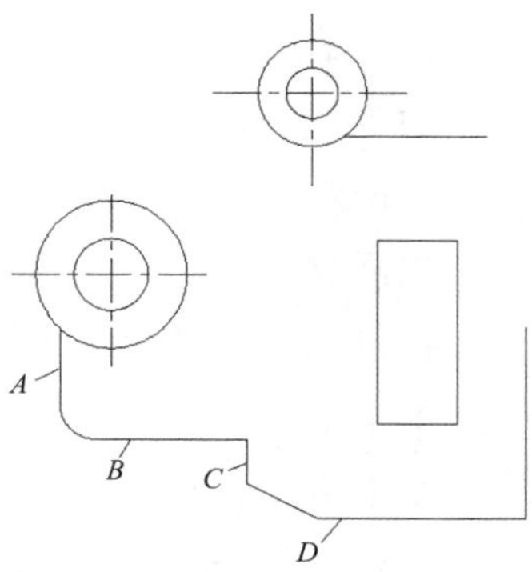

图2-32　绘制倒圆角及倒角

（E）/多个（M）]：d　　//设置倒角距离

指定第一个倒角距离 <3.0000>: 5　　//输入第一个边的倒角距离

指定第二个倒角距离 <5.0000>: 10　　//输入第二个边的倒角距离

选择第一条直线或 [放弃（U）/多段线（P）/距离（D）/角度（A）/修剪（T）/方式（E）/多个（M）]：　　//选择线段*C*

选择第二条直线，或按住 Shift 键选择要应用角点的直线：　　//选择线段*D*

3.创建其余圆角及斜角。

【任务4】用MOVE、COPY等命令修改图样

如图2-33（1）所示，用MOVE、COPY等命令将图修改为图2-33（2）样式。

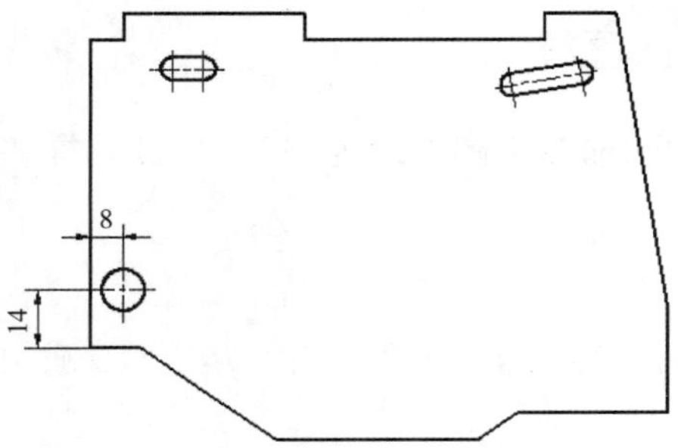

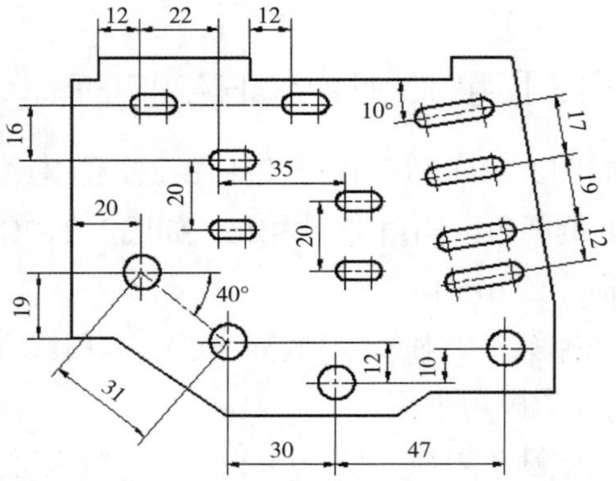

图2-33　移动及复制对象

1.移动及复制对象，如图2-34（1）所示。结果如图2-34（2）所示。

命令: _move　　//启动移动命令

选择对象: 指定对角点: 找到 3 个　　//选择对象*A*

选择对象:　　//按Enter键确认

指定基点或 [位移（D）] <位移>: 12，5　　//输入沿X、Y轴移动的距离

指定第二个点或 <使用第一个点作为位移>:　　//按Enter键结束

命令: _copy　　//启动复制命令

选择对象: 指定对角点: 找到 7 个　　//选择对象*B*

选择对象:　　//按Enter键确认

指定基点或 [位移（D）/模式（O）] <位移>:　　//捕捉交点*C*

指定第二个点或 <使用第一个点作为位移>:　　//捕捉交点*D*

指定第二个点或 [退出（E）/放弃（U）] <退出>:　　//按Enter键结束

命令: _copy　　//重复命令

选择对象: 指定对角点: 找到 7 个　　//选择对象*E*

选择对象:　　//按Enter键

指定基点或 [位移（D）/模式（O）] <位移>: 17<-80　　//指定复制的距离及方向

指定第二个点或 <使用第一个点作为位移>:　　//按Enter键结束

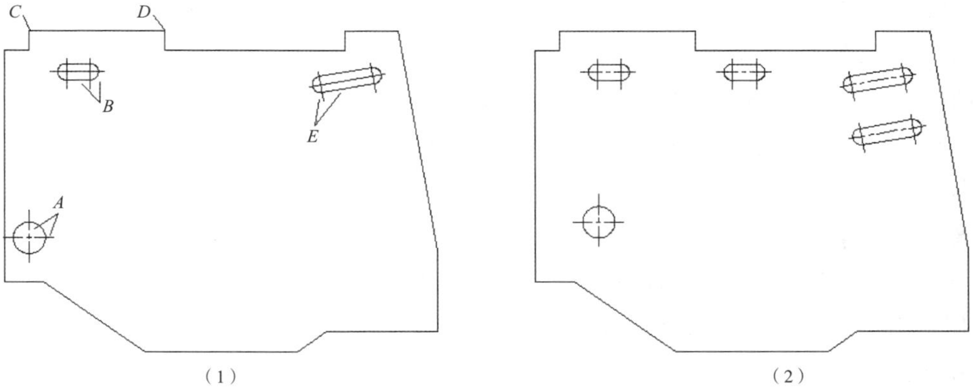

图2-34　移动对象*A*及复制对象*B*、*E*

2.绘制图形的其余部分。

使用MOVE或COPY命令时，用户可通过以下方式指明对象移动或复制的距离和方向。

● 在屏幕上指定两个点，这两点的距离和方向代表了实体移动的距离和方向。当AutoCAD提示“指定基点”时，指定移动的基准点。在AutoCAD提示“指定第二个点”时，捕捉第二点或输入第二点相对于基准点的相对直角坐标或极坐标。

● 以“X，Y”方式输入对象沿X、Y轴移动的距离，或用“距离<角度”方式输入对象位移的距离和方向。当AutoCAD提示“指定基点”时，输入位移值。在AutoCAD提示“指定第二个点”时，按Enter键确认，这样AutoCAD就以输入的位移值来移动图形对象。

● 打开正交或极轴追踪功能，就能方便地将实体只沿X轴或Y轴方向移动。当AutoCAD提示“指定基点”时，单击一点并把实体向水平或竖直方向移动，然后输入位移的数值。

● 使用“位移（D）”选项。启动该选项后，AutoCAD提示“指定位移”，此时，以“X，Y”方式输入对象沿X、Y轴移动的距离，或者以“距离<角度”方式输入对象位移的距离和方向。

【任务5】用LINE、CIRCLE、ROTATE等命令修改图样

如图2-35（1）所示，用LINE、CIRCLE、ROTATE等命令将图修改为图2-35（2）样式。

1.用ROTATE命令旋转对象*A*，如图2-36（1）所示。结果如图2-36（2）所示。

命令: _rotate

选择对象: 指定对角点: 找到 7 个　　//选择图形对象*A*，如图2-36（1）所示

选择对象:　　//按Enter键

指定基点:　　//捕捉圆心*B*

指定旋转角度，或 [复制（C）/参照（R）] <70>: c　　//使用选项“复制（C）”

指定旋转角度，或 [复制（C）/参照（R）] <70>: 59　　//输入旋转角度

命令:ROTATE　　//重复命令

选择对象: 指定对角点: 找到 7 个　　//选择图形对象*A*

选择对象:　　//按Enter键

指定基点:　　//捕捉圆心*B*

指定旋转角度，或 [复制（C）/参照（R）] <59>: c　　//使用选项“复制（C）”

指定旋转角度，或 [复制（C）/参照（R）] <59>: r　　//使用选项“参照（R）”

指定参照角 <0>:　　//捕捉*B*点

指定第二点:　　//捕捉*C*点

指定新角度或 [点（P）] <0>:　　//捕捉*D*点

2.绘制图形的其余部分。

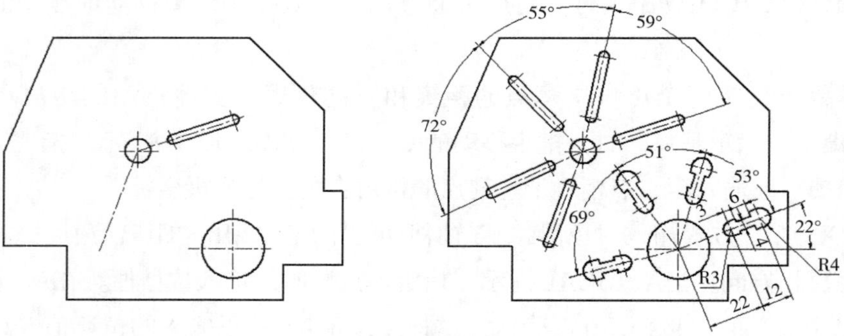

（1）　　（2）

图2-35　旋转对象

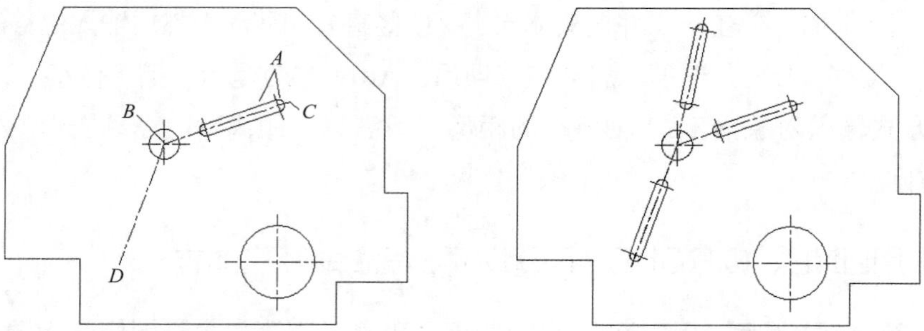

（1）　　（2）

图2-36　旋转对象A

【综合练习】

【练习1】利用LINE、CIRCLE、OFFSET、TRIM等命令绘制图形（图2-37）。

1.创建两个图层。

名称	颜色	线型	线宽
轮廓线层	白色	Continuous	0.5
中心线层	红色	CENTER	默认

2.通过【线型控制】下拉列表打开【线型管理器】对话框，在此对话框中设定线型全局比例因子为“0.2”。

3.打开极轴追踪、对象捕捉及自动追踪功能。指定极轴追踪角度增量为“90”，设定对象捕捉方式为【端点】、【交点】。

4.设定绘图区域大小为100 × 100。单击【实用程序】工具栏上的按钮，使绘图区域充满整个图形窗口。

5.切换到中心线层，用LINE命令绘制圆的定位线*A*、*B*，其长度约为 35，再用OFFSET及LENGTHEN命令形成其他定位线，如图2–38所示。

6.切换到轮廓线层，绘制圆、过渡圆弧及切线，如图2–39所示。

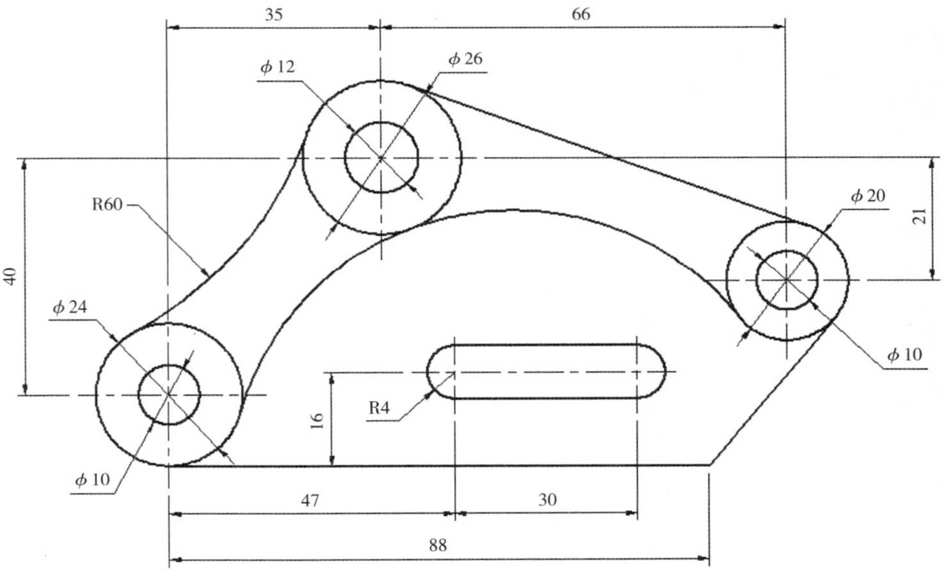

图2–37　利用LINE、CIRCLE、OFFSET、TRIM等命令绘图

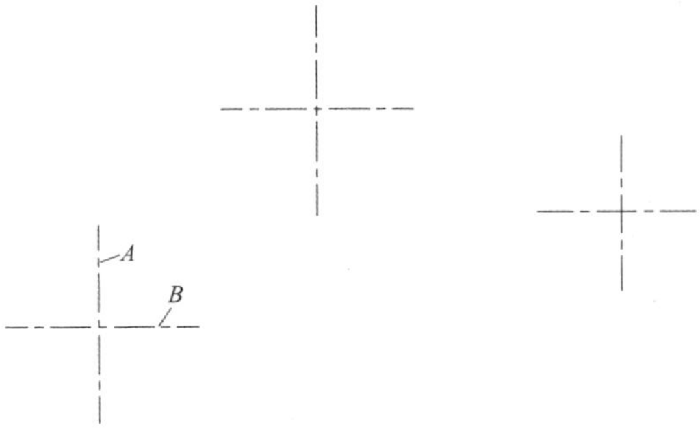

图2–38　绘制圆的定位线

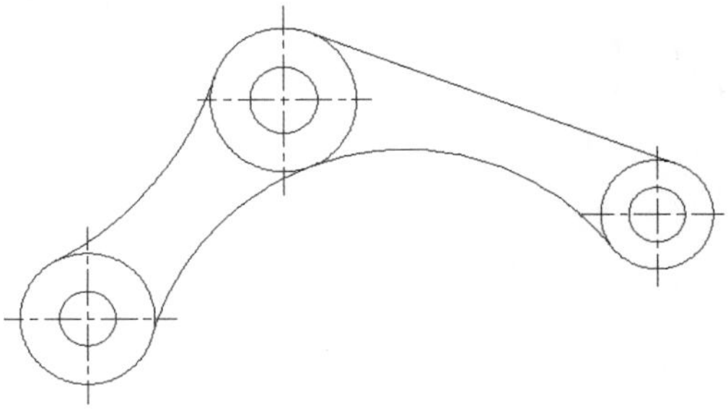

图2–39　绘制圆、过渡圆弧及切线

7.用LINE命令绘制线段*C*、*D*，再用OFFSET及LENGTHEN命令形成定位线*E*、*F*等，如图2-40（1）所示。绘制线框*G*，如图2-40（2）所示。

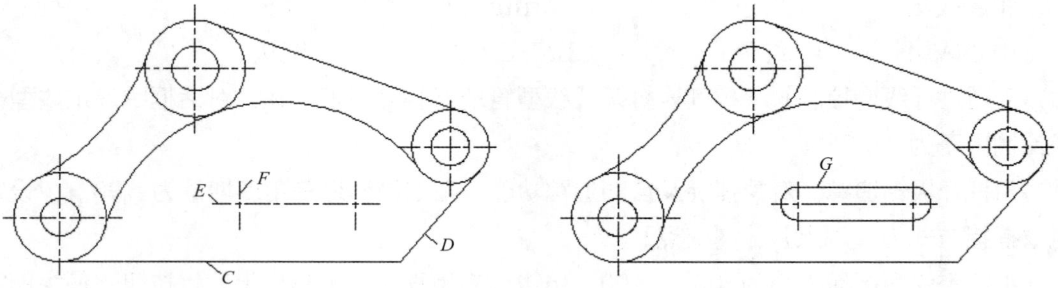

（1）　　　　　　　　（2）

图2-40　绘制线框*G*

【练习2】利用LINE、CIRCLE、OFFSET、TRIM等命令绘制图形（图2-41）。

【练习3】利用LINE、CIRCLE、XLINE、OFFSET、TRIM等命令绘制图形（图2-42）。

主要作图步骤如图2-43所示。

【练习4】利用LINE、CIRCLE、COPY、ROTATE等命令绘制平面图形（图2-44）。

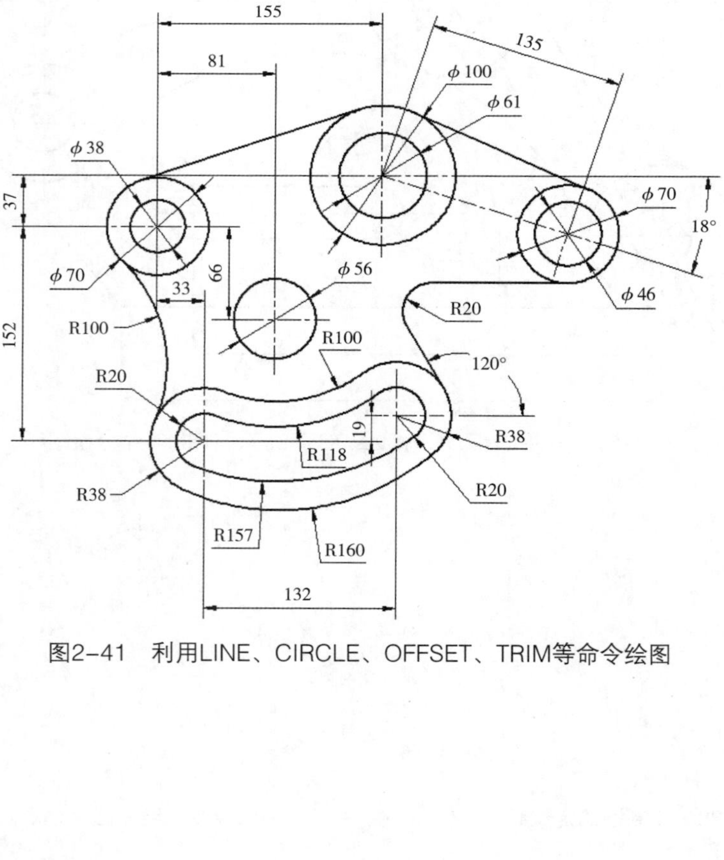

图2-41　利用LINE、CIRCLE、OFFSET、TRIM等命令绘图

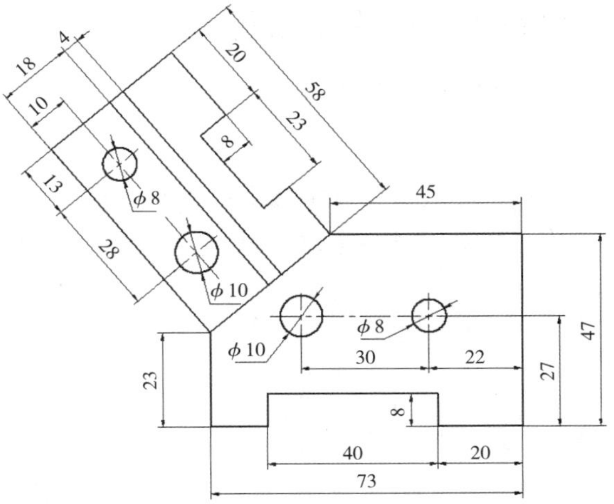

图2-42　利用LINE、CIRCLE、XLINE、OFFSET、TRIM等命令绘图

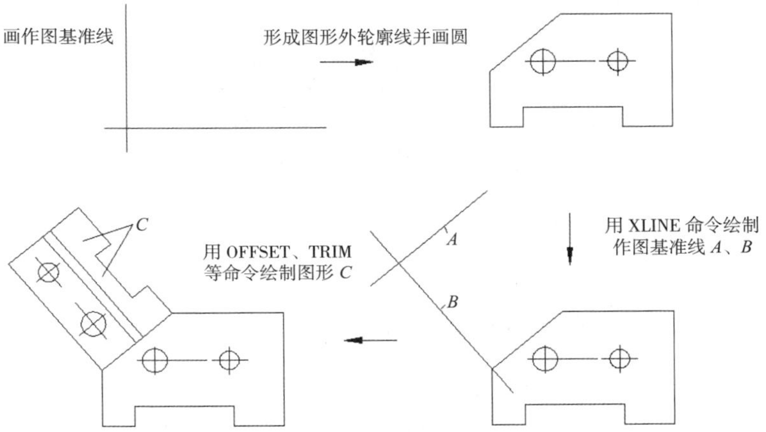

图2-43　作图步骤

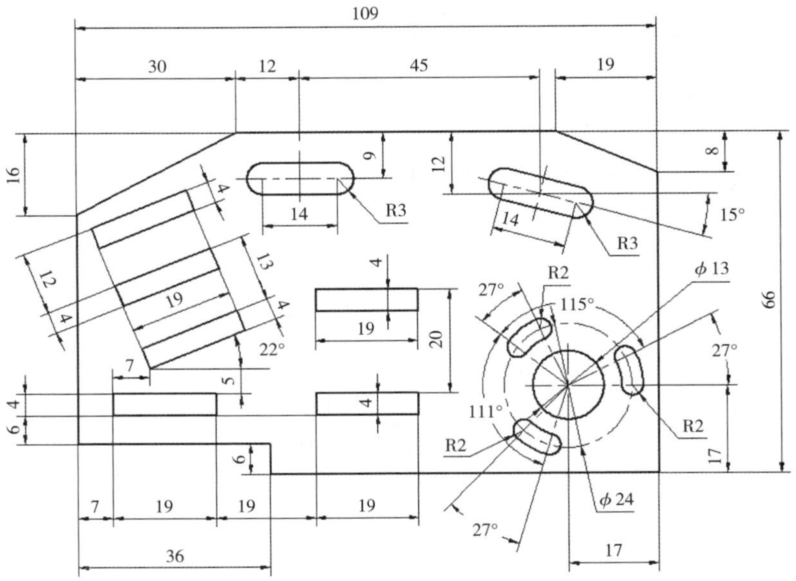

图2-44　利用LINE、CIRCLE、COPY、ROTATE等命令绘图

项目训练四　综合训练1——绘制三视图

【任务1】根据图2-45绘制完整视图

要点提示 绘制主视图及俯视图后，可将俯视图复制到新位置并旋转90°，如图2-46所示，然后用XLINE命令绘制水平及竖直投影线，利用这些线条形成左视图的主要轮廓。

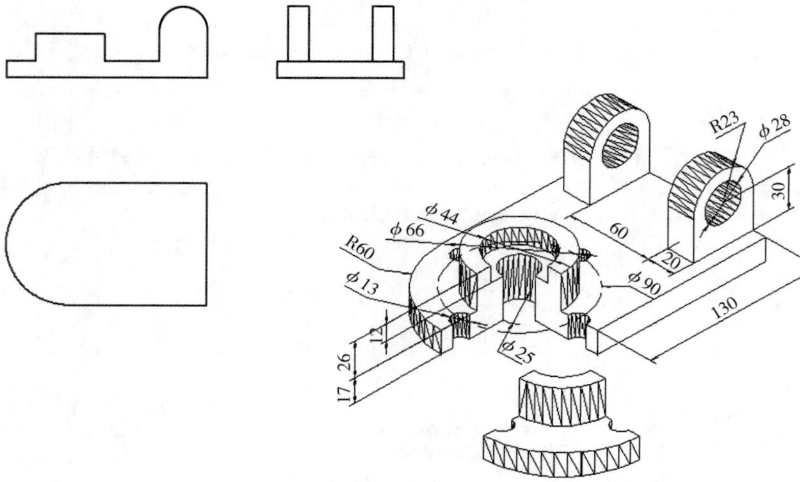

图2-45　绘制三视图（1）

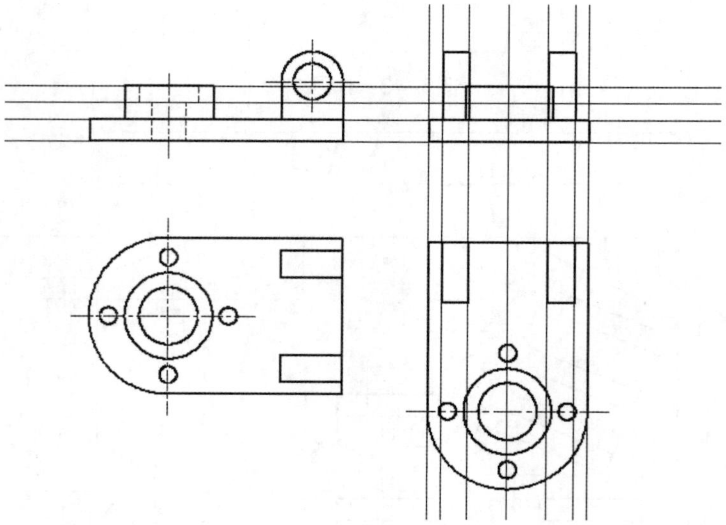

图2-46　绘制水平及竖直投影线

【任务2】根据图2-47绘制完整视图

【任务3】根据图2-48绘制三视图

【任务4】根据图2-49绘制三视图

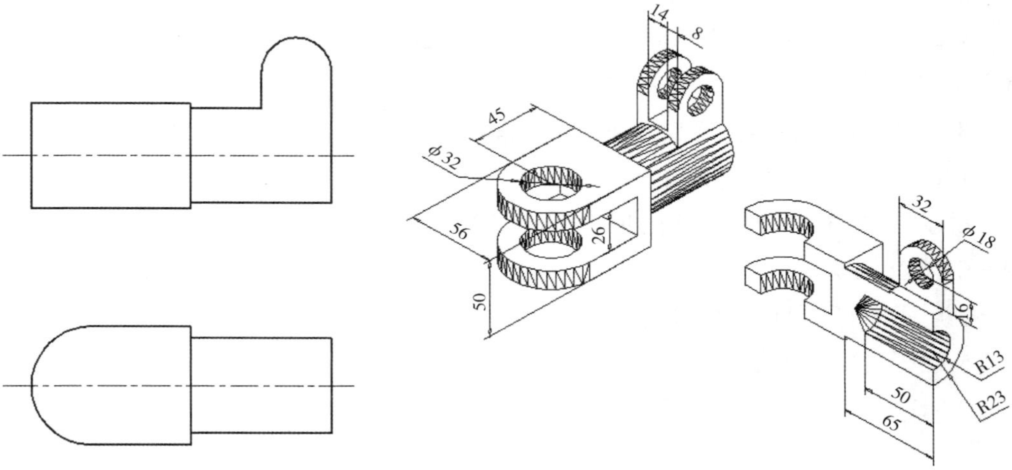

图2-47　绘制三视图（2）

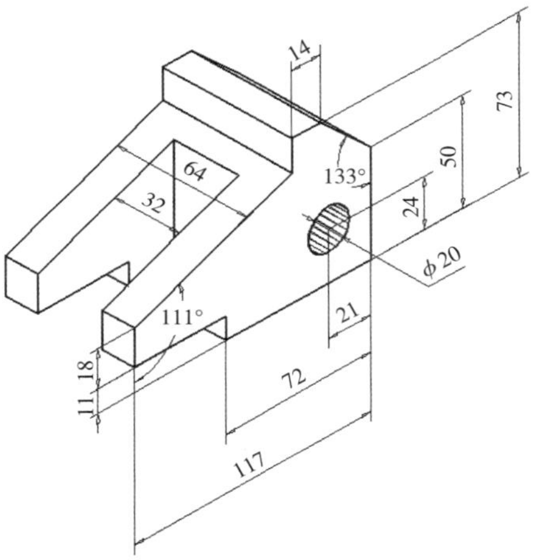

图2-48　绘制三视图（3）

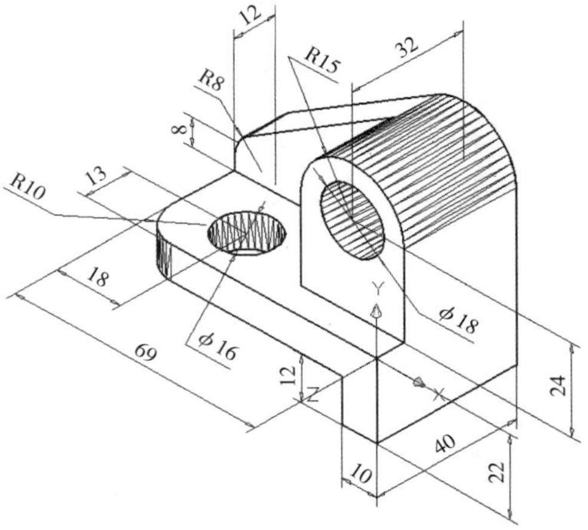

图2-49　绘制三视图（4）

项目训练五　综合训练2——绘制曲轴零件图

【任务】使用LINE、OFFSET、TRIM等命令绘制图2-50曲轴零件图

1.创建3个图层。

名称	颜色	线型	线宽
轮廓线层	白色	Continuous	0.5
虚线层	黄色	DASHED	默认
中心线层	红色	CENTER	默认

2.通过【线型控制】下拉列表打开【线型管理器】对话框，在此对话框中设定线型全局比例因子为“0.1”。

3.打开极轴追踪、对象捕捉及自动追踪功能。指定极轴追踪角度增量为“90”，设定对象捕捉方式为【端点】、【交点】。

4.设定绘图区域大小为100 × 100。单击【实用程序】工具栏上的按钮，使绘图区域充满整个图形窗口。

5.切换到轮廓线层，绘制两条作图基准线*A*、*B*，如图2–51（1）所示。线段*A*的长度约为120，线段*B*的长度约为30。

6.以*A*、*B*线为基准线，用OFFSET及TRIM命令形成曲轴左边的第一段、第二段，如图2–51（2）所示。

7.用同样的方法绘制曲轴的其他段。

8.绘制左视图定位线*C*、*D*，然后绘制出左视图细节，如图2–52所示。

9.用LENGTHEN命令调整轴线、定位线的长度，然后将它们修改到中心线层上。

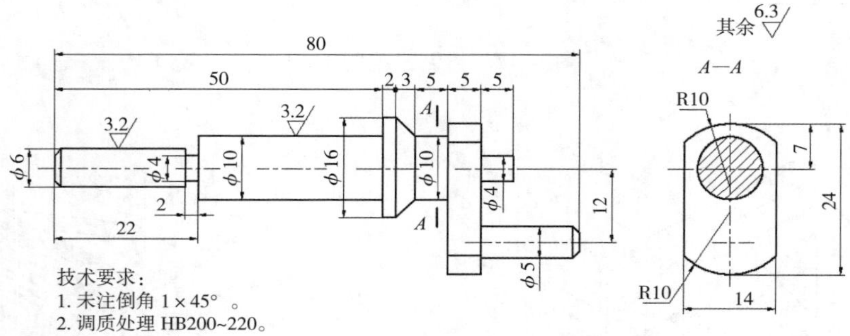

图2–50　绘制曲轴零件图

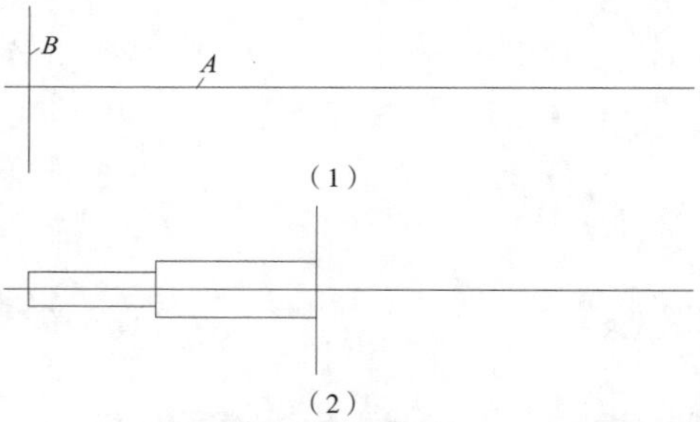

图2–51　绘制作图基准线及形成曲轴的第一段、第二段零件图

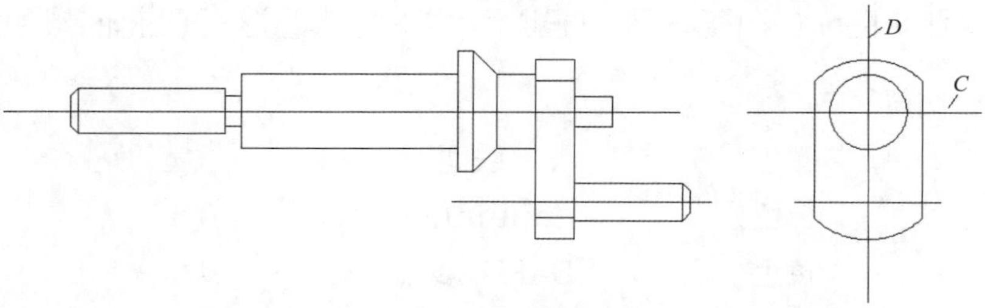

图2–52　绘制左视图细节

【习题】

1.利用点的相对坐标画线，如图2-53所示。

2.打开极轴追踪、对象捕捉及自动追踪功能画线，如图2-54所示。

3.用OFFSET及TRIM命令绘图，如图2-55所示。

4.绘制如图2-56所示的图形。

5.绘制如图2-57所示的图形。

6.根据图2-58绘制三视图。

7.根据图2-59绘制三视图。

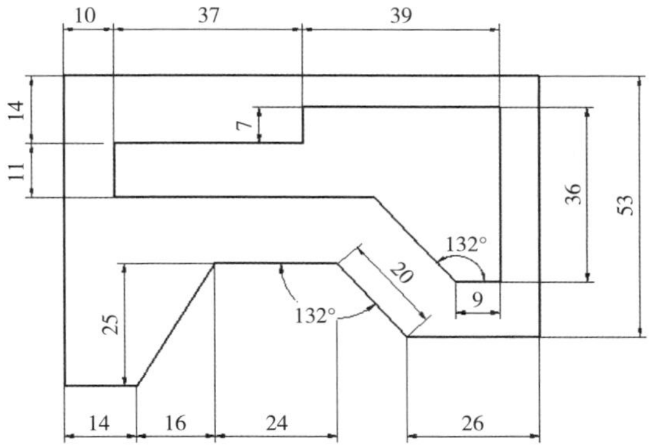

图2-53　利用点的相对坐标画线

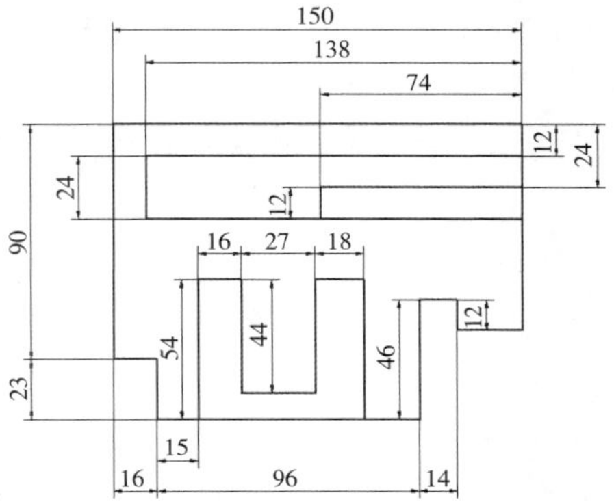

图2-54　利用极轴追踪、自动追踪等功能画线

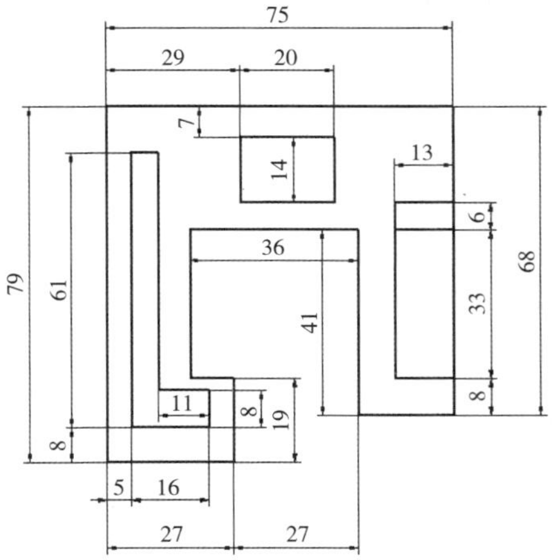

图2-55　绘制平行线及修剪线条

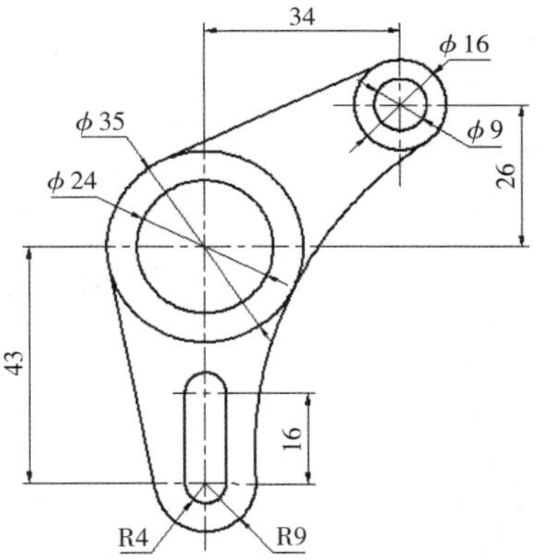

图2-56　绘制圆、切线及过渡圆弧

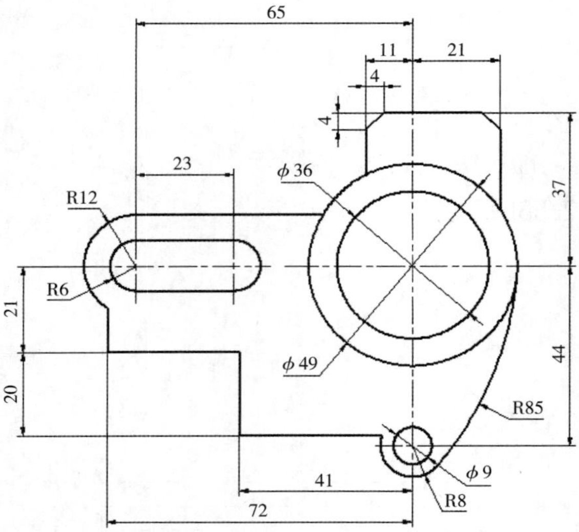

图2-57　用LINE、CIRCLE及OFFSET等命令绘图

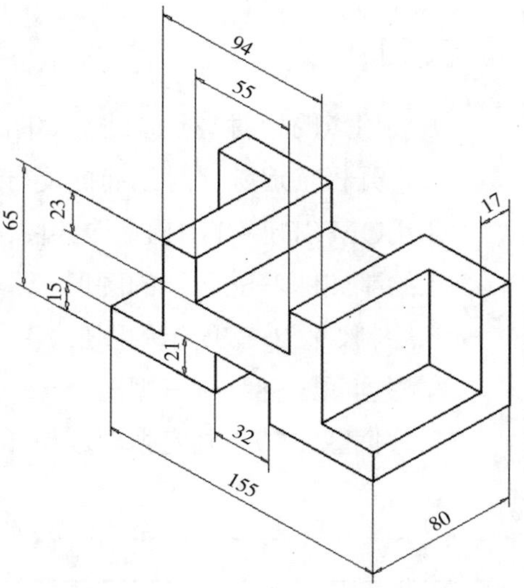

图2-58　绘制三视图（1）

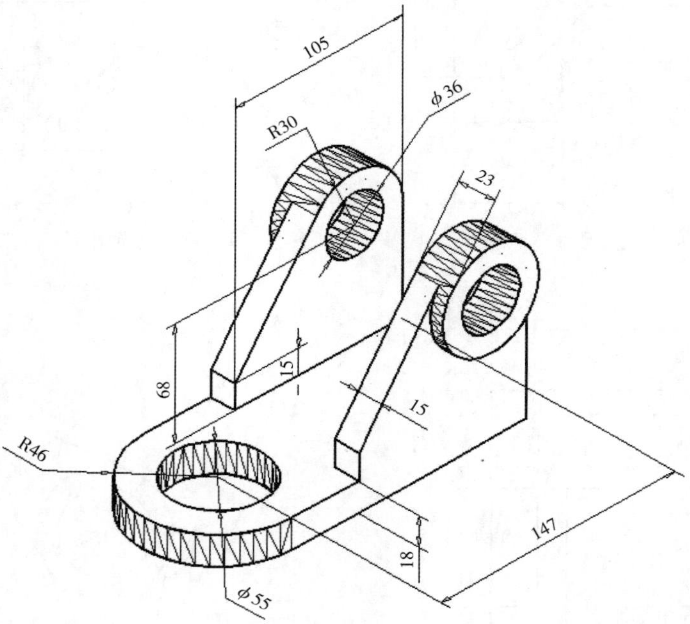

图2-59　绘制三视图（2）

模块训练三　绘制和编辑多边形、椭圆及剖面线

【学习目标】

1. 绘制矩形、正多边形及椭圆。
2. 创建矩形及环形阵列。
3. 掌握镜像对象。
4. 对齐及拉伸图形。
5. 按比例缩放图形。
6. 绘制断裂线及填充剖面图案。

通过本模块的训练，使读者学会如何创建多边形、椭圆、断裂线及填充剖面图，掌握阵列和镜像对象的方法，并能够灵活运用相应命令绘制简单图形。

项目训练一　绘制多边形、椭圆、阵列及镜像图形训练

【任务1】用LINE、RECTANG、POLYGON、ELLIPSE等命令绘制平面图形（图3-1）

启动命令方法见表3-1。

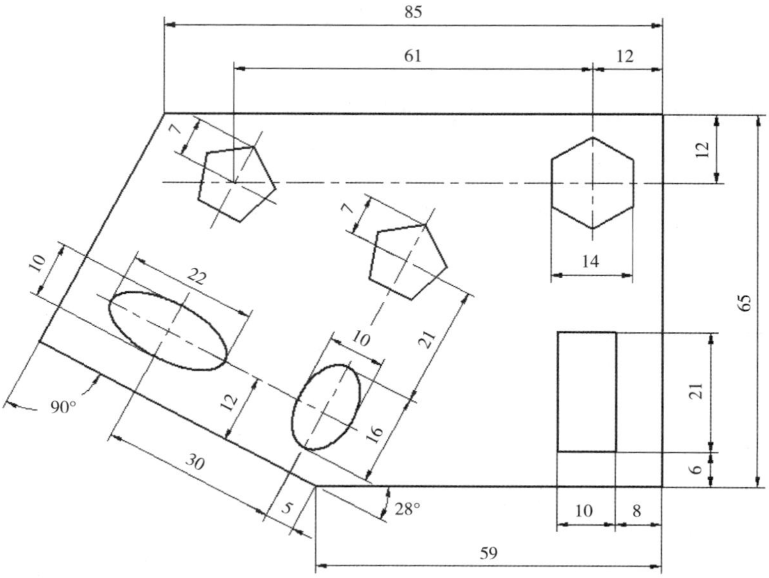

图3-1　绘制矩形、正多边形及椭圆

表3-1 启动命令方法

方式	矩形	正多边形	椭圆
菜单命令	【绘图】/【矩形】	【绘图】/【正多边形】	【绘图】/【椭圆】
面板	【绘图】面板上的按钮	【绘图】面板上的按钮	【绘图】面板上的按钮
命令	RECTANG 或简写 RETC	POLYGON 或简写 POL	ELLIPSE 或简写 EL

1.打开极轴追踪、对象捕捉及自动追踪功能。设置极轴追踪角度增量为“90”，设置对象捕捉方式为【端点】、【交点】。

2.用OFFSET、LINE、LENGTHEN等命令绘制外轮廓线、正多边形和椭圆的定位线，如图3-2（1）所示。

3.绘制矩形、五边形及椭圆，如图3-2（2）所示。

命令: _rectang　　//绘制矩形

指定第一个角点或 [倒角（C）/标高（E）/圆角（F）/厚度（T）/宽度（W）]: from　　//使用正交偏移捕捉

基点:　　//捕捉交点*A*

<偏移>: @-8，6　　//输入*B*点的相对坐标

指定另一个角点或 [面积（A）/尺寸（D）/旋转（R）]: @-10，21　　//输入*C*点的相对坐标

命令: _polygon 输入边的数目 <4>: 5　　//输入多边形的边数

指定正多边形的中心点或 [边（E）]:　　//捕捉交点*D*

输入选项 [内接于圆（I）/外切于圆（C）] <I>: I　　//按内接于圆的方式画多边形

指定圆的半径: @7<62　　//输入*E*点的相对坐标

命令: _ellipse　　//绘制椭圆

指定椭圆的轴端点或 [圆弧（A）/中心点（C）]: c　　//使用“中心点（C）”选项

指定椭圆的中心点:　　//捕捉*F*点

指定轴的端点: @8<62　　//输入*G*点的相对坐标

指定另一条半轴长度或 [旋转（R）]: 5　　//输入另一半轴长度

4.绘制图形的其余部分，然后修改定位线所在的图层。

常用命令选项及功能见表3-2。

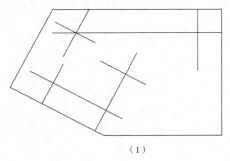

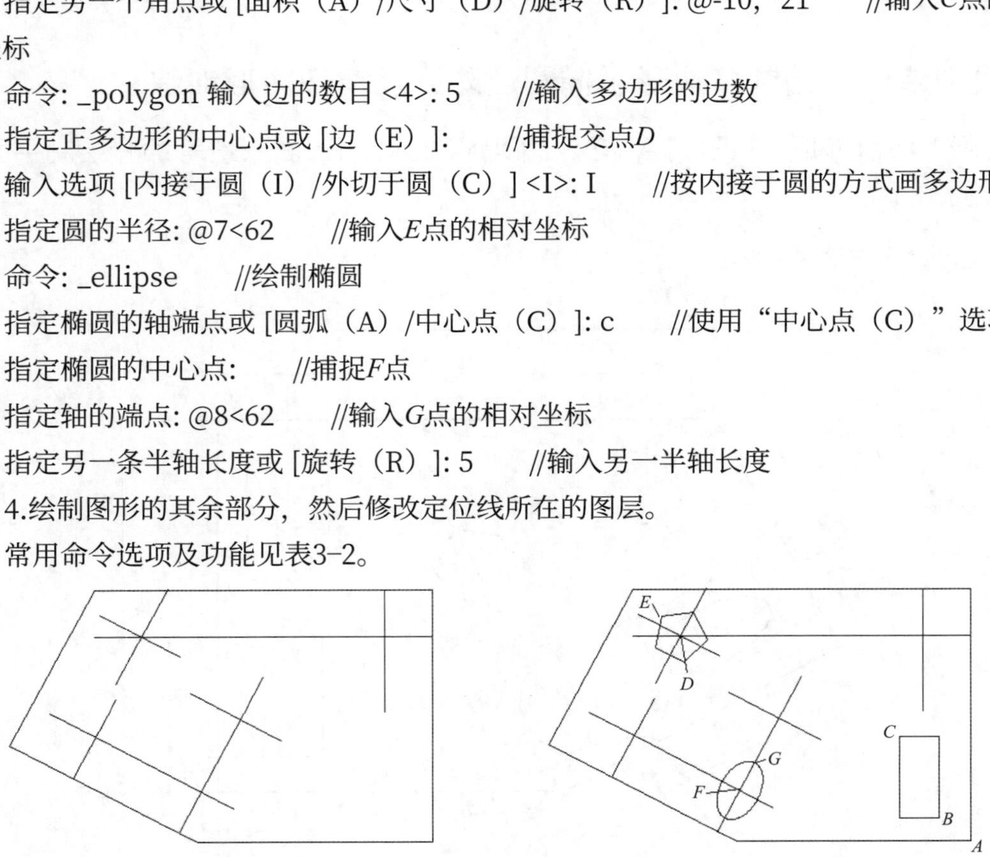

（1）　　（2）

图3-2 绘制矩形、正多边形及椭圆

表3-2　常用命令选项及功能

命令	选项	功能
RECTANG	倒角（C）	指定矩形各顶点倒角的大小
	圆角（F）	指定矩形各顶点倒圆角半径
	宽度（W）	设置矩形边的线宽
	面积（A）	先输入矩形面积，再输入矩形长度或宽度值创建矩形
	尺寸（D）	输入矩形的长、宽尺寸创建矩形
	旋转（R）	设定矩形的旋转角度
POLYGON	边（E）	输入多边形边数后，再指定某条边的两个端点即可绘出多边形
	内接于圆（I）	根据外接圆生成正多边形
	外切于圆（C）	根据内切圆生成正多边形
ELLIPSE	圆弧（A）	绘制一段椭圆弧。过程是先绘制一个完整的椭圆，随后 AutoCAD 提示用户指定椭圆弧的起始角及终止角
	中心点（C）	通过椭圆中心点及长轴、短轴来绘制椭圆
	旋转（R）	按旋转方式绘制椭圆，即 AutoCAD 将圆绕直径转动一定角度后，再投影到平面上形成椭圆

【任务2】用ARRAY命令修改图样（1）

如图3-3（1）所示，用ARRAY命令将图修改为图3-3（2）样式。

1.启动阵列命令，系统弹出【阵列】对话框，在该对话框中选择【矩形阵列】选项，如图3-4所示。

2.单击按钮，AutoCAD提示“选择对象”，选择要阵列的图形对象*A*，如图3-3所示。

3.分别在【行数】、【列数】文本框中输入阵列的行数及列数，如图3-4所示。“行”的方向与坐标系的X轴平行，“列”的方向与Y轴平行。

4.分别在【行偏移】、【列偏移】文本框中输入行间距及列间距，如图3-4所示。行、列间距的数值可为正或负。若是正值，则AutoCAD沿X、Y轴的正方向形成阵列，否则沿反方向形成阵列。

5.在【阵列角度】文本框中输入阵列方向与X轴的夹角，如图3-4所示。该角度逆时针为正，顺时针为负。

6.利用按钮，用户可预览阵列效果。单击此按钮，AutoCAD返回绘图窗口，并按设定的参数显示出矩形阵列。

7.单击鼠标右键，结果如图3-3（2）所示。

8.再沿倾斜方向创建对象*B*的矩形阵列，如图3-3（2）所示。阵列参数为行数“2”、列数“3”、行间距“-10”、列间距“15”及阵列角度“40”。

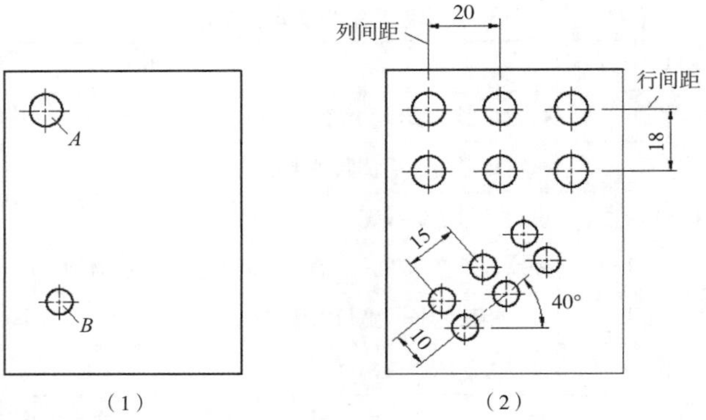

图3-3　创建矩形阵列

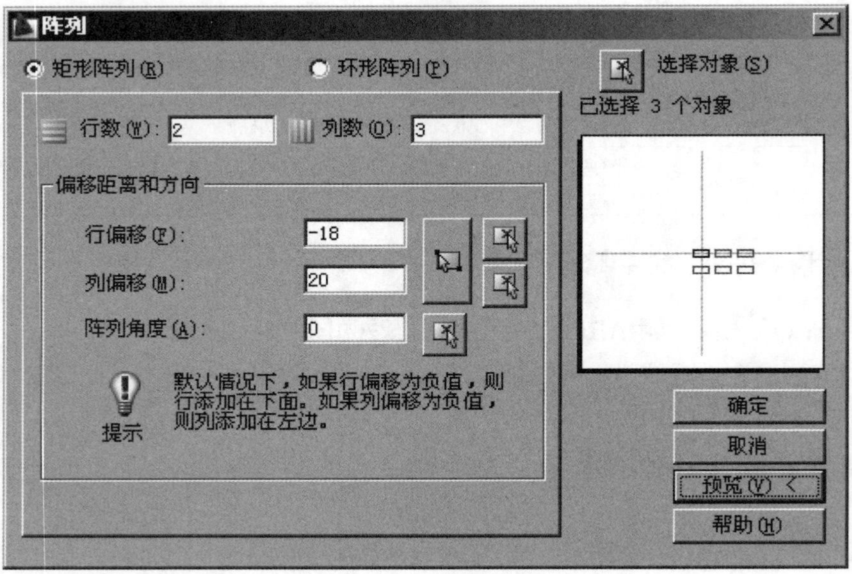

图3-4　【阵列】对话框

【任务3】用ARRAY命令修改图样（2）

如图3-5（1）所示，用ARRAY命令将图修改为图3-5（2）样式。

1.启动阵列命令，系统弹出【阵列】对话框，在该对话框中选择【环形阵列】选项，如图3-6所示。

2.单击按钮，AutoCAD提示“选择对象”，选择要阵列的图形对象*A*，如图3-5所示。

3. 在【中心点】区域中单击按钮，AutoCAD切换到绘图窗口，在屏幕上指定阵列中心点*B*，如图3-5所示。

4.【阵列】对话框的【方法】下拉列表中提供了3种创建环形阵列的方法，选择其中一种，AutoCAD就列出需设定的参数。默认情况下，【项目总数和填充角度】是当前选项，此时，用户需输入的参数有项目总数和填充角度。

5. 在【项目总数】文本框中输入环形阵列的总数目，在【填充角度】文本框中输入阵列分布的总角度值，如图3-6所示。若阵列角度为正，则AutoCAD沿逆时针方向创建阵列，否则沿顺时针方向创建阵列。

6.单击 预览(V) < 按钮，预览阵列效果。

7.单击鼠标右键，完成环形阵列的创建。

8.继续创建对象*C*、*D*的环形阵列，结果如图3-5（2）所示。

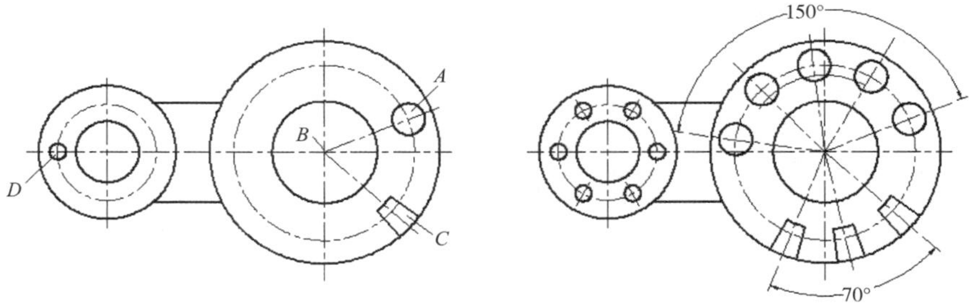

（1）　　（2）

图3-5　创建环形阵列

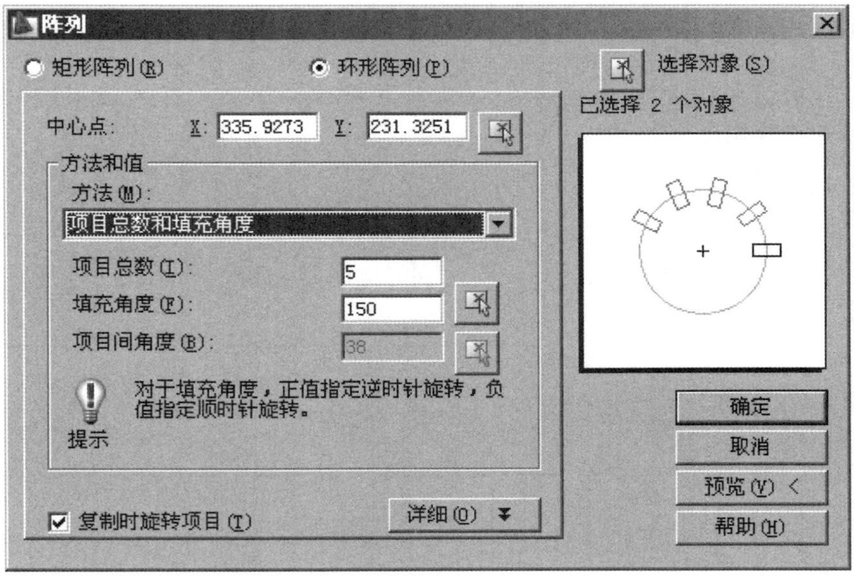

图3-6　【阵列】对话框

【任务4】用MIRROR命令修改图样

如图3-7（1）所示，用MIRROR命令将图修改为图3-7（2）样式。结果如图3-7（2）所示。如果删除源对象，则结果如图3-7（3）所示。

命令: _mirror　　//启动镜像命令

选择对象: 指定对角点: 找到13个　　//选择镜像对象

选择对象:　　//按Enter键

指定镜像线的第一点：　　//拾取镜像线上的第一点

指定镜像线的第二点：　　//拾取镜像线上的第二点

要删除源对象吗？[是（Y）/否（N）] <N>：　　//按Enter键，默认镜像时不删除源对象

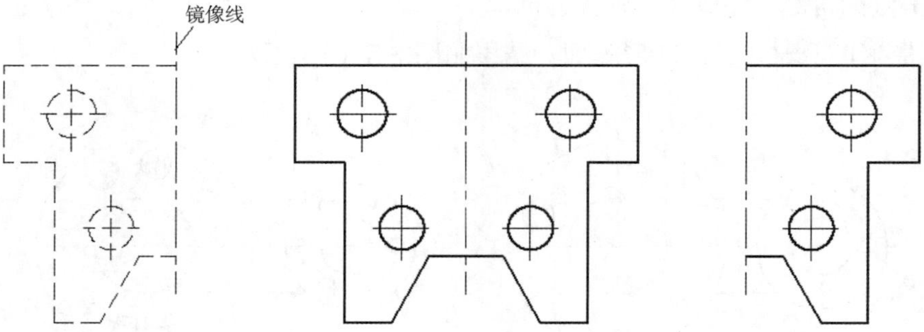

（1）选择镜像对象　　（2）镜像时不删除源对象　　（3）镜像时删除源对象

图3-7　镜像对象

【综合练习】绘制对称图形

【练习1】利用LINE、OFFSET、ARRAY、MIRROR等命令绘制平面图形（图3-8）。

主要作图步骤如图3-9所示。

【练习2】利用LINE、 OFFSET、ARRAY、MIRROR等命令绘制平面图形（图3-10）。

【练习3】利用LINE、 OFFSET、ARRAY、MIRROR等命令绘制平面图形（图3-11）。

【练习4】利用LINE、CIRCLE、OFFSET、 ARRAY等命令绘制平面图形（图3-12）。

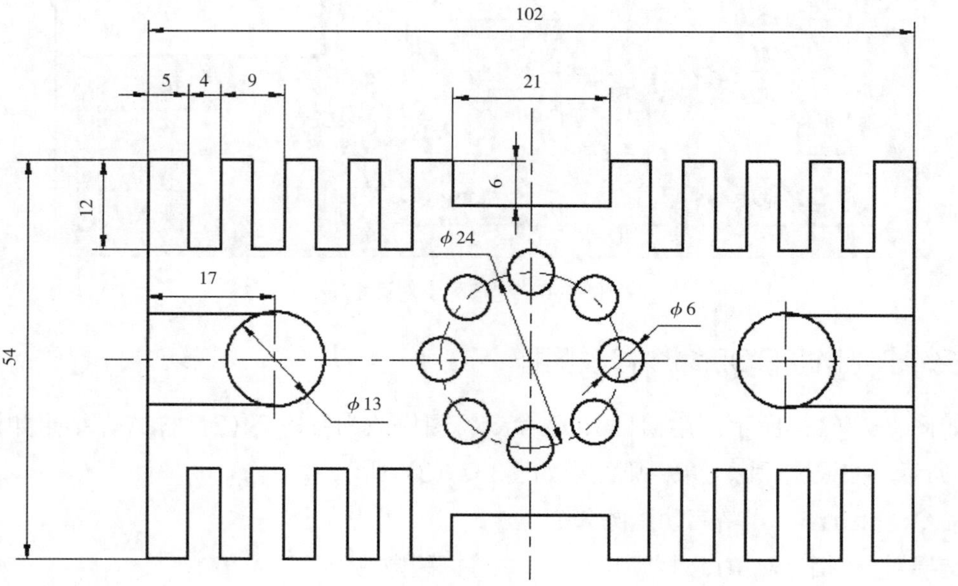

图3-8　绘制对称图形（1）

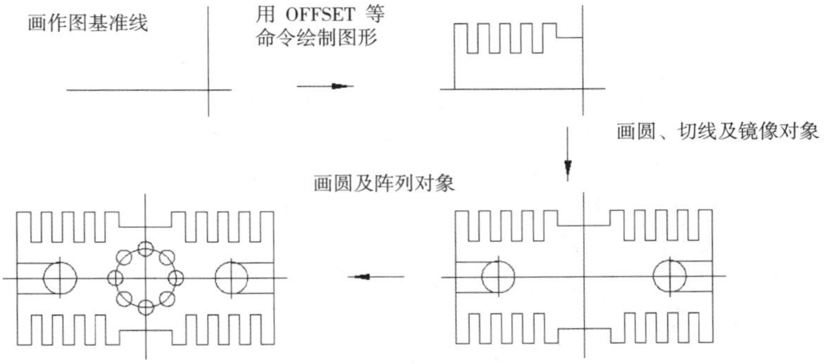

图3-9　主要作图步骤

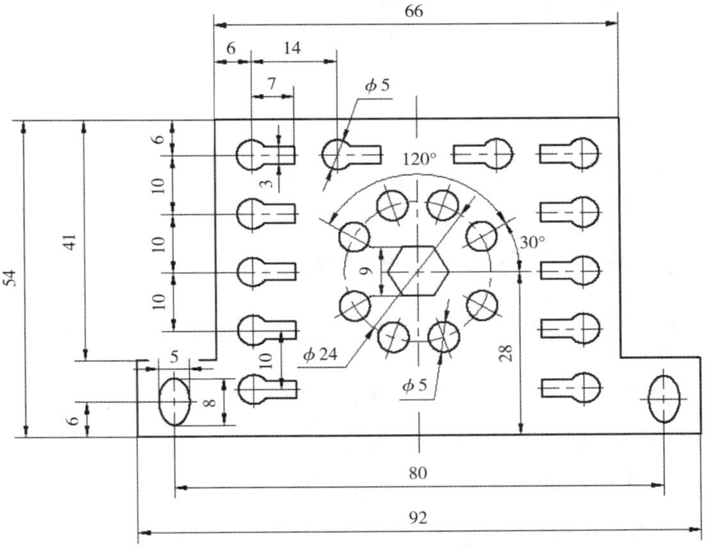

图3-10　绘制对称图形（2）

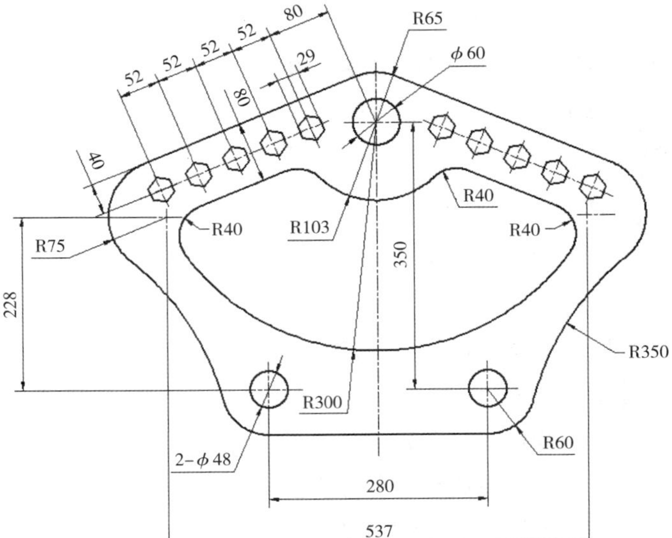

图3-11　绘制对称图形（3）

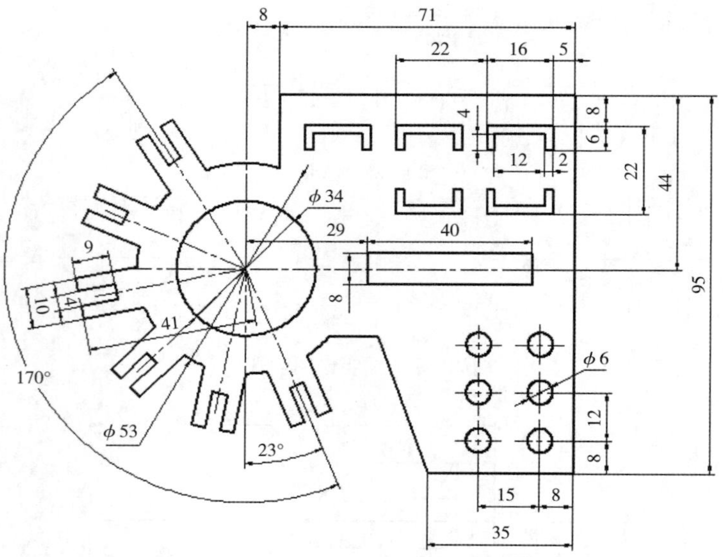

图3-12　创建矩形及环形阵列

项目训练二　对齐、拉伸及缩放对象训练

【任务1】用XLINE、CIRCLE、ALIGN等命令绘制平面图形（图3-13）

绘制轮廓线及图形*E*，再用XLINE命令绘制定位线*C*、*D*，如图3-14（1）所示，然后用ALIGN命令将图形*E*定位到正确的位置，如图3-14（2）所示。

命令: _xline 指定点或 [水平（H）/垂直（V）/角度（A）/二等分（B）/偏移（O）]: from　//使用正交偏移捕捉

基点:　//捕捉基点*A*

<偏移>: @12，11　//输入*B*点的相对坐标

指定通过点: <16　//设定画线*D*的角度

指定通过点:　//单击一点

指定通过点: <106　//设定画线*C*的角度

指定通过点:　//单击一点

指定通过点:　//按Enter键结束

命令: align　//启动对齐命令

选择对象: 指定对角点: 找到 15 个　//选择图形*E*

选择对象:　//按Enter键

指定第一个源点:　//捕捉第一个源点*F*

指定第一个目标点:　//捕捉第一个目标点*B*

指定第二个源点:　//捕捉第二个源点*G*

指定第二个目标点: nea到　//在直线*D*上捕捉一点

指定第三个源点或 <继续>:　　//按Enter键

是否基于对齐点缩放对象？[是（Y）/否（N）] <否>:　　Enter键不缩放源对象

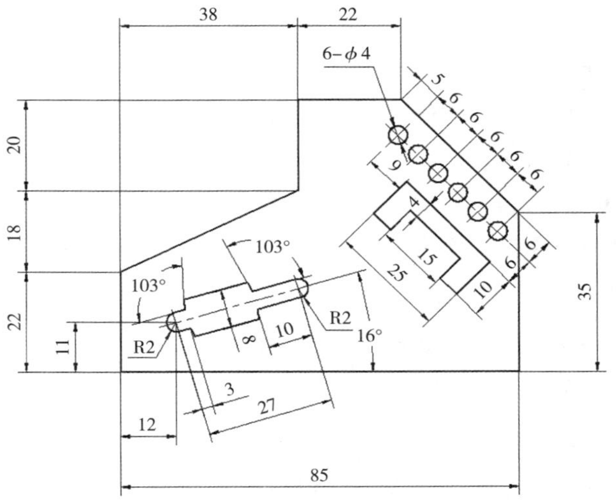

图3-13　平面图形

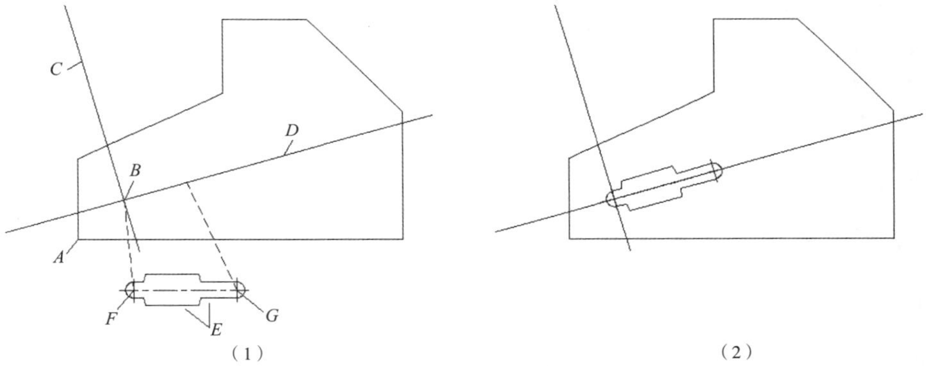

图3-14　对齐图形E

【任务2】用STRETCH命令修改图样

如图3-15（1）所示，用STRETCH命令将图修改为图3-15（2）样式。

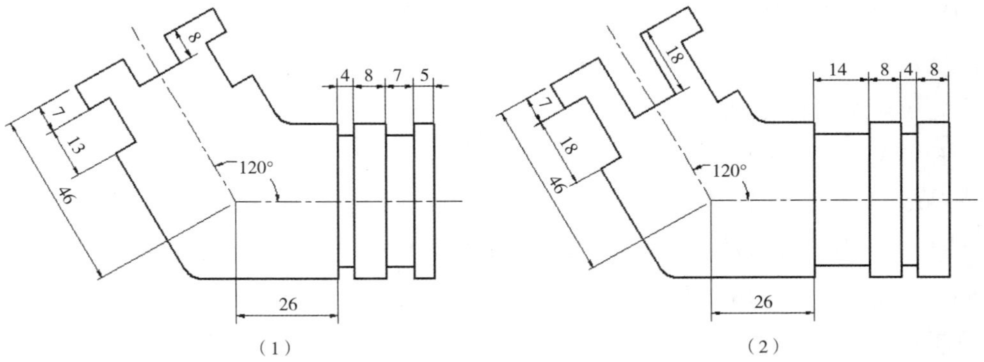

图3-15　拉伸图形

1.打开极轴追踪、对象捕捉及自动追踪功能。

2.调整槽*A*的宽度及槽*D*的深度，如图3-16（1）所示。

命令: _stretch　　//启动拉伸命令

选择对象:　　//单击*B*点，如图3-16（1）所示

指定对角点: 找到 17 个　　//单击*C*点

选择对象:　　//按Enter键

指定基点或 [位移（D）] <位移>:　　//单击一点

指定第二个点或 <使用第一个点作位移>: 10　　//向右追踪并输入追踪距离

命令: STRETCH　　//重复命令

选择对象:　　//单击*E*点，如图3-16（2）所示

指定对角点: 找到 5 个　　//单击*F*点

选择对象:　　//按Enter键

指定基点或 [位移（D）] <位移>: 10<-60　　//输入拉伸的距离及方向

指定第二个点或 <使用第一个点作为位移>:　　//按Enter键结束

结果如图3-16（2）所示。

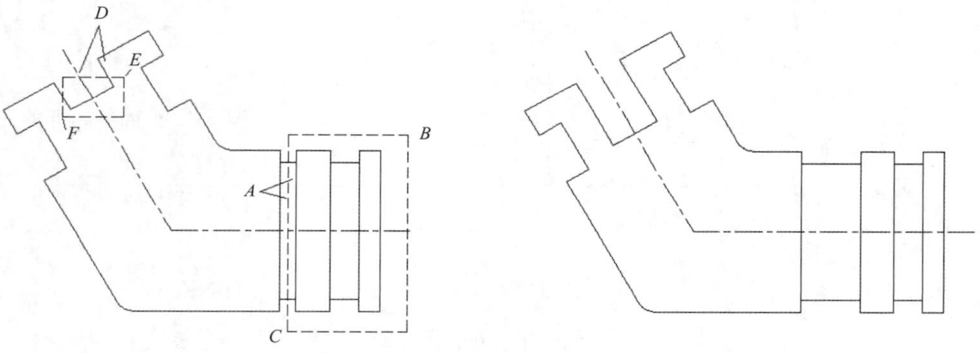

（1）　（2）

图3-16　拉伸对象

3.用STRETCH命令修改图形的其他部分。

使用STRETCH命令时，首先应利用交叉窗口选择对象，然后指定对象拉伸的距离和方向。凡在交叉窗口中的对象顶点都被移动，而与交叉窗口相交的对象将被延伸或缩短。

设定拉伸距离和方向的方式如下:

● 在屏幕上指定两个点，这两点的距离和方向代表了拉伸实体的距离和方向。

当AutoCAD提示“指定基点”时，指定拉伸的基准点。当AutoCAD提示“指定第二个点”时，捕捉第二点或输入第二点相对于基准点的相对直角坐标或极坐标。

● 以“X，Y”方式输入对象沿X、Y轴拉伸的距离，或者用“距离<角度”方式输入拉伸的距离和方向。

当AutoCAD提示“指定基点”时，输入拉伸值。在AutoCAD提示“指定第二个点”

时，按Enter键确认，这样AutoCAD就以输入的拉伸值来拉伸对象。

● 打开正交或极轴追踪功能，就能方便地将实体只沿X轴或Y轴方向拉伸。当AutoCAD提示“指定基点”时，单击一点并把实体向水平或竖直方向拉伸，然后输入拉伸值。

● 使用“位移（D）”选项。选择该选项后，AutoCAD提示“指定位移”，此时，以“X，Y”方式输入沿X、Y轴拉伸的距离，或者以“距离<角度”方式输入拉伸的距离和方向。

【任务3】用SCALE命令修改图样

如图3-17（1）所示，用SCALE命令将图修改为图3-17（2）样式。

命令: _scale　　//启动比例缩放命令

选择对象: 找到 1 个　　//选择矩形*A*，如图3-17（1）所示

选择对象　　//按Enter键

指定基点:　　//捕捉交点*C*

指定比例因子或[复制（C）/参照（R）] <1.0000>: 2　　//输入缩放比例因子

命令: _SCALE　　//重复命令

选择对象: 找到 4 个　　//选择线框*B*

选择　　//按Enter键

指定基点　　//捕捉交点*D*

指定比例因子或 [复制（C）/参照（R）] <2.0000>: r　　//使用“参照（R）”选项

指定参照长度 <1.0000>:　　//捕捉交点*D*

指定第二点:　　//捕捉交点*E*

指定新的长度或 [点（P）] <1.0000>:　　//捕捉交点*F*

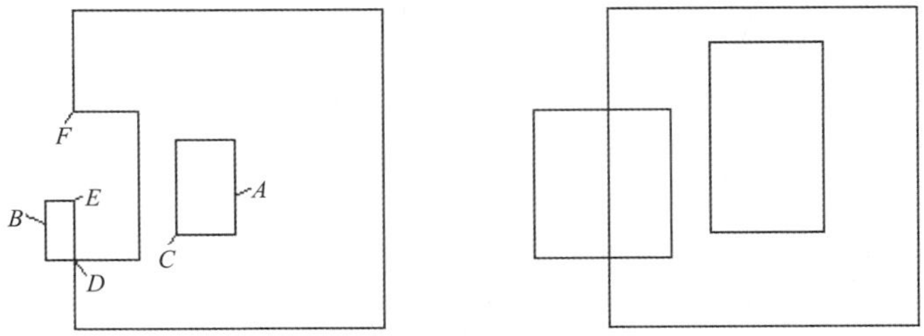

（1）　　（2）

图3-17　缩放对象

【综合练习】利用旋转、拉伸及对齐命令绘图

【练习1】利用LINE、CIRCLE、COPY、ROTATE、ALIGN等命令绘制平面图形（图3-18）。

主要作图步骤如图3-19所示。

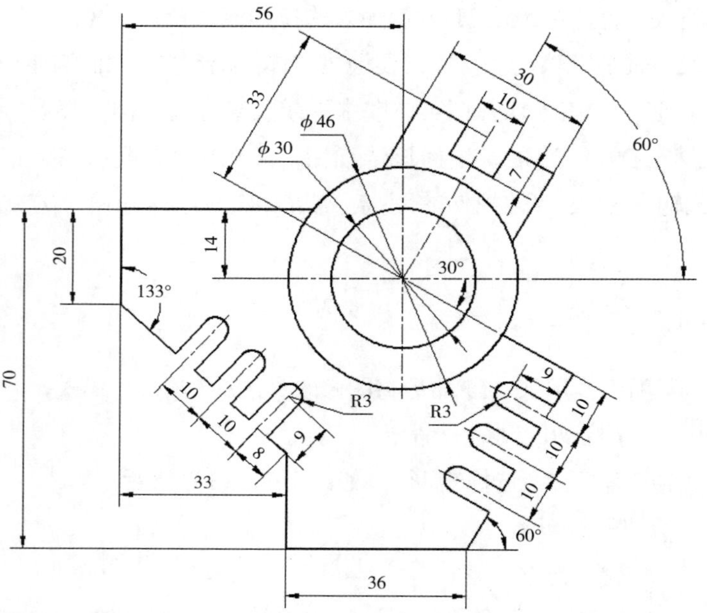

图3-18　利用LINE、CIRCLE、COPY、ROTATE、ALIGN等命令绘图

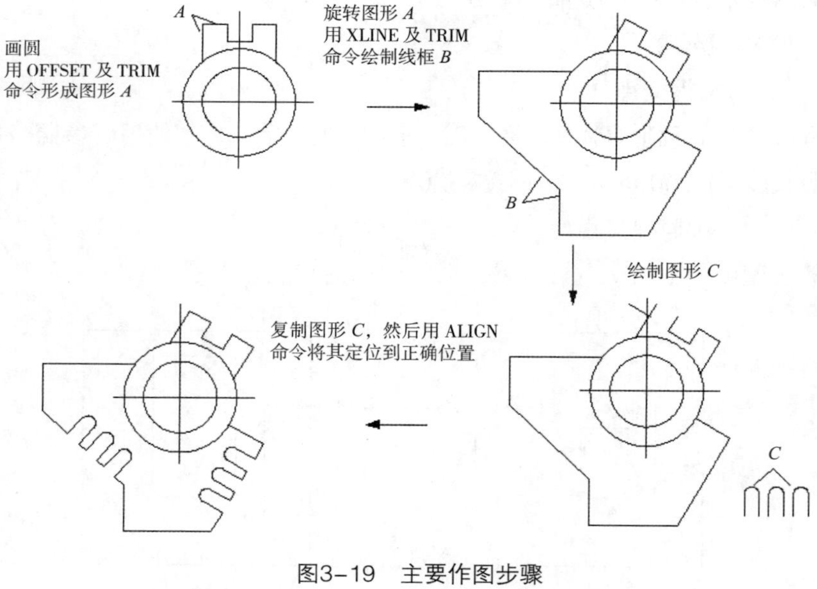

图3-19　主要作图步骤

【练习2】利用LINE、OFFSET、COPY、ROTATE、STRETCH等命令绘制平面图形（图3-20）。

主要作图步骤如图3-21所示。

【练习3】利用LINE、OFFSET、COPY、ROTATE、ALIGN等命令绘制平面图形（图3-22）。

【练习4】利用LINE、OFFSET、COPY、STRETCH等命令绘制平面图形（图3-23）。

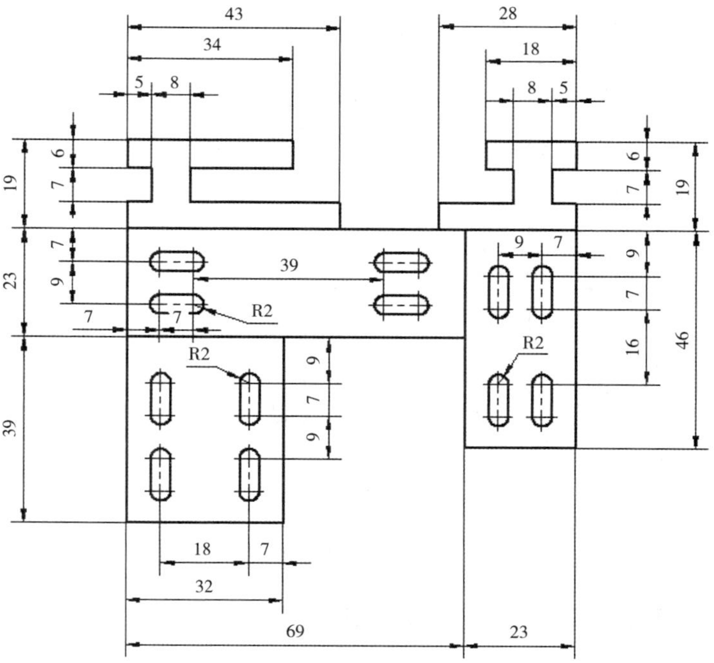

图3-20　利用LINE、OFFSET、COPY、ROTATE、STRETCH等命令绘图

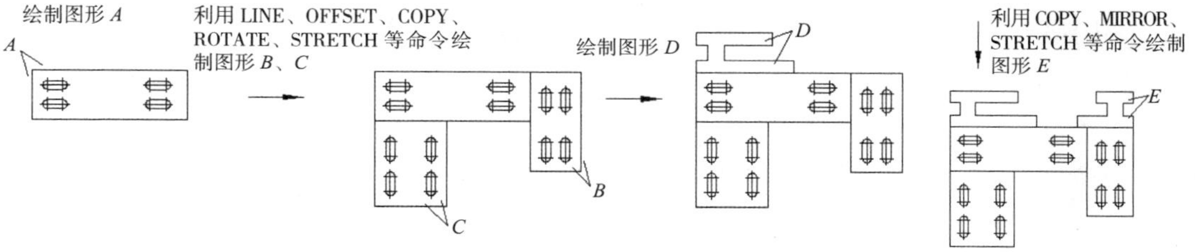

图3-21　主要作图步骤

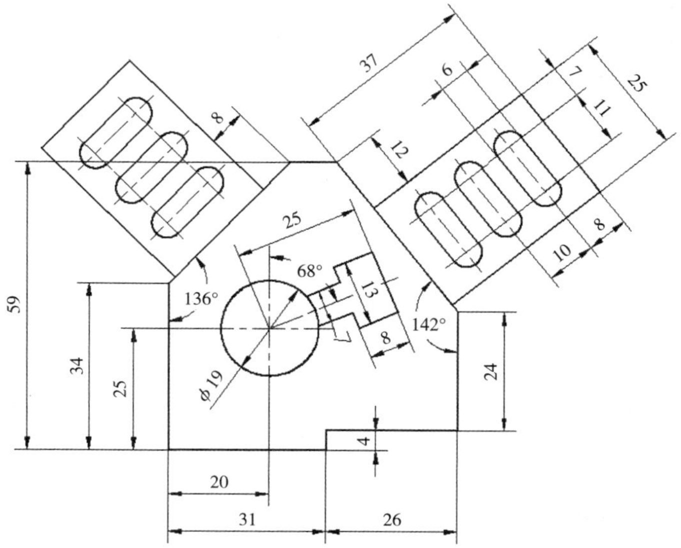

图3-22　利用LINE、OFFSET、COPY、ROTATE、ALIGN等命令绘图

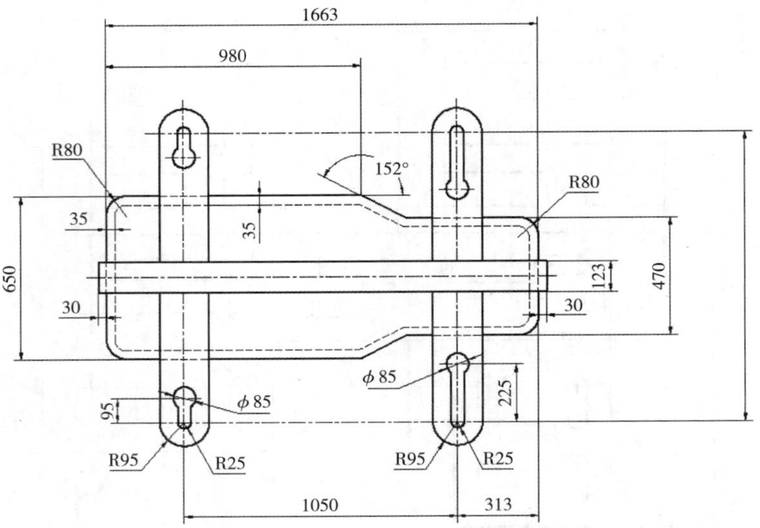

图3-23　利用LINE、OFFSET、COPY、STRETCH等命令绘图

项目训练三　画断裂线及填充剖面图案训练

【任务1】用SPLINE、BHATCH等命令修改图样

如图3-24（1）所示，用SPLINE、BHATCH等命令将图修改为图3-24（2）样式。启动命令方法见表3-3。

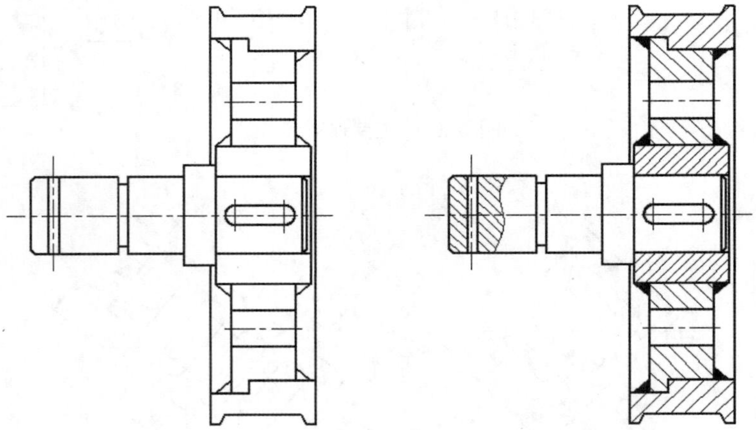

（1）　　　　　　　　（2）

图3-24　绘制断裂线及填充剖面图案

表3-3　启动命令方法

方式	样条曲线	填充图案	编辑图案
菜单命令	【绘图】/【样条曲线】	【绘图】/【图案填充】	【修改】/【对象】/【图案填充】
面板	【绘图】面板上的～按钮	【绘图】面板上的按钮	【绘图】面板上的按钮
命令	SPLINE 或简写 SPL	BHATCH 或简写 BH	HATCHEDIT 或简写 HE

1.绘制断裂线，如图3–25（1）所示。修剪多余线条，结果如图3–25（2）所示。

命令: _spline　　//绘制样条曲线

指定第一个点或 [对象（O）]:　　//单击*A*点

指定下一点:　　//单击*B*点

指定下一点或 [闭合（C）/拟合公差（F）] <起点切向>:　　//单击*C*点

指定下一点或 [闭合（C）/拟合公差（F）] <起点切向>:　　//单击*D*点

指定下一点或 [闭合（C）/拟合公差（F）] <起点切向>:　　//按Enter键

指定起点切向:　　//移动鼠标指针调整起点切线方向，按Enter键

指定端点切向:　　//移动鼠标指针调整终点切线方向，按Enter键

2.启动图案填充命令，打开【图案填充和渐变色】对话框，如图3–26所示。

3.单击【图案】下拉列表右边的▒按钮，打开【填充图案选项板】对话框，进入【ANSI】选项卡，选择剖面图案【ANSI31】，如图3–27所示。

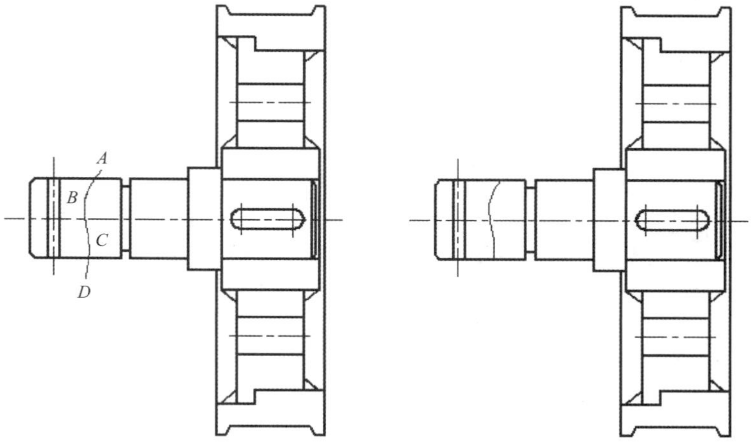

（1）　　（2）

图3–25　绘制断裂线

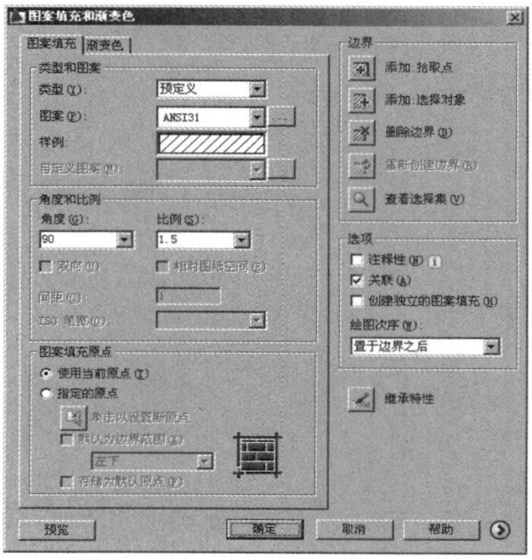

图3–26　【图案填充和渐变色】对话框

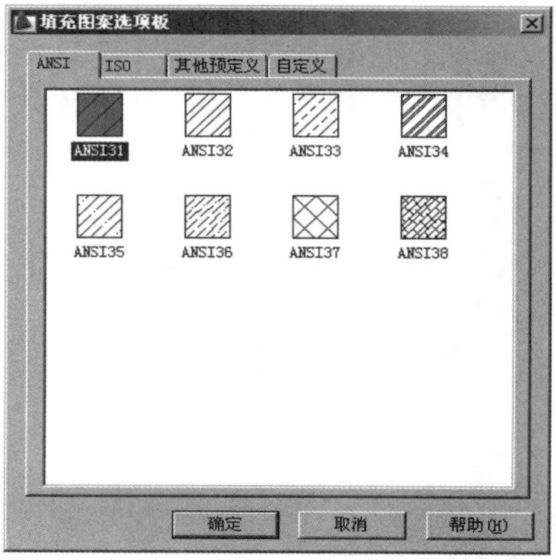

图3–27　【填充图案选项板】对话框

4.在【图案填充和渐变色】对话框的【角度】框中输入图案旋转角度值“90”，在【比例】框中输入数值“1.5”，单击按钮（拾取点），AutoCAD提示“拾取内部点”，在想要填充的区域内单击E、F、G及H点，如图3-28所示，然后按Enter键。

> **要点提示**
>
> 在【图案填充和渐变色】对话框的【角度】框中输入的数值并不是剖面线与X轴的倾斜角度，而是剖面线以初始方向为起始位置的转动角度。该值可正、可负，若是正值，则剖面线沿逆时针方向转动，否则按顺时针方向转动。对于“ANSI31”图案，当分别输入角度值-45°、90°、15°时，剖面线与X轴的夹角分别是0°、135°、60°。

5.单击预览(W)按钮，观察填充的预览图。

6.单击鼠标右键，接受填充剖面图案，结果如图3-28所示。

7.编辑剖面图案。选择剖面图案，单击【修改】面板上的按钮，打开【图案填充编辑】对话框，将该对话框【比例】框中的数值改为“0.5”。单击确定按钮，结果如图3-29所示。

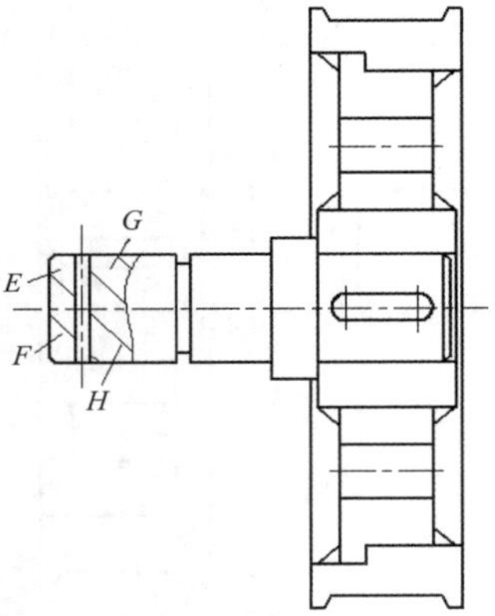

图3-28　填充剖面图案

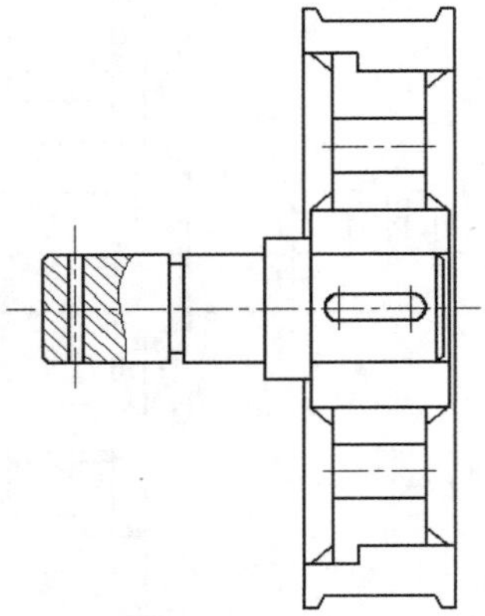

图3-29　修改剖面图案

【任务2】用关键点编辑方式修改图样

如图3-30（1）所示，利用关键点编辑方式将图修改为图3-30（2）样式。

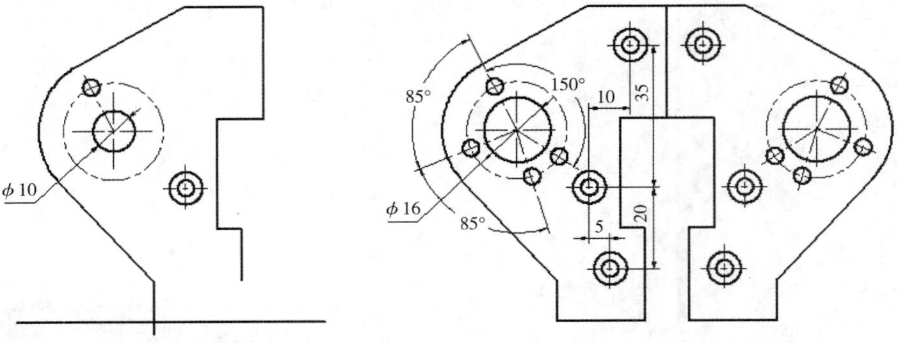

（1）　（2）

图3-30　利用关键点编辑方式修改图形

1.利用关键点拉伸线段的操作如下。

打开极轴追踪、对象捕捉及自动追踪功能。设置极轴追踪角度增量为“90”，设置对象捕捉方式为【端点】、【圆心】及【交点】。

命令:　　//选择线段*A*，如图3–31（1）所示

命令:　　//选中关键点*B*

** 拉伸 **　　//进入拉伸模式

指定拉伸点或 [基点（B）/复制（C）/放弃（U）/退出（X）]:　　//向下移动鼠标指针并捕捉*C*点继续调整其他线段的长度，结果如图3–31（2）所示。

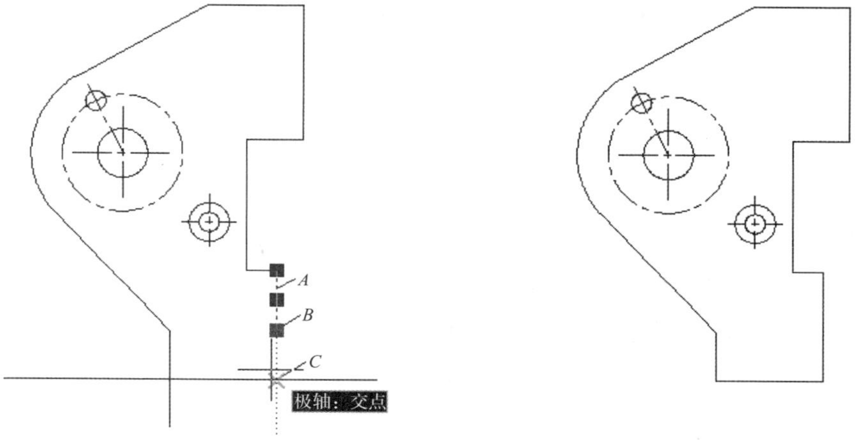

（1）　　（2）

图3–31 利用关键点拉伸对象

要点提示

打开正交状态后用户就可利用关键点拉伸方式很方便地改变水平线段或竖直线段的长度。

2.利用关键点复制对象的操作如下。

命令:　　//选择对象*D*，如图3–32（1）所示

命令:　　//选中一个关键点

** 拉伸 **

指定拉伸点或 [基点（B）/复制（C）/放弃（U）/退出（X）]:　　//进入拉伸模式

** 移动 **　　//按Enter键进入移动模式

指定移动点或 [基点（B）/复制（C）/放弃（U）/退出（X）]: c　　//利用选项“复制（C）”进行复制

** 移动（多重）**

指定移动点或 [基点（B）/复制（C）/放弃（U）/退出（X）]: b　　//使用选项“基点（B）”

指定基点:　　//捕捉对象*D*的圆心

** 移动 （多重） **

指定移动点或 [基点（B）/复制（C）/放弃（U）/退出（X）]: @10, 35　　//输入相对坐标

** 移动 （多重） **

指定移动点或 [基点（B）/复制（C）/放弃（U）/退出（X）]: @5, -20　　//输入相对坐标

指定移动点或 [基点（B）/复制（C）/放弃（U）/退出（X）]:　　//按Enter键结束

结果如图3-32（2）所示。

3.利用关键点旋转对象的操作如下，结果如图3-33（2）所示。

命令:　　//选择对象*E*，如图3-33（1）所示

命令:　　//选中一个关键点

** 拉伸 **　　//进入拉伸模式

指定拉伸点或 [基点（B）/复制（C）/放弃（U）/退出（X）]: _rotate　　//单击鼠标右键，选择【旋转】选项

** 旋转 **　　//进入旋转模式

指定旋转角度或 [基点（B）/复制（C）/放弃（U）/参照（R）/退出（X）]: c　　//利用选项“复制（C）”进行复制

** 旋转 （多重） **

指定旋转角度或 [基点（B）/复制（C）/放弃（U）/参照（R）/退出（X）]:　　//使用选项“基点（B）”

指定基点:　　//捕捉圆心*F*

** 旋转 （多重） **

指定旋转角度或 [基点（B）/复制（C）/放弃（U）/参照（R）/退出（X）]: 85　　//输入旋转角度

** 旋转 （多重） **

指定旋转角度或 [基点（B）/复制（C）/放弃（U）/参照（R）/退出（X）]:

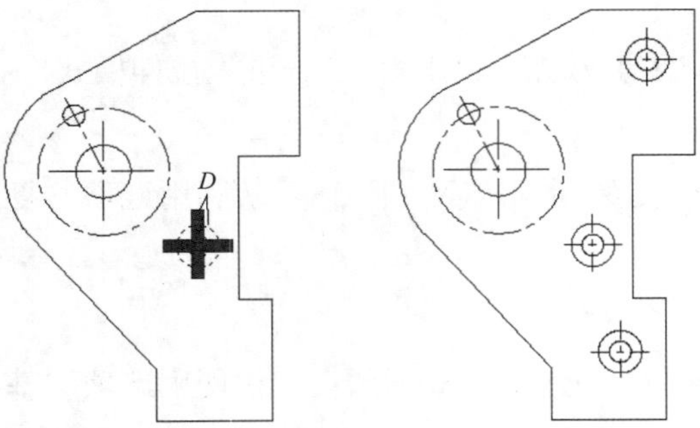

（1）　　（2）

图3-32　利用关键点复制对象

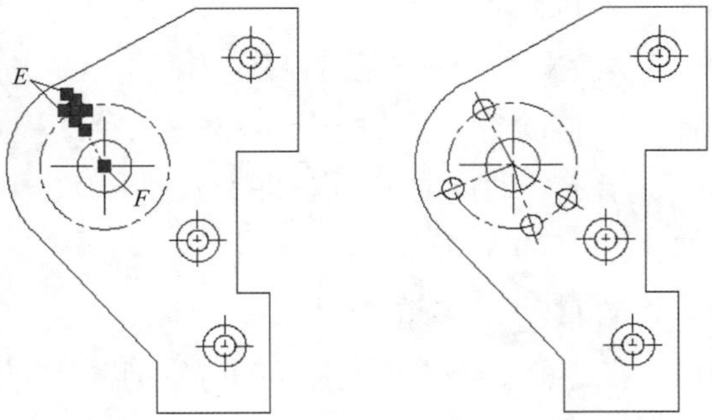

（1）　　（2）

图3-33　利用关键点旋转对象

170　　//输入旋转角度

** 旋转　(多重)　**

指定旋转角度或 [基点（B）/复制（C）/放弃（U）/参照（R）/退出（X）]: -150　　//输入旋转角度

** 旋转　(多重)　**

指定旋转角度或 [基点（B）/复制（C）/放弃（U）/参照（R）/退出（X）]:　　//按Enter键结束

4.利用关键点缩放模式缩放对象的操作如下，结果如图3–34（2）所示。

命令:　　//选择圆G，如图3–34（1）所示

命令:　　//选中任意一个关键点

** 拉伸 **　　//进入拉伸模式

指定拉伸点或 [基点（B）/复制（C）/放弃（U）/退出（X）]: _scale　　//单击鼠标右键，选择【缩放】选项

** 比例缩放 **　　//进入比例缩放模式

指定比例因子或 [基点（B）/复制（C）/放弃（U）/参照（R）/退出（X）]: b　　//使用“基点（B）”选项

指定基点　　//捕捉圆G的圆心

** 比例缩放 **

指定比例因子或 [基点（B）/复制（C）/放弃（U）/参照（R）/退出（X）]: 1.6　　//输入缩放比例值

5.利用关键点镜像对象，结果如图3–35（2）所示。

命令:　　//选择要镜像的对象，如图3–35（1）所示

命令:　　//选中关键点H

** 拉伸 **　　//进入拉伸模式

指定拉伸点或 [基点（B）/复制（C）/放弃（U）/退出（X）]: _mirror　　//单击鼠标右键，选择【镜像】选项

** 镜像 **　　//进入镜像模式

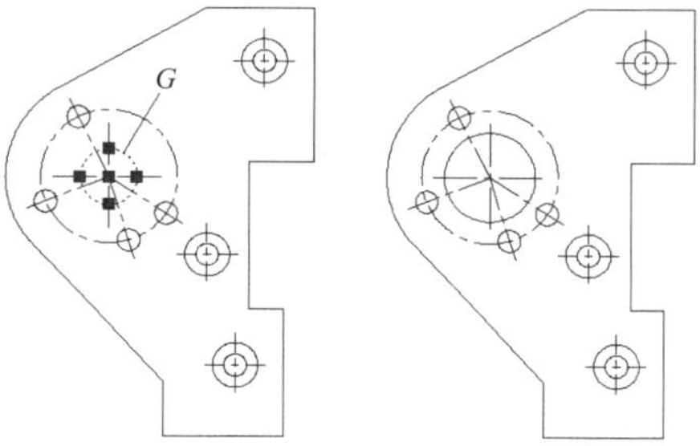

（1）　　（2）

图3–34　利用关键点缩放对象

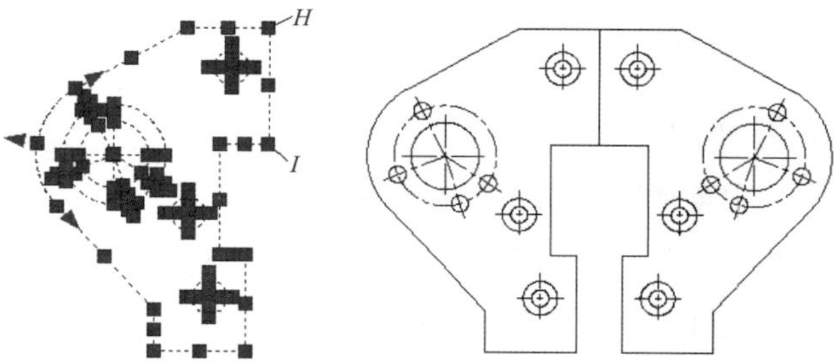

（1）　　（2）

图3–35　利用关键点镜像对象

指定第二点或 [基点（B）/复制（C）/放弃（U）/退出（X）]: c　　//镜像并复制
** 镜像 （多重） **
指定第二点或 [基点（B）/复制（C）/放弃（U）/退出（X）]:　　//捕捉I点
** 镜像 （多重）
指定第二点或 [基点（B）/复制（C）/放弃（U）/退出（X）]:　　//按Enter键结束

【综合练习】利用关键点编辑方式绘图

【练习1】利用关键点编辑方式绘制图3-36。

主要作图步骤如图3-37所示。

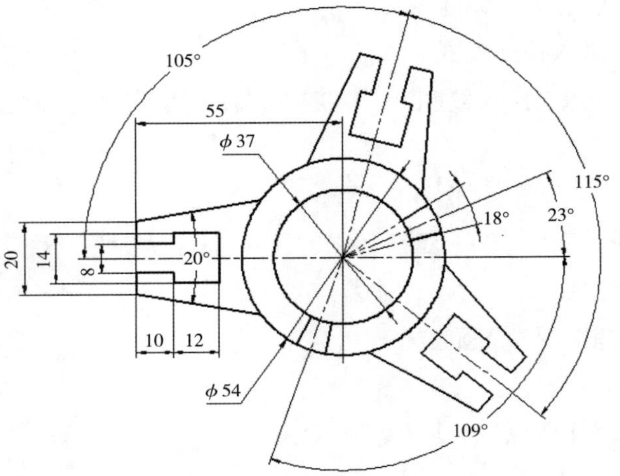

图3-36　利用关键点编辑方式绘图（1）

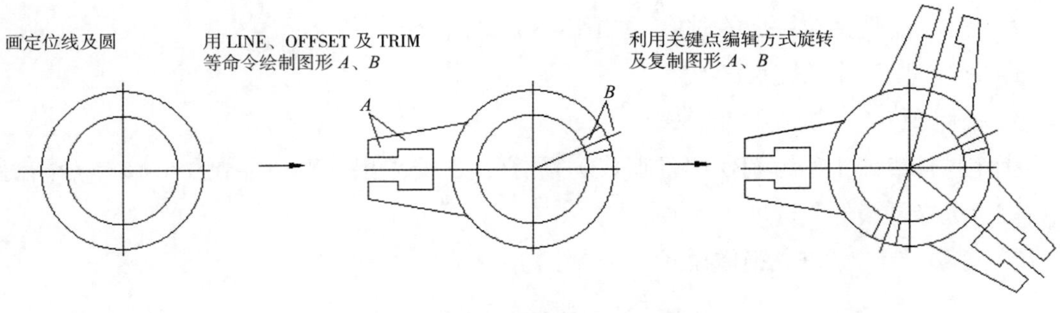

图3-37　主要作图步骤

【练习2】利用ROTATE、 ALIGN等命令及关键点编辑方式绘制图3-38。

主要作图步骤如图3-39所示。

【练习3】利用关键点编辑方式绘制图3-40。

【练习4】利用关键点编辑方式绘制图3-41。

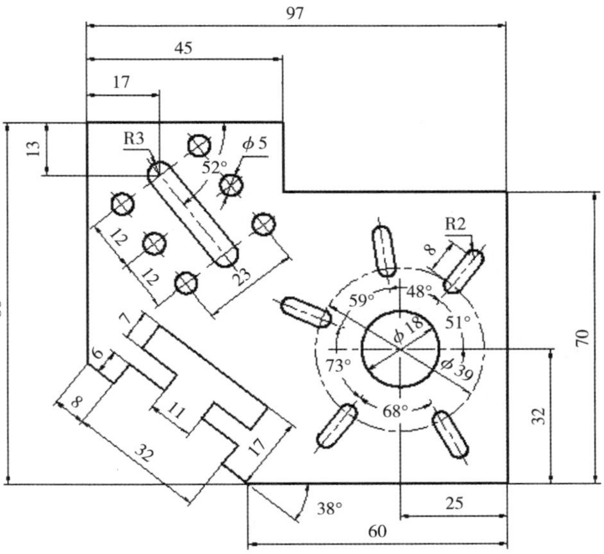

图3-38　利用关键点编辑方式绘图（2）

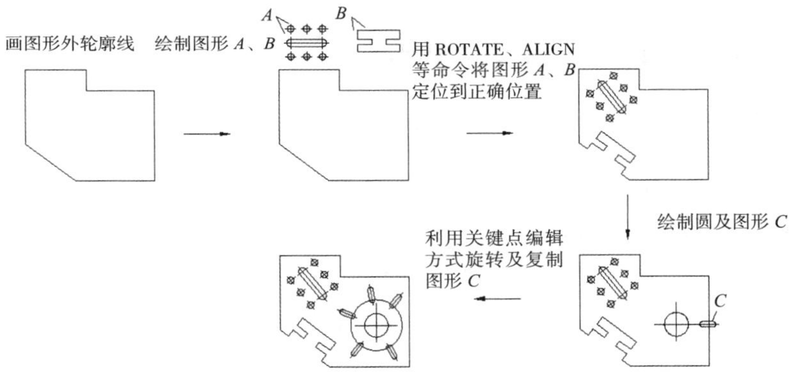

图3-39　主要作图步骤

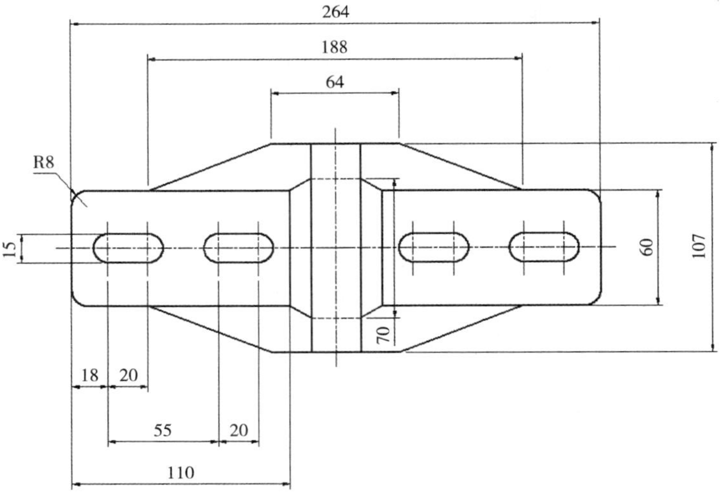

图3-40　利用关键点编辑方式绘图（3）

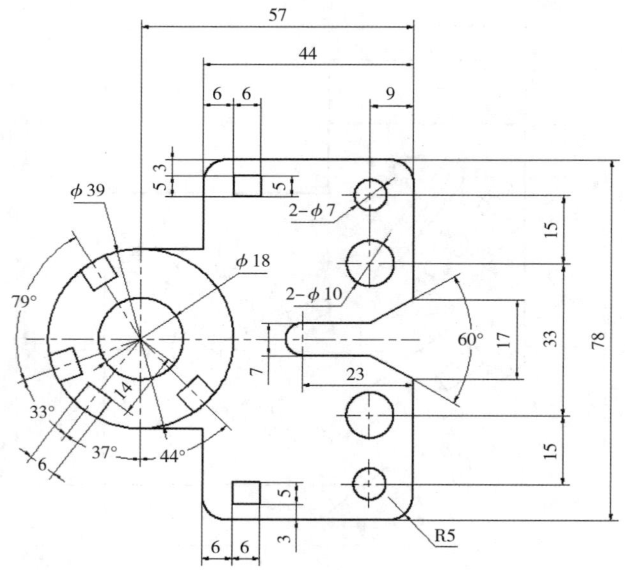

图3−41　利用关键点编辑方式绘图（4）

项目训练四　关键点编辑方式训练

【任务1】用PROPERTIES命令修改图样

如图3−42（1）所示，用PROPERTIES命令将图修改为图3−42（2）样式。

1.选择要编辑的非连续线，如图3−42（1）所示。

2.单击鼠标右键，在弹出的快捷菜单中选择【特性】选项，或者输入PROPERTIES命令，AutoCAD打开【特性】对话框，如图3−43所示。根据所选对象不同，【特性】对话框中显示的属性项目也不同，但有一些属性项目几乎是所有对象所拥有的，如颜色、图层、线型等。当在绘图区中选择单个对象时，【特性】对话框就显示此对象的特性。若选择多个对象，则【特性】对话框显示它们所共有的特性。

3.单击【线型比例】文本框，该比例因子默认值是1，输入新线型比例因子“2”，按Enter键，则图形窗口中的非连续线立即更新，显示修改后的结果，如图3−42（2）所示。

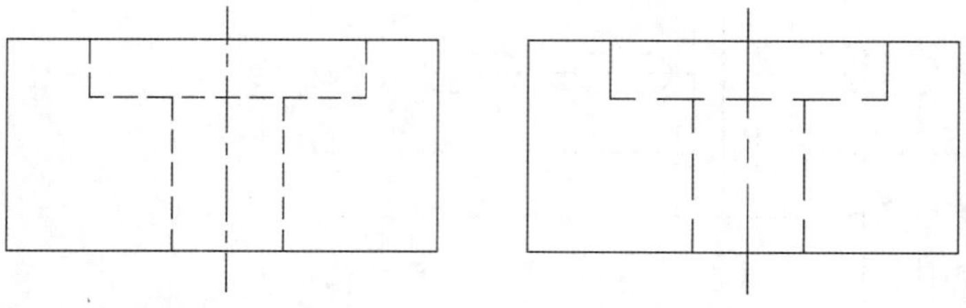

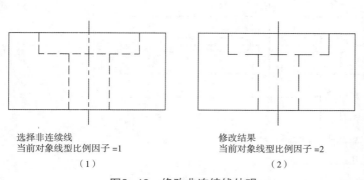

选择非连续线
当前对象线型比例因子 =1
（1）

修改结果
当前对象线型比例因子 =2
（2）

图3−42　修改非连续线外观

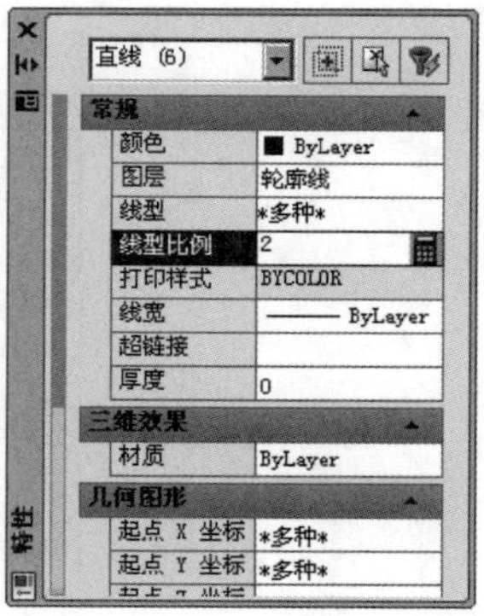

图3−43　【特性】对话框

【任务2】用MATCHPROP命令修改图样

如图3-44（1）所示，用MATCHPROP命令将图修改为图3-44（2）样式。

单击【特性】面板上的按钮，或者输入MATCHPROP命令，AutoCAD提示：

命令: _matchprop

选择源对象:　　//选择源对象，如图3-44（1）所示

选择目标对象或 [设置（S）]:　　//选择第一个目标对象

选择目标对象或 [设置（S）]:　　//选择第二个目标对象

选择目标对象或 [设置（S）]:　　//按Enter键结束

选择源对象后，鼠标指针变成类似“刷子”的形状，此时选择接受属性匹配的目标对象，结果如图3-44（2）所示。

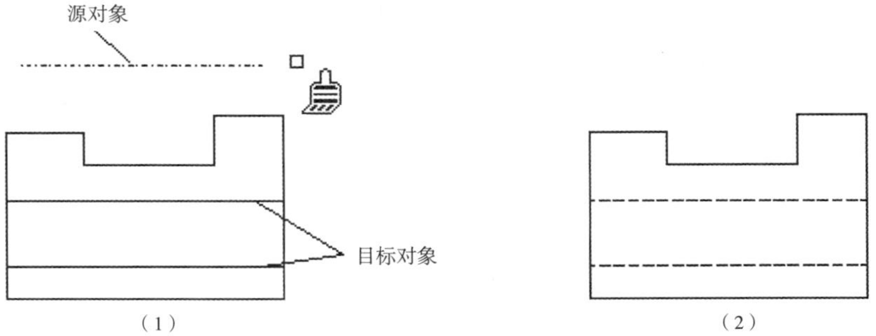

图3-44　对象特性匹配

【综合练习】巧用编辑命令绘图

【练习1】利用LINE、CIRCLE、ARRAY等命令绘制平面图形（图3-45）。

【练习2】利用LINE、CIRCLE、ROTATE、STRETCH、ALIGN等命令绘制平面图形（图3-46）。

【练习3】利用LINE、CIRCLE、ROTATE、STRETCH、ALIGN等命令绘制平面图形（图3-47）。

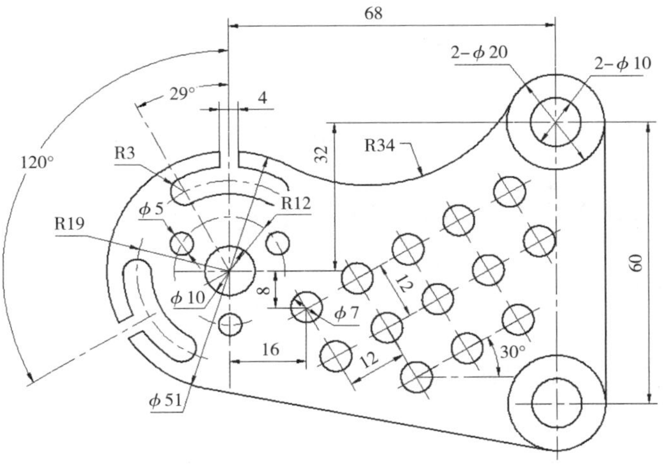

图3-45　利用LINE、CIRCLE、ARRAY等命令绘图

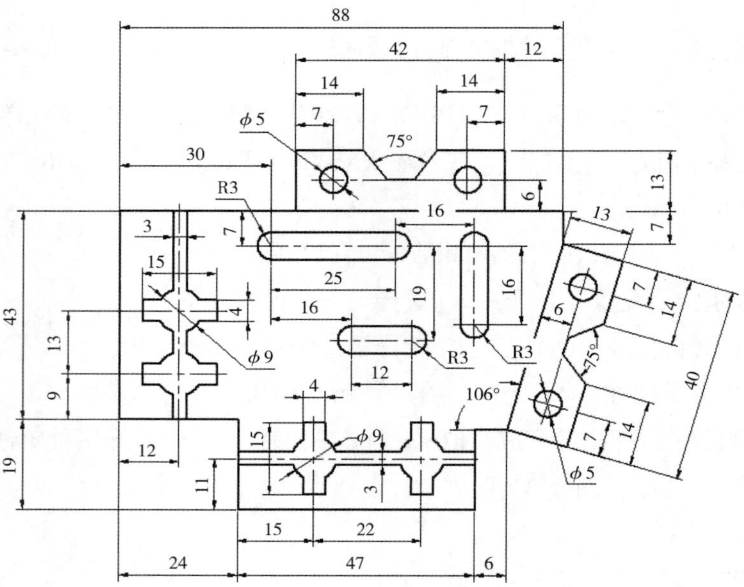

图3-46　利用LINE、CIRCLE、ROTATE、STRETCH、ALIGN等命令绘图（1）

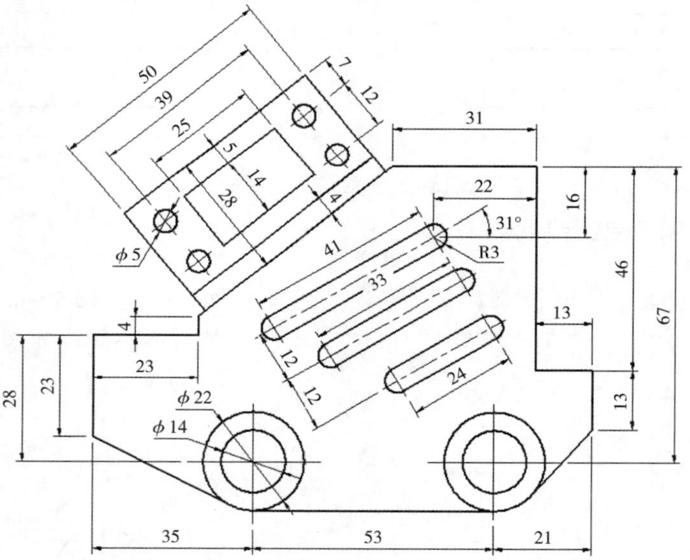

图3-47　利用LINE、CIRCLE、ROTATR、STRETCH、ALIGN等命令绘图（2）

项目训练五　综合训练——绘制视图及剖视图训练

【任务1】根据图3-48绘制三视图

【任务2】根据图3-49绘制三视图

【任务3】根据图3-50绘制视图及剖视图，主视图采用全剖方式

【任务4】参照图3-51，采用适当的表达方案将机件表达清楚

【任务5】参照图3-52，采用适当的表达方案将机件表达清楚

【任务6】使用LINE、OFFSET、ARRAY等命令绘制图3-53

【任务7】使用LINE、OFFSET、ARRAY等命令绘制图3-54

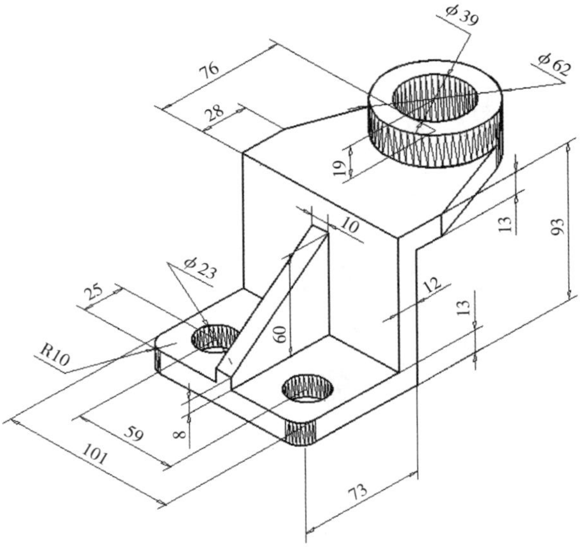

图3-48　绘制三视图（1）

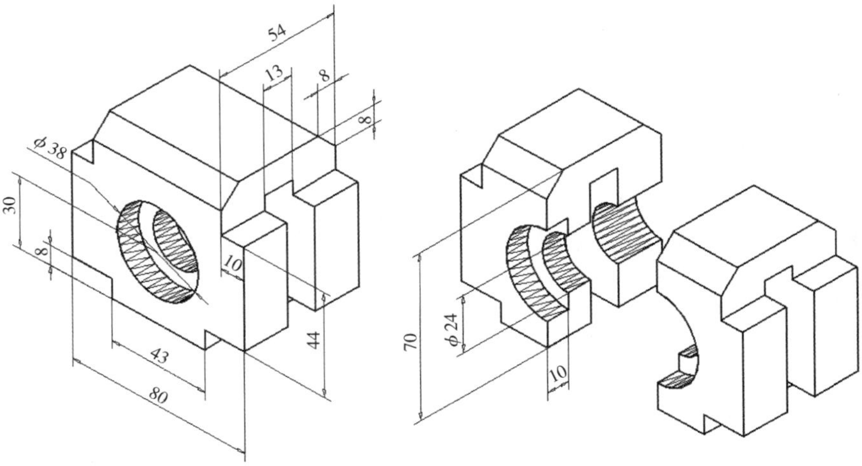

图3-49　绘制三视图（2）

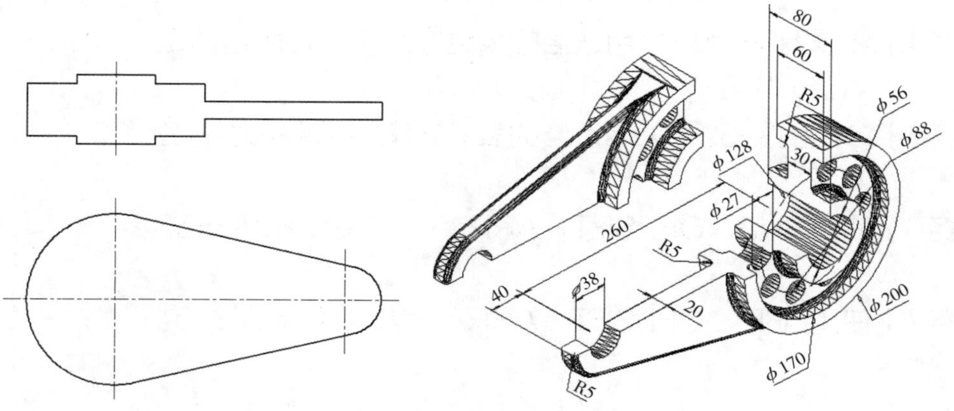

图3-50　绘制视图及剖视图（1）

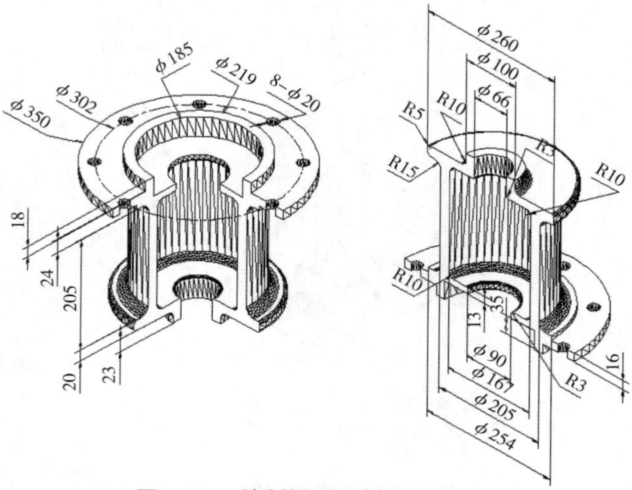

图3-51　绘制视图及剖视图（2）

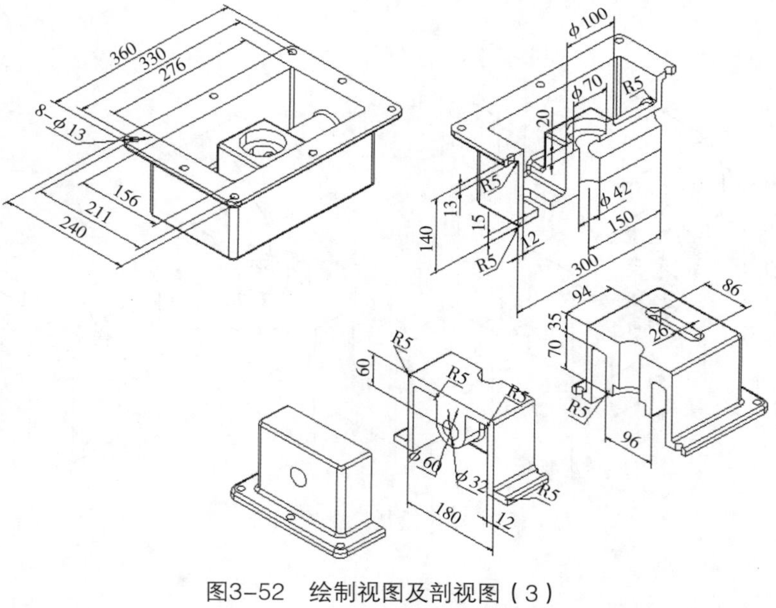

图3-52　绘制视图及剖视图（3）

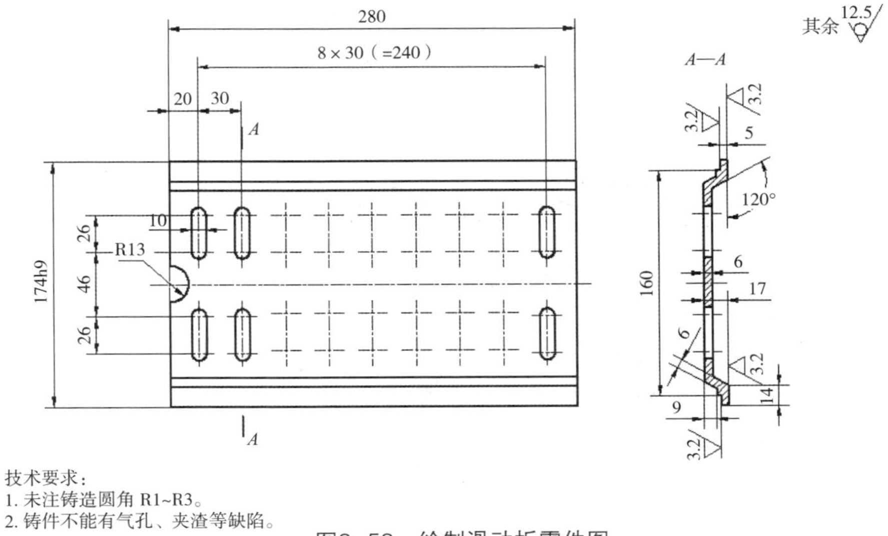

图3-53　绘制滑动板零件图

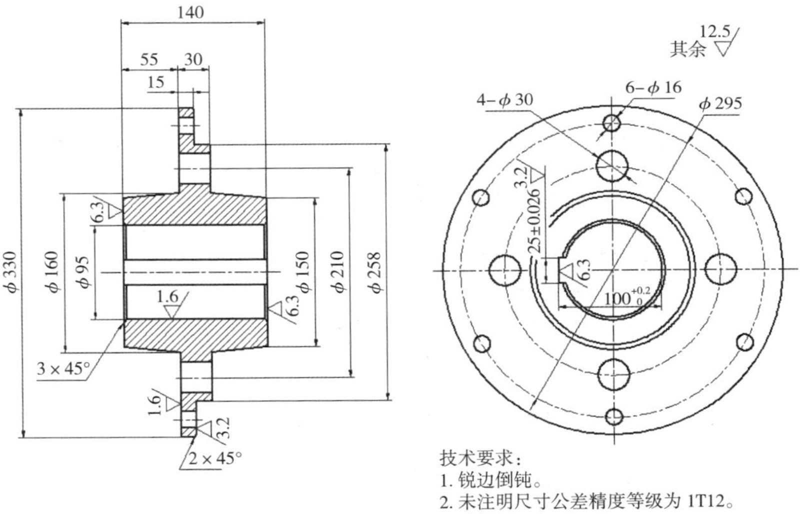

图3-54　绘制轮芯零件图

【习题】

1.绘制图3-55所示的图形。

2.绘制图3-56所示的图形。

3.绘制图3-57所示的图形。

4.绘制图3-58所示的图形。

5.绘制图3-59所示的图形。

6.绘制图3-60所示的图形。

7.根据图3-61绘制三视图。

8.根据图3-62绘制三视图。

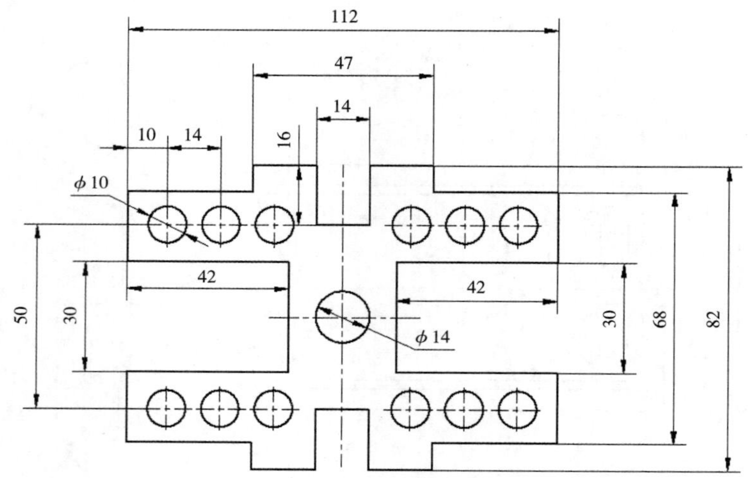

图3-55　绘制对称图形

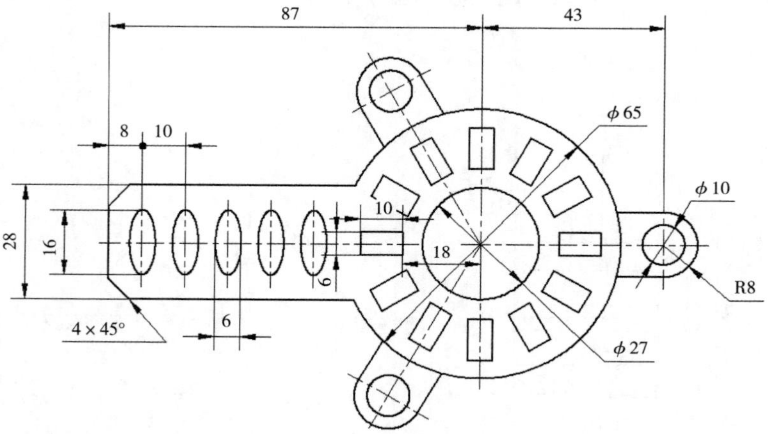

图3-56　创建矩形及环形阵列

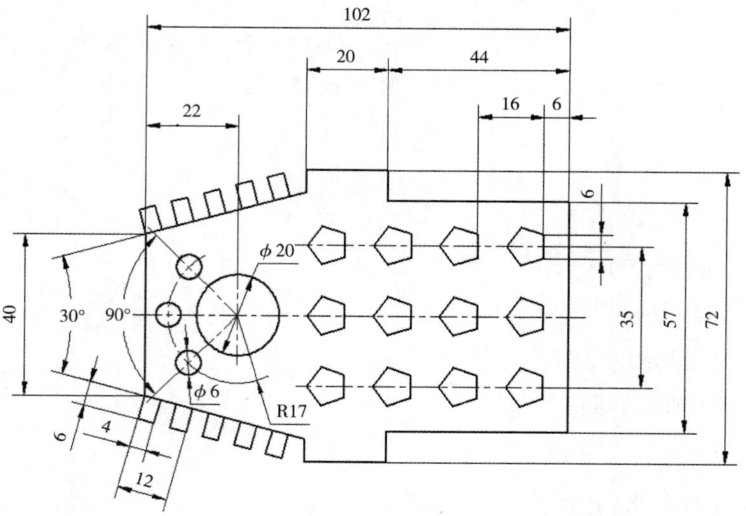

图3-57　创建多边形及阵列对象

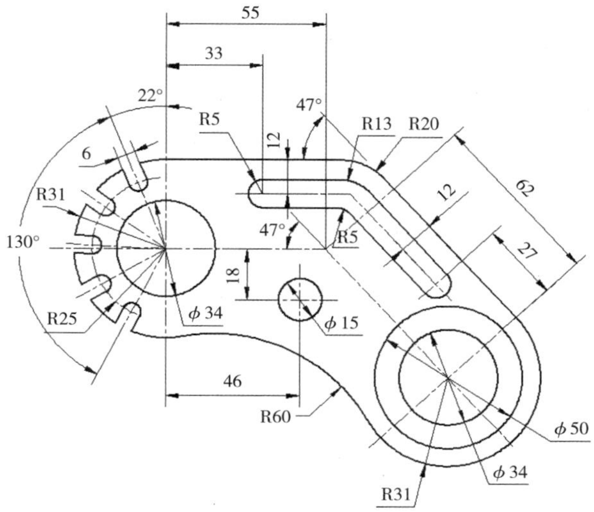

图3-58　绘制圆、切线及阵列对象

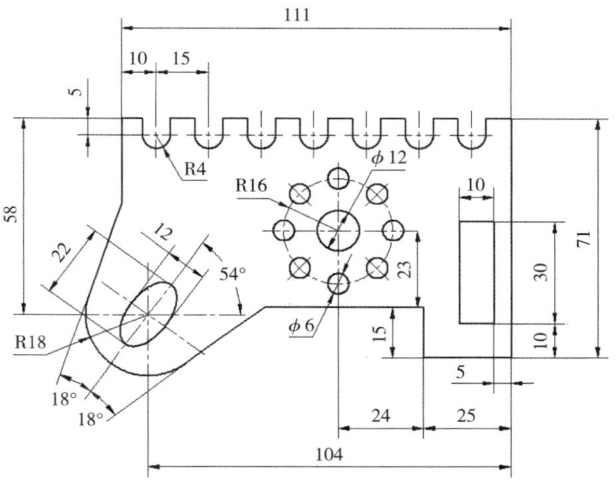

图3-59　创建椭圆及阵列对象

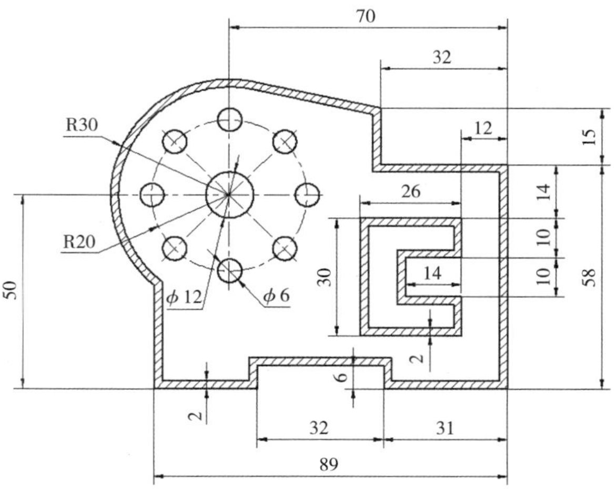

图3-60　填充剖面图案及阵列对象

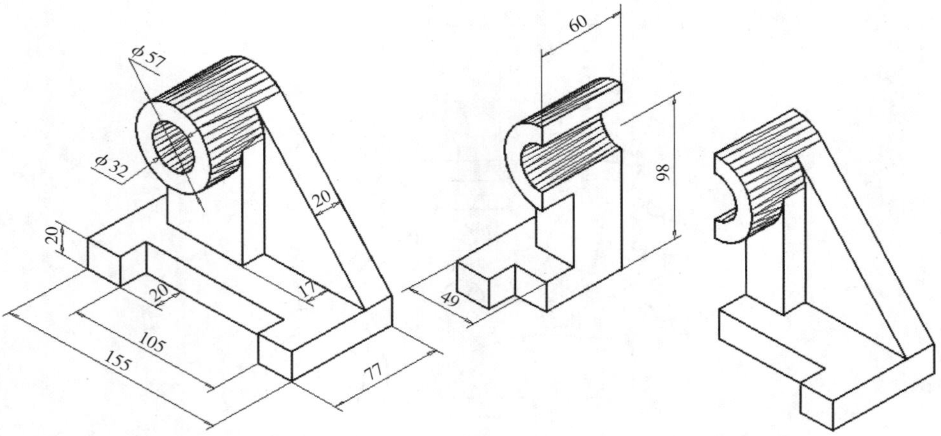

图3-61　绘制三视图（1）

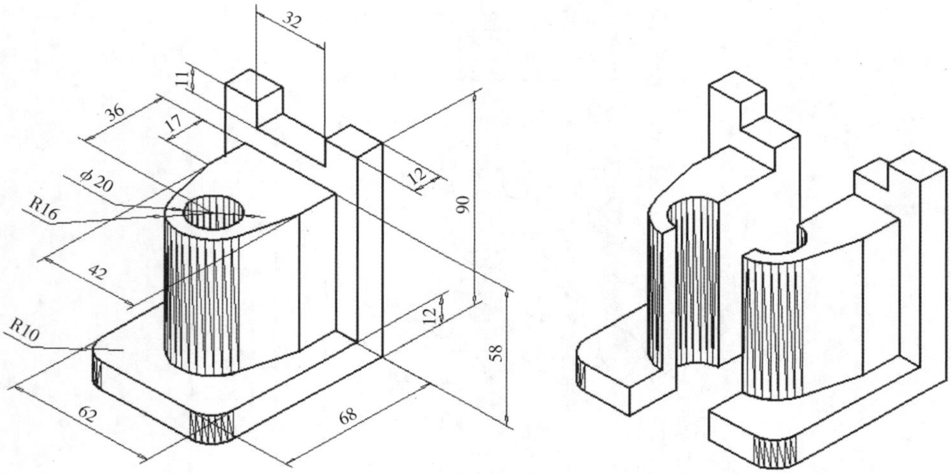

图3-62 绘制三视图（2）

模块训练四　绘制和编辑多段线、点对象及面域

【学习目标】

1.创建多段线及编辑多段线。
2.创建多线及编辑多线。
3.生成等分点和测量点。
4.创建圆环及圆点。
5.利用面域对象构建图形。
通过本模块的训练，使读者掌握创建多段线、多线、点对象、圆环、面域等的方法。

项目训练一　多段线、多线及射线训练

【任务1】用LINE、PLINE、PEDIT等命令绘制图4-1

启动命令方法见表4-1。

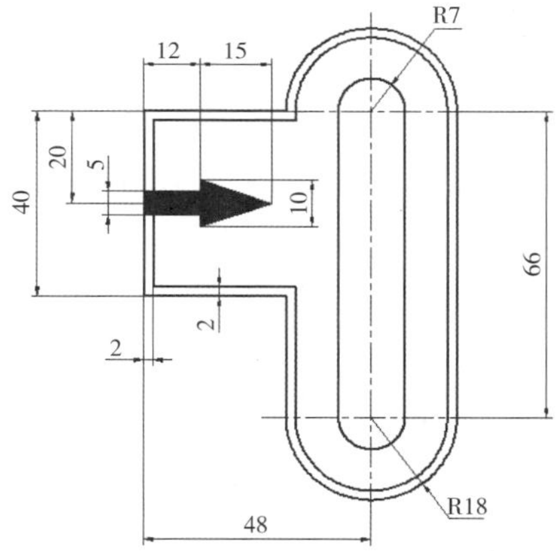

图4-1　利用多段线构图

表4-1　启动命令方法

方式	多段线	编辑多段线
菜单命令	【绘图】/【多段线】	【修改】/【对象】/【多段线】
面板	【绘图】面板上的按钮	【绘图】面板上的按钮
命令	PLINE 或简写 PL	PEDIT 或简写 PE

1.创建两个图层。

名称	颜色	线型	线宽
轮廓线层	白色	Continuous	0.5
中心线层	红色	CENTER	默认

2.设定线型总体比例因子为“0.2”。设定绘图区域大小为100 × 100，然后单击【实用程序】面板上的按钮，使绘图区域充满整个图形窗口。

3.打开极轴追踪、对象捕捉及自动追踪功能。设置极轴追踪角度增量为“90”，设置对象捕捉方式为【端点】、【交点】。

4.用LINE、CIRCLE、TRIM等命令绘制定位中心线及闭合线框*A*，如图4-2所示。

5.用PEDIT命令将线框*A*编辑成一条多段线。

命令: pedit　　//启动编辑多段线命令

选择多段线或 [多条（M）]:　　//选择线框*A*中的一条线段

是否将其转换为多段线? <Y>　　//按Enter键

输入选项 [闭合（C）/合并（J）/宽度（W）/编辑顶点（E）/拟合（F）/样条曲线（S）/非曲线化（D）/线型生成（L）/放弃（U）]: j　　//使用选项“合并（J）”

选择对象:总计 11 个　　//选择线框*A*中的其余线条

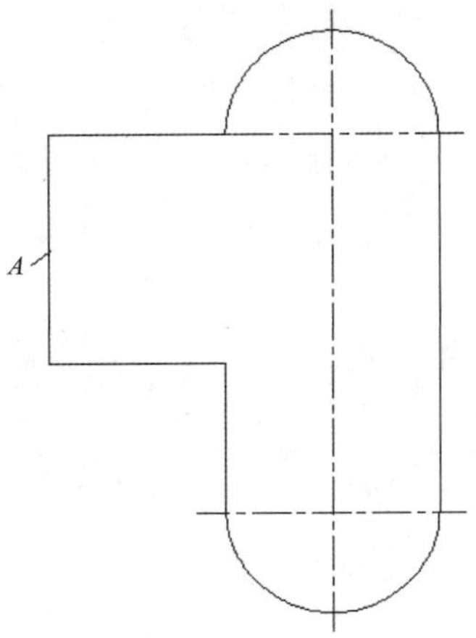

图4-2　绘制定位中心线及闭合线框A

选择对象:　　//按Enter键

输入选项 [打开（O）/合并（J）/宽度（W）/编辑顶点（E）/拟合（F）/样条曲线（S）/非曲线化（D）/线型生成（L）/放弃（U）]:　　//按Enter键结束

6.用OFFSET命令向内偏移线框*A*，偏移距离为2，结果如图4-3所示。

7.用PLINE命令绘制长槽及箭头，如图4-4所示。

命令: _pline　　//启动绘制多段线命令

指定起点: 7　　//从*B*点向右追踪并输入追踪距离

指定下一个点或 [圆弧（A）/半宽（H）/长度（L）/放弃（U）/宽度（W）]:　　//从*C*点向上追踪并捕捉交点*D*

指定下一点或 [圆弧（A）/闭合（C）/半宽（H）/长度（L）/放弃（U）/宽度（W）]: a　　//使用“圆弧（A）”选项

指定圆弧的端点或[角度（A）/圆心（CE）/闭合（CL）/方向（D）/半宽（H）/直线（L）/半径（R）/第二个点（S）/放弃（U）/宽度（W）]: 14　　//从*D*点向左追踪并输入追踪距离

指定圆弧的端点或[角度（A）/圆心（CE）/闭合（CL）/方向（D）/半宽（H）/直

线（L）/半径（R）/第二个点（S）/放弃（U）/宽度（W）]: l　　//使用“直线（L）”选项

指定下一点或 [圆弧（A）/闭合（C）/半宽（H）/长度（L）/放弃（U）/宽度（W）]:　　//从*E*点向下追踪并捕捉交点*F*

指定下一点或 [圆弧（A）/闭合（C）/半宽（H）/长度（L）/放弃（U）/宽度（W）]: a　　//使用“圆弧（A）”选项

指定圆弧的端点或[角度（A）/圆心（CE）/闭合（CL）/方向（D）/半宽（H）/直线（L）/半径（R）/第二个点（S）/放弃（U）/宽度（W）]:　　//从*F*点向右追踪并捕捉端点*C*

指定圆弧的端点或[角度（A）/圆心（CE）/闭合（CL）/方向（D）/半宽（H）/直线（L）/半径（R）/第二个点（S）/放弃（U）/宽度（W）]:　　//按Enter键结束

命令:PLINE　　//重复命令

指定起点: 20　　//从*G*点向下追踪并输入追踪距离

指定下一个点或 [圆弧（A）/半宽（H）/长度（L）/放弃（U）/宽度（W）]: w

//使用“宽度（W）”选项

指定起点宽度 <0.0000>: 5　　//输入多段线起点宽度值

指定端点宽度 <5.0000>:　　//按Enter键

指定下一个点或 [圆弧（A）/半宽（H）/长度（L）/放弃（U）/宽度（W）]: 12

//向右追踪并输入追踪距离

指定下一点或 [圆弧（A）/闭合（C）/半宽（H）/长度（L）/放弃（U）/宽度（W）]: w　　//使用“宽度（W）”选项

指定起点宽度 <5.0000>: 10　　//输入多段线起点宽度值

指定端点宽度 <10.0000>: 0　　//输入多段线终点宽度值

指定下一点或 [圆弧（A）/闭合（C）/半宽（H）/长度（L）/放弃（U）/宽度

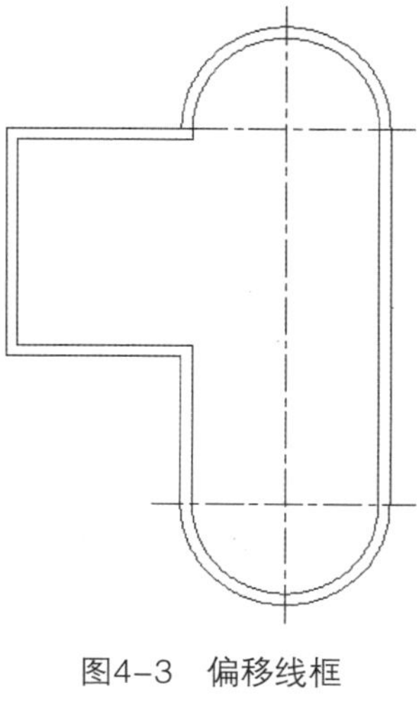

图4-3　偏移线框

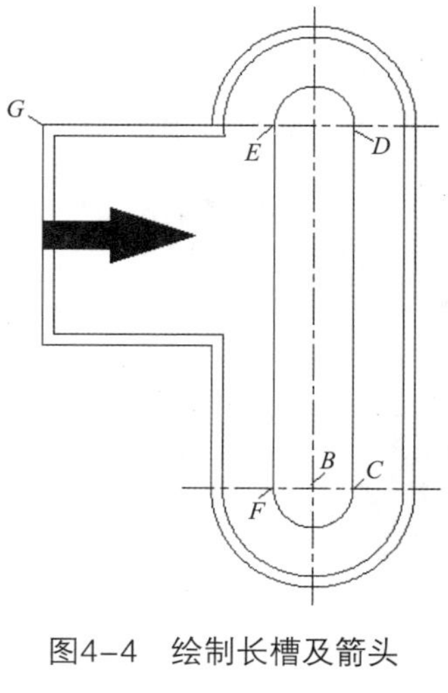

图4-4　绘制长槽及箭头

（W）]: 15　　//向右追踪并输入追踪距离

指定下一点或 [圆弧（A）/闭合（C）/半宽（H）/长度（L）/放弃（U）/宽度（W）]:　　//按Enter键结束

【任务2】创建多线样式及多线

启动命令方法见表4-2。

表4-2　启动命令方法

方式	多线样式	多线
菜单命令	【格式】/【多线样式】	【绘图】/【多线】
命令	MLSTYLE	MLINE 或简写 ML

1.启动MLSTYLE命令，弹出【多线样式】对话框，如图4-5所示。

2.单击

按钮，弹出【创建新的多线样式】对话框，如图4-6所示。在【新样式名】文本框中输入新样式的名称“样式-240”，在【基础样式】下拉列表中选择“STANDARD”，该样式将成为新样式的样板样式。

3.单击按钮，弹出【新建多线样式】对话框，如图4-7所示。在该对话框中完成以下设置。

在【说明】文本框中输入关于多线样式的说明文字。

在【图元】列表框中选中“0.5”，然后在【偏移】文本框中输入数值“120”。

在【图元】列表框中选中“-0.5”，然后在【偏移】文本框中输入数值“-120”。

4.单击

按钮，返回【多线样式】对话框，然后单击

按钮，使新样式成为当前样式。

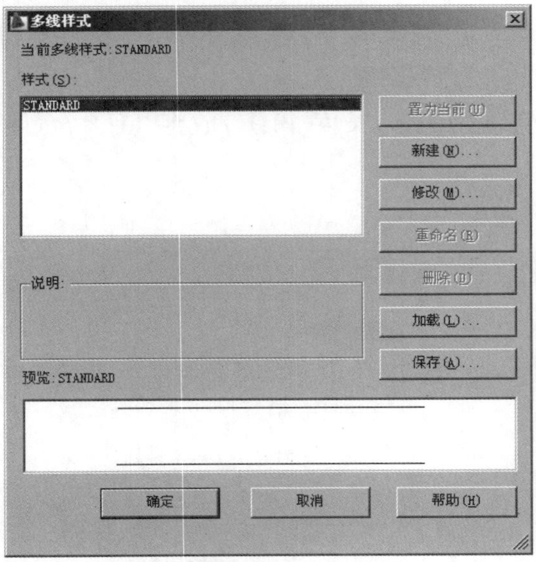

图4-5　【多线样式】对话框

图4-6　【创建新的多线样式】对话框

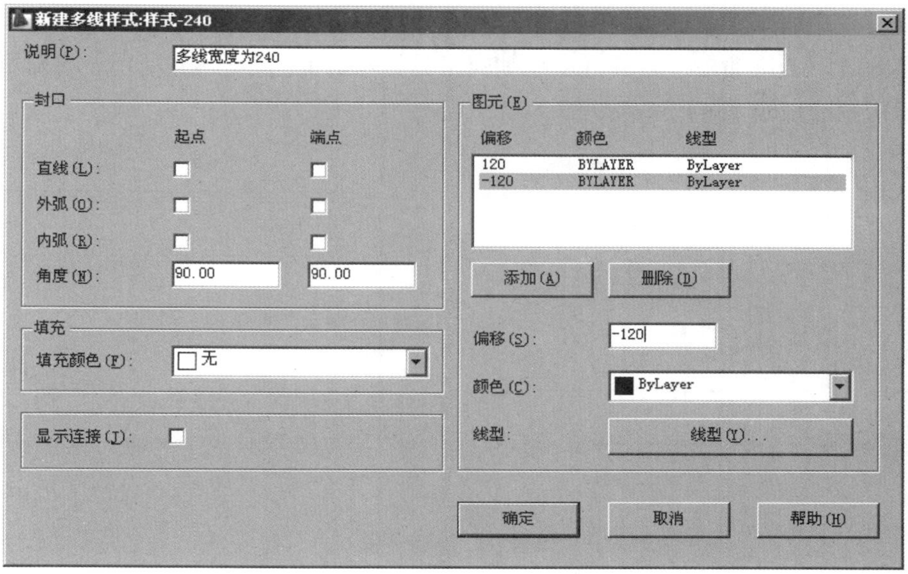

图4-7　【新建多线样式】对话框

5.前面创建了多线样式，下面用MLINE命令生成多线。结果如图4-8（1）所示。保存文件。

命令: _mline

指定起点或 [对正（J）/比例（S）/样式（ST）]: s　　//选用“比例（S）”选项

输入多线比例 <20.00>: 1　　//输入缩放比例值

指定起点或 [对正（J）/比例（S）/样式（ST）]: j　　//选用“对正（J）”选项

输入对正类型 [上（T）/无（Z）/下（B）] <无>: z　　//设定对正方式为“无”

指定起点或 [对正（J）/比例（S）/样式（ST）]:　　//捕捉*A*点，如图4-8（2）所示

指定下一点:　　//捕捉*B*点

指定下一点或 [放弃（U）]:　　//捕捉*C*点

指定下一点或 [闭合（C）/放弃（U）]:　　//捕捉*D*点

指定下一点或 [闭合（C）/放弃（U）]:　　//捕捉*E*点

指定下一点或 [闭合（C）/放弃（U）]:　　//捕捉*F*点

指定下一点或 [闭合（C）/放弃（U）]: c　　//使多线闭合

命令:MLINE　　//重复命令

指定起点或 [对正（J）/比例（S）/样式（ST）]:　　//捕捉*G*点

指定下一点:　　//捕捉*H*点

指定下一点或 [放弃（U）]:　　//按Enter键结束

命令:MLINE　　//重复命令

指定起点或 [对正（J）/比例（S）/样式（ST）]:　　//捕捉*I*点

指定下一点:　　//捕捉*J*点

指定下一点或 [放弃（U）]:　　//按Enter键结束

6.启动MLEDIT命令，打开【多线编辑工具】对话框，如图4-9所示。该对话框中的小型图片形象地说明了各项编辑功能。

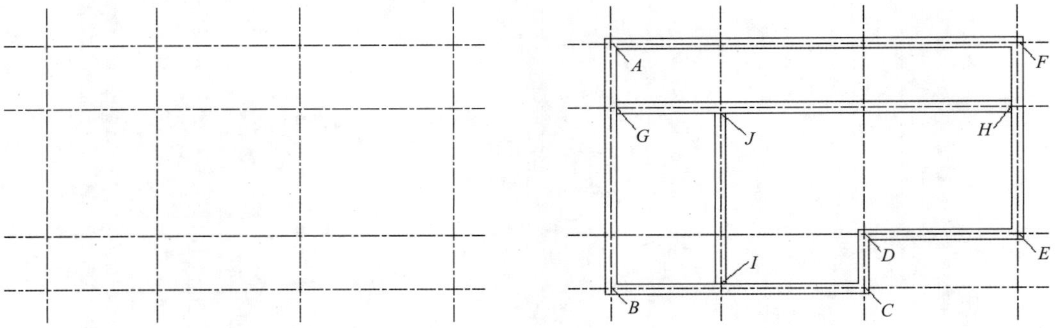

（1）　　（2）

图4-8　绘制多线

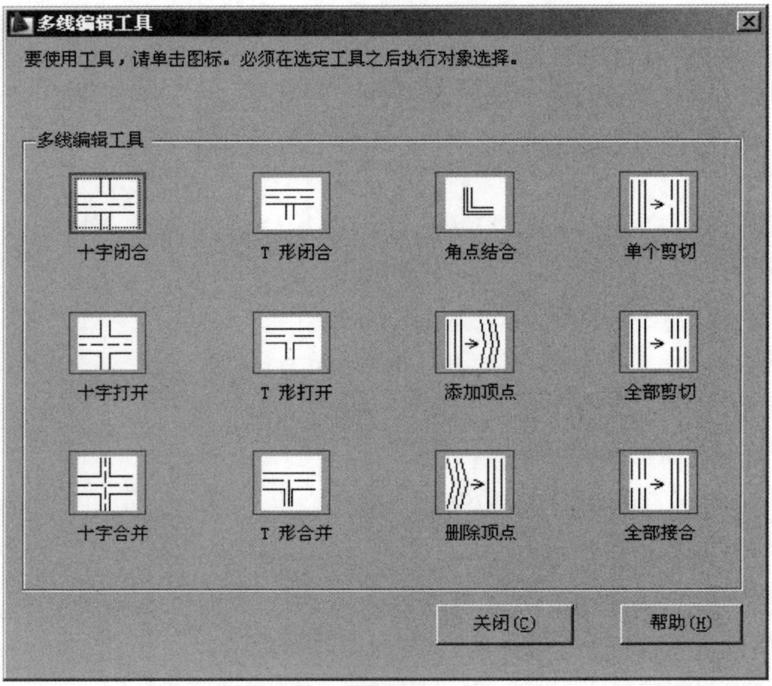

图4-9　【多线编辑工具】对话框

7.选择【T形合并】工具。

AutoCAD提示：

命令: _mledit

选择第一条多线:　　//在*A*点处选择多线，如图4-10（1）所示

选择第二条多线:　　//在*B*点处选择多线

选择第一条多线 或 [放弃（U）]:　　//在*C*点处选择多线

选择第二条多线:　　//在*D*点处选择多线
选择第一条多线 或 [放弃（U）]:　　//在*E*点处选择多线
选择第二条多线:　　//在F点处选择多线
选择第一条多线 或 [放弃（U）]:　　//在*G*点处选择多线
选择第二条多线:　　//在H点处选择多线
选择第一条多线 或 [放弃（U）]:　　//按Enter键结束
结果如图4-10（2）所示。

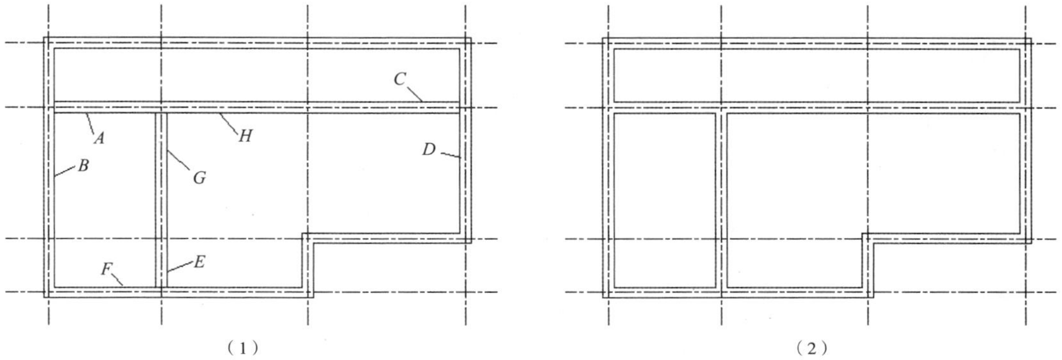

图4-10　编辑多线

【任务3】绘制图4-11中两个圆，然后用RAY命令绘制射线

命令: _ray 指定起点: cen于　　//捕捉圆心
指定通过点: <20　　//设定画线角度
指定通过点:　　//单击*A*点
指定通过点: <110　　//设定画线角度
指定通过点:　　//单击*B*点
指定通过点: <130　　//设定画线角度
指定通过点:　　//单击*C*点
指定通过点: <-100　　//设定画线角度
指定通过点:　　//单击*D*点
指定通过点:　　//按Enter键结束
结果如图4-11所示。

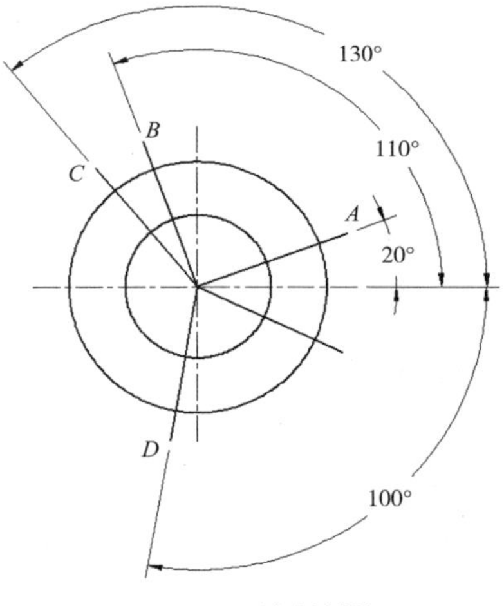

图4-11　绘制射线

【综合练习】绘制多段线及射线

【练习1】利用LINE、CIRCLE、PEDIT等命令绘制平面图形（图4-12）。
【练习2】利用LINE、CIRCLE、PLINE、RAY等命令绘制平面图形（图4-13）。
【练习3】利用LINE、CIRCLE、PEDIT等命令绘制平面图形（图4-14）。

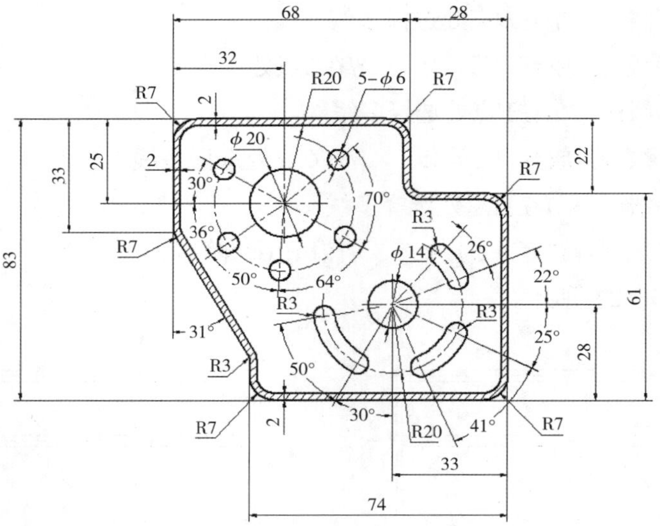

图4-12　利用LINE、CIRCLE、PEDIT等命令绘图（1）

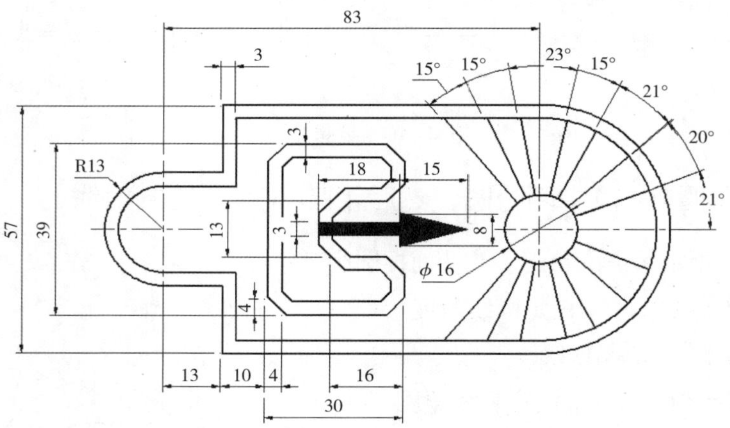

图4-13　利用LINE、CIRCLE、PLINE、RAY等命令绘图

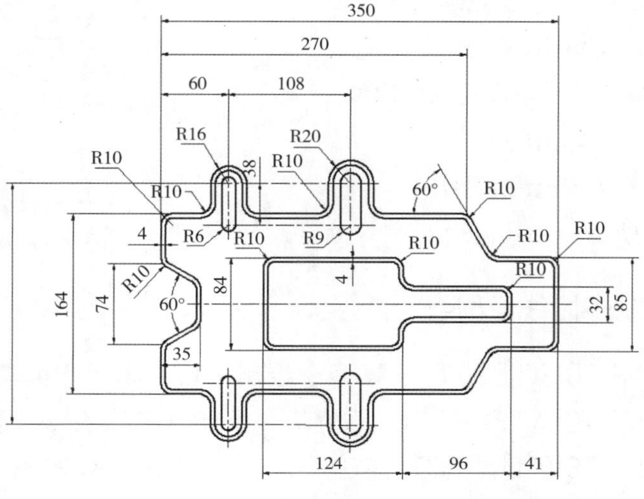

图4-14　利用LINE、CIRCLE、PEDIT等命令绘图（2）

项目训练二　点对象、等分点及测量点训练

【任务】用POINT、DIVIDE、MEASURE等命令修改图样

如图4-15（1）所示，用POINT、DIVIDE、MEASURE等命令将图修改为图4-15（2）样式。启动命令方法见表4-3。

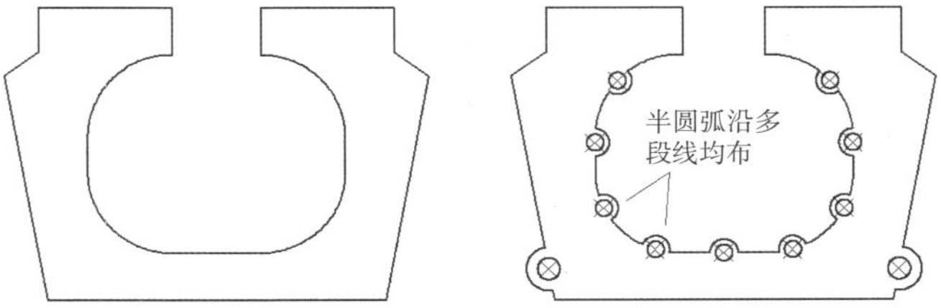

（1）　　（2）

图4-15　创建点对象

表4-3　启动命令方法

方式	点对象	等分点	测量点
菜单命令	【绘图】/【点】/【多点】	【绘图】/【点】/【定数等分】	【绘图】/【点】/【定距等分】
面板	【绘图】面板上的按钮	【绘图】面板上的按钮	【绘图】面板上的按钮
命令	POINT 或简写 PO	DIVIDE 或简写 DIV	MEASURE 或简写 ME

1.设置点样式。选择菜单命令【格式】/【点样式】，打开【点样式】对话框，如图4-16所示。该对话框提供了多种样式的点，用户可根据需要选择其中一种，此外，还能通过【点大小】文本框指定点的大小。点的大小既可相对于屏幕大小来设置，也可直接输入点的绝对尺寸。

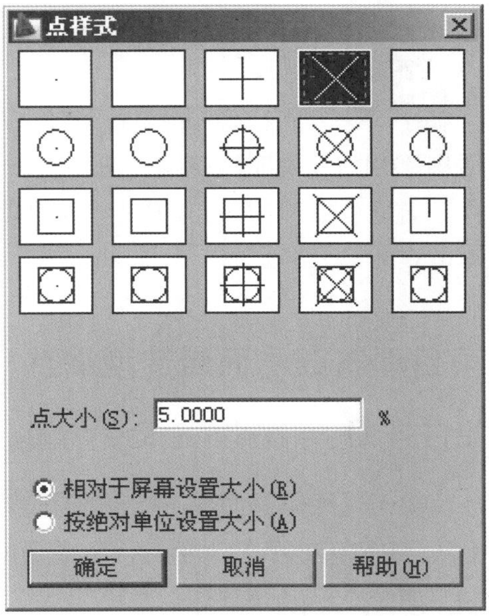

图4-16　【点样式】对话框

2.创建等分点及测量点，如图4-17（1）所示。

命令: _divide　　//启动创建等分点命令

选择要定数等分的对象:　　//选择多段线*A*，如图4-17（1）所示

输入线段数目或 [块（B）]: 10　　//输入等分的数目

命令: _measure　　//启动创建测量点命令

选择要定距等分的对象:　　//在*B*端处选择线段

指定线段长度或 [块（B）]: 36　　//输入测量长度

命令:MEASURE　　//重复命令

选择要定距等分的对象:　　//在*C*端处选择线段

指定线段长度或 [块（B）]: 36　　//输入测量长度

3.绘制适当大小的圆及圆弧，结果如图4-17（2）所示。

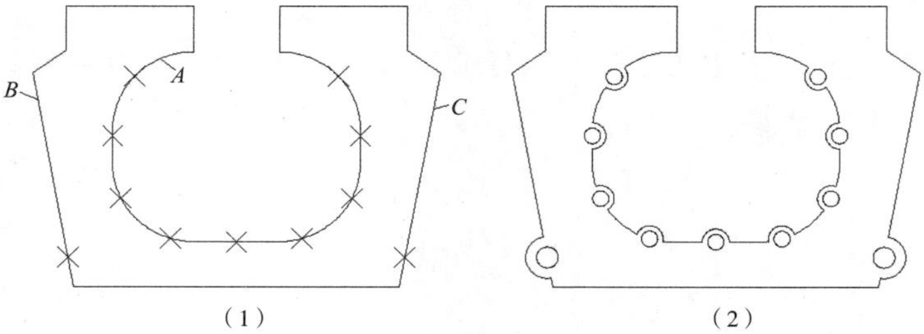

图4-17　创建等分点并画圆

项目训练三　绘制圆环及圆点训练

【任务】练习DONUT命令的使用

命令: _donut　　//启动创建圆环命令

指定圆环的内径 <2.0000>: 3　　//输入圆环内径

指定圆环的外径 <5.0000>: 6　　//输入圆环外径

指定圆环的中心点或<退出>:　　//指定圆心

指定圆环的中心点或<退出>:　　//按Enter键结束

结果如图4-18所示。

DONUT命令生成的圆环实际上是具有宽度的多段线，用户可用PEDIT命令编辑该对象，此外，还可以设定是否对圆环进行填充。当把变量FILLMODE设置为“1”时，系统将填充圆环；否则不填充。

图4-18　绘制圆环

项目训练四　面域造型训练

【任务1】用REGION命令将图4-19创建成面域

单击【绘图】面板上的按钮或输入命令代号REGION，启动创建面域命令。

命令: _region

选择对象: 找到 7 个　　//选择矩形及两个圆，如图4-19所示

选择对象:　　//按Enter键结束

图4-19中包含了3个闭合区域，因而AutoCAD创建了3个面域。

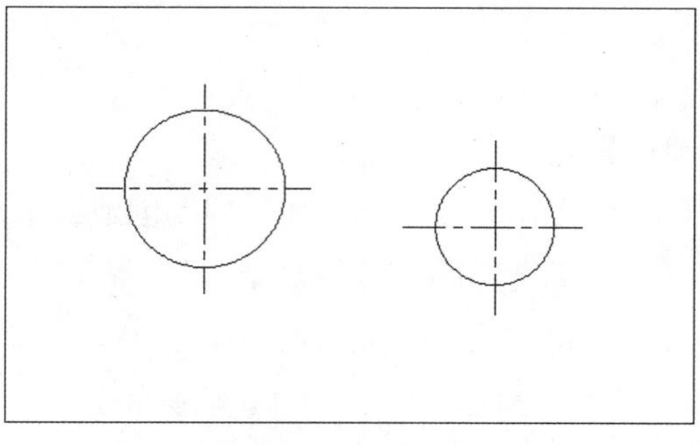

图4-19　创建面域

面域以线框的形式显示出来，用户可以对面域进行移动、复制等操作，还可用EXPLODE命令分解面域，使其还原为原始图形对象。

【任务2】用UNION命令修改图样

如图4-20（1）所示，用UNION命令将图修改为图4-20（2）样式。

选择菜单命令【修改】/【实体编辑】/【并集】或输入命令代号UNION，启动并运算命令。

命令: union

选择对象: 找到 7 个　　//选择5个面域，如图4-20（1）所示

选择对象:　　//按Enter键结束

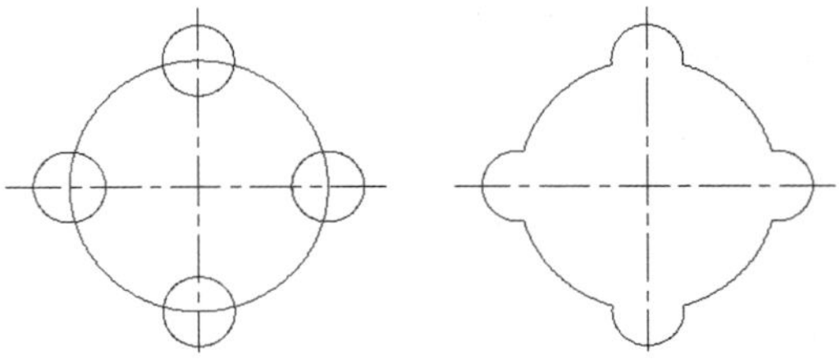

（1）　　（2）

图4-20　执行并运算

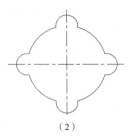

【任务3】用SUBTRACT命令修改图样

如图4-21（1）所示，用SUBTRACT命令将图修改为图4-21（2）样式。

选择菜单命令【修改】/【实体编辑】/【差集】或输入命令代号SUBTRACT，启动差运算命令。结果如图4-21（2）所示。

命令: subtract

选择对象: 找到 1 个　　//选择大圆面域，如图4-21（1）所示

选择对象:　　//按Enter键

选择对象:总计 4 个　　//选择4个小圆面域

选择对象　　//按Enter键结束

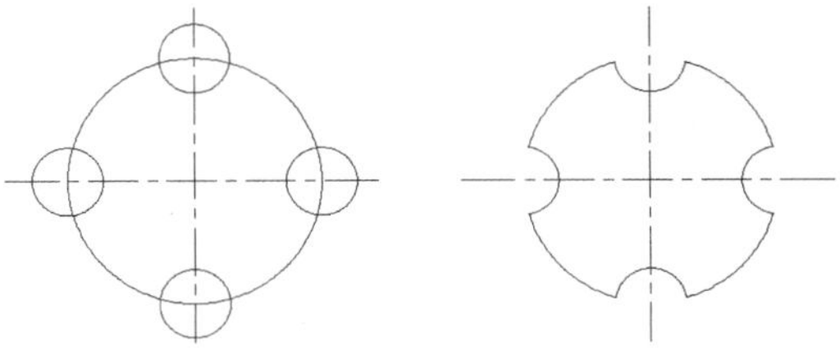

（1）　　（2）

图4-21　执行差运算

【任务4】用INTERSECT命令修改图样

如图4-22（1）所示，用INTERSECT命令将图修改为图4-22（2）样式。

选择菜单命令【修改】/【实体编辑】/【交集】或输入命令代号INTERSECT，启动交运算命令。

命令: intersect

选择对象: 找到 2 个　　//选择圆面域及矩形面域，如图4-22（1）所示

选择对象:　　//按Enter键结束

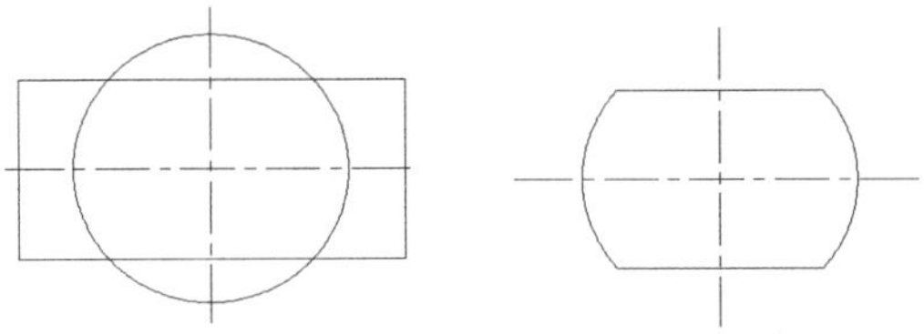

（1）　　（2）

图4-22　执行交运算

【任务5】利用面域造型法绘制图4-23

1.绘制两个矩形并将它们创建成面域，结果如图4-24所示。

2.阵列矩形，再进行镜像操作，结果如图4-25所示。

3.对所有矩形面域执行并运算，结果如图4-26所示。

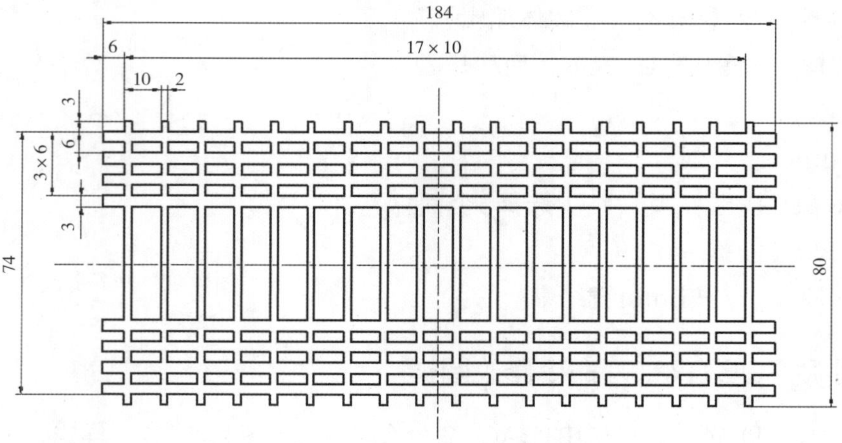

图4-23　面域及布尔运算

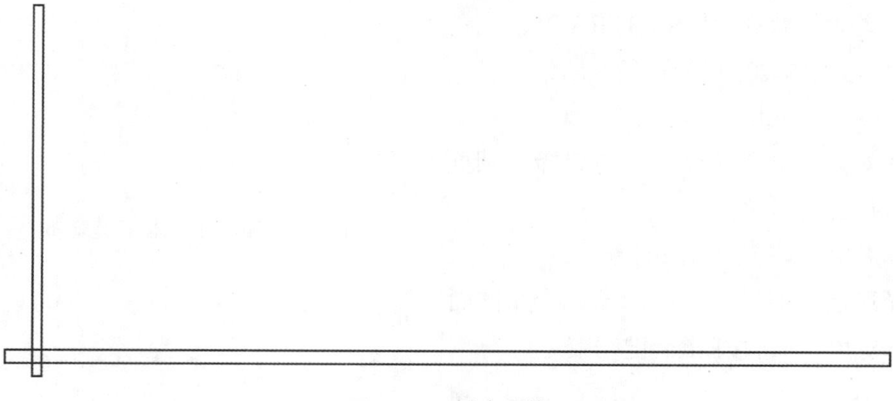

图4-24　创建面域

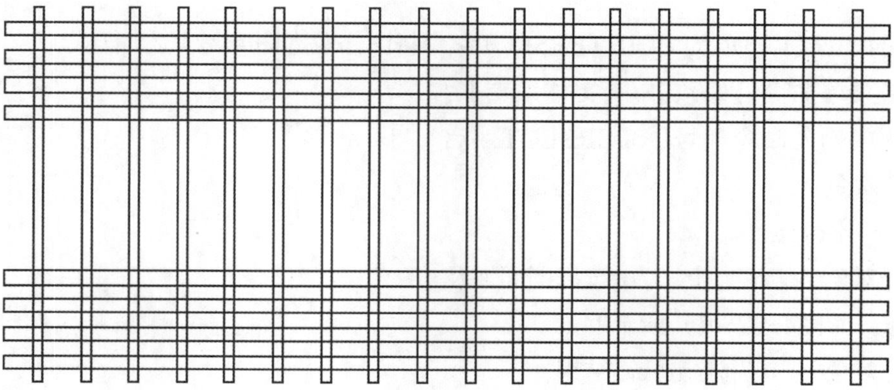

图4-25　阵列面域

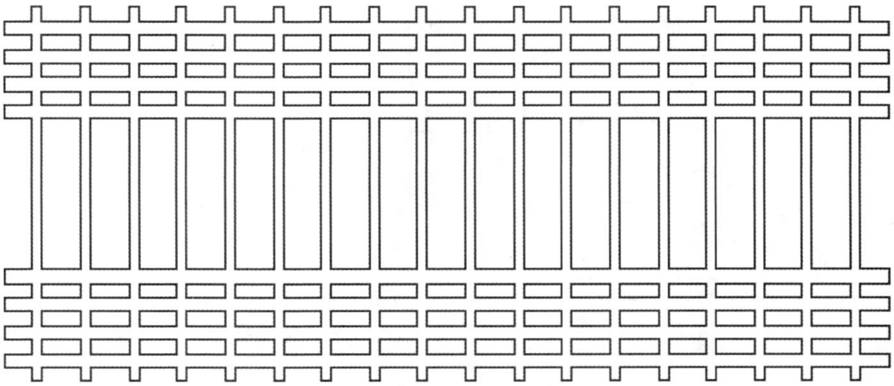

图4-26　执行并运算

【综合练习】创建多段线、圆点及面域

【练习1】利用LINE、PLINE、DONUT等命令绘制图4-27。

图中箭头及实心矩形用PLINE命令绘制。

【练习2】利用PLINE、DONUT、ARRAY等命令绘制图4-28。

【练习3】利用LINE、PEDIT、DIVIDE等命令绘制图4-29。

【练习4】利用LINE、PLINE、DONUT等命令绘制图4-30。

尺寸自定，图形轮廓及箭头都是多段线。

【练习5】利用面域造型法绘制图形（图4-31）。

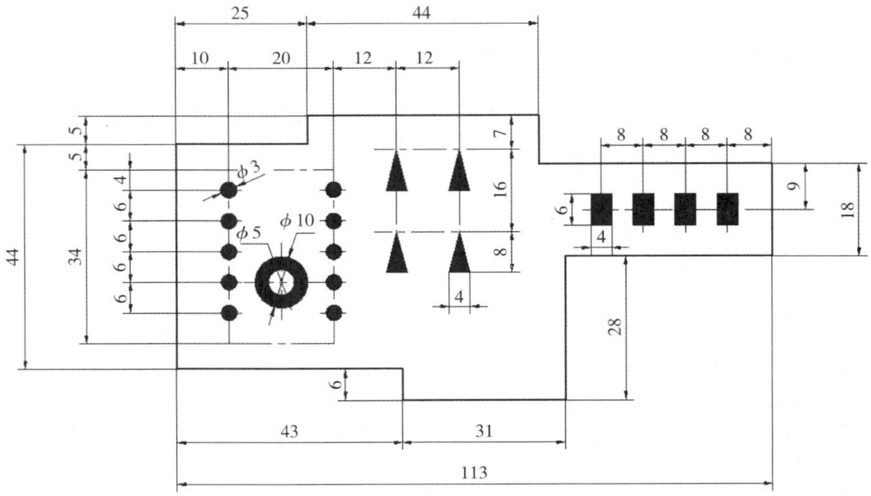

图4-27　利用LINE、PLINE、DONUT等命令绘图

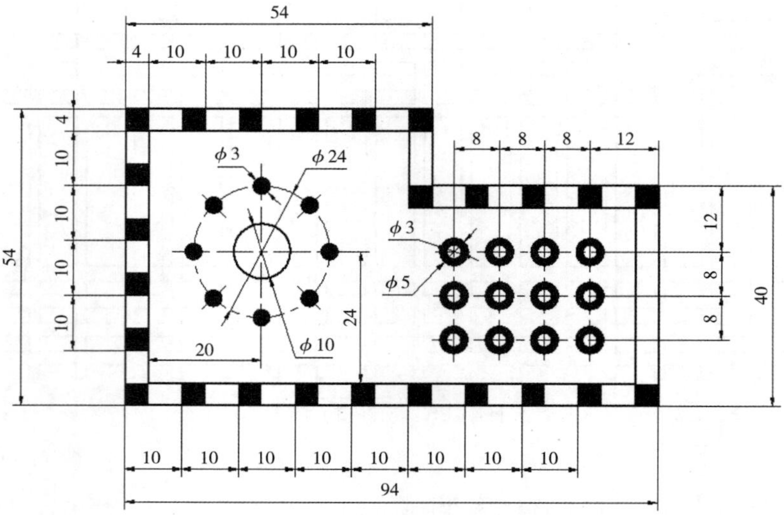

图4-28　利用PLINE、DONUT、ARRAY等命令绘图

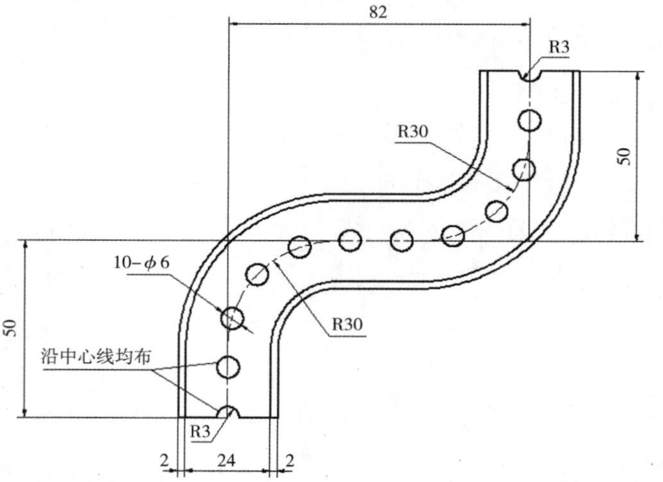

图4-29　利用LINE、PEDIT、DIVIDE等命令绘图

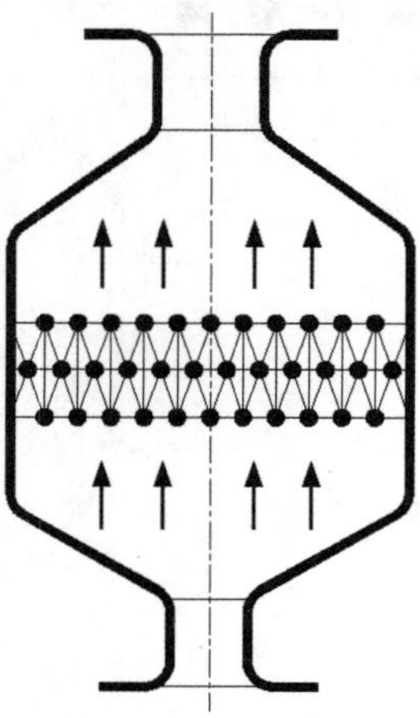

图4-30　利用LINE、PLINE、DONUT等命令绘图

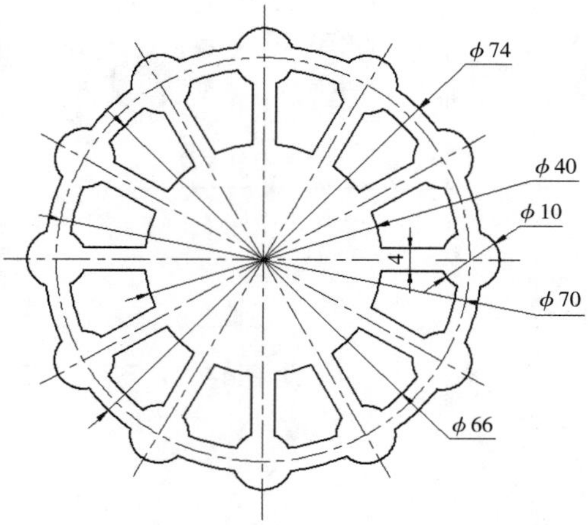

图4-31　面域及布尔运算

项目训练五　绘制三视图及剖视图训练

【任务1】根据图4-32绘制视图及剖视图

主视图采用全剖方式。

【任务2】根据图4-33绘制三视图

【任务3】根据图4-34绘制三视图

【任务4】根据图4-35绘制三视图

【任务5】根据图4-36绘制三视图

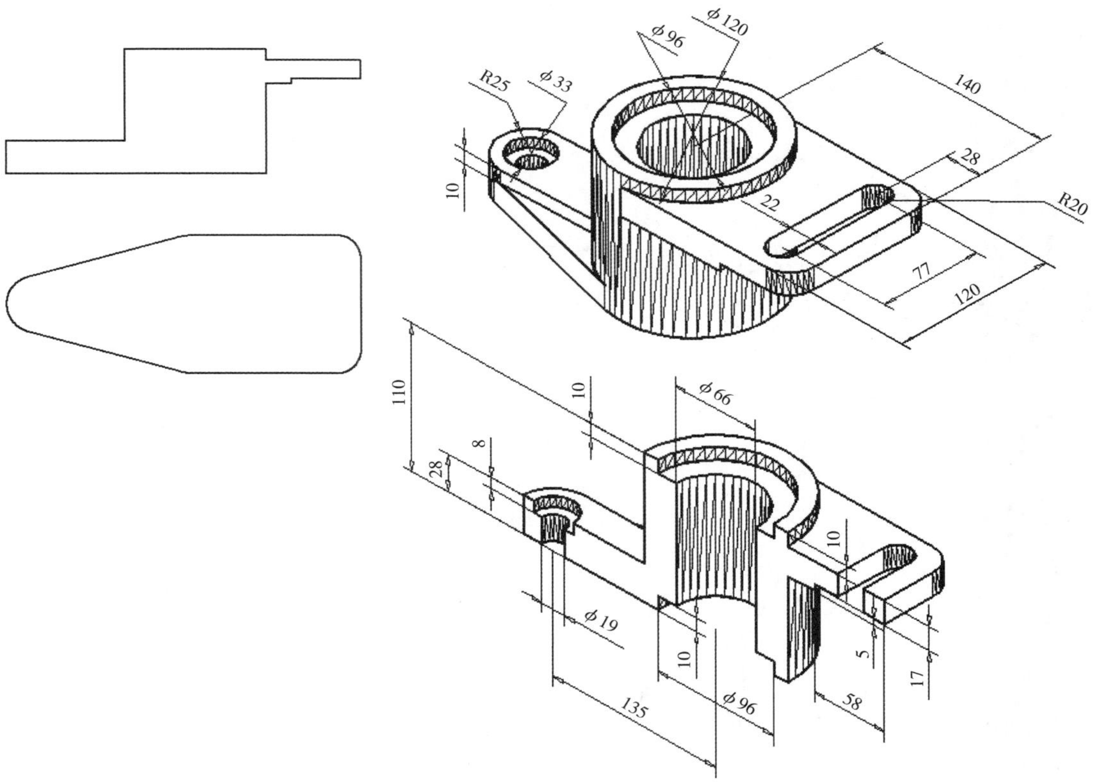

图4-32　绘制视图及剖视图

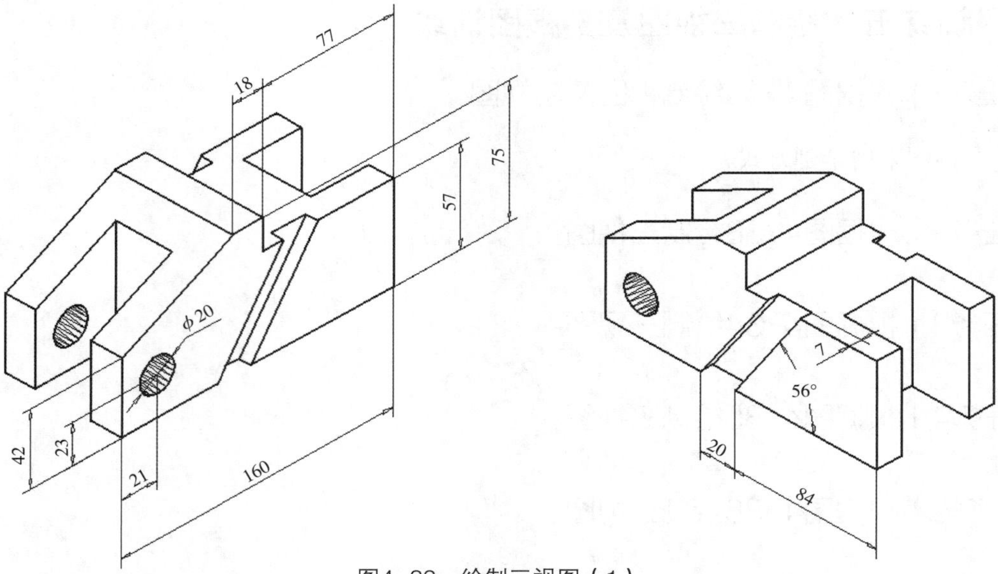

图4–33　绘制三视图（1）

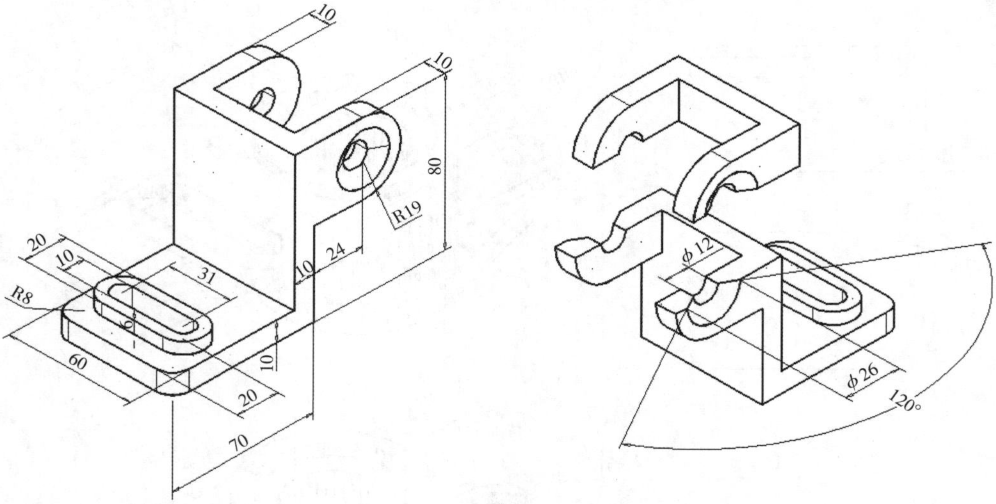

图4–34　绘制三视图（2）

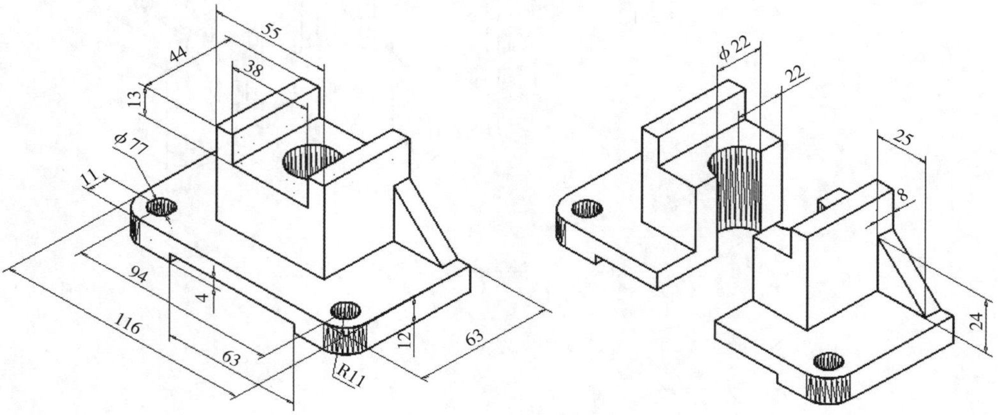

图4–35　绘制三视图（3）

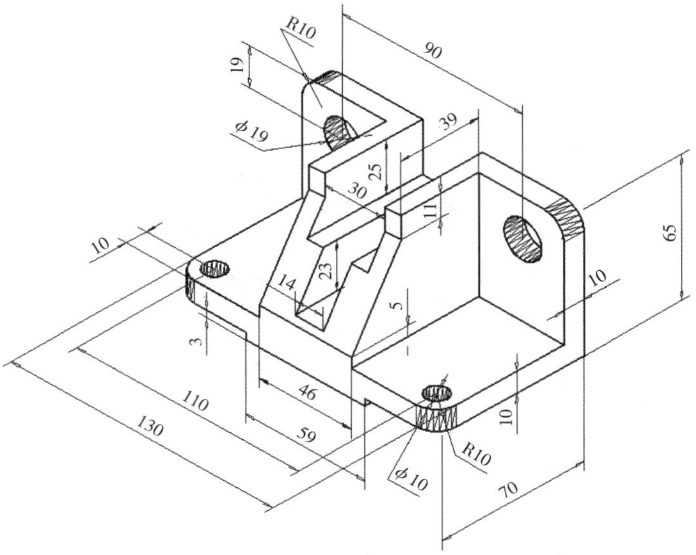

图4-36　绘制三视图（4）

【习题】

1.利用LINE、PEDIT、OFFSET等命令绘制图4-37。

2.利用MLINE、PLINE、DONUT等命令绘制图4-38。

3.利用DIVIDE、DONUT、REGION、UNION等命令绘制图4-39。

4.利用面域造型法绘制图4-40。

5.利用面域造型法绘制图4-41。

6.利用面域造型法绘制图4-42。

7.根据图4-43绘制三视图。

8.根据图4-44绘制三视图。

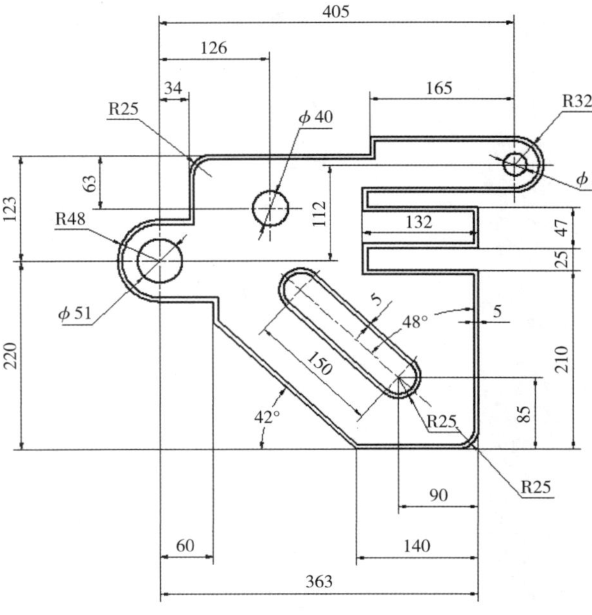

图4-37　利用LINE、PEDIT、OFFSET等命令绘图

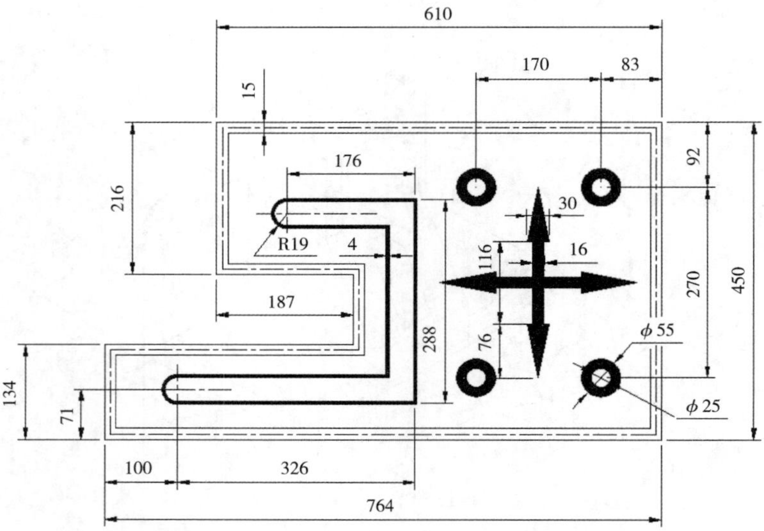

图4-38　利用MLINE、PLINE、DONUT等命令绘图

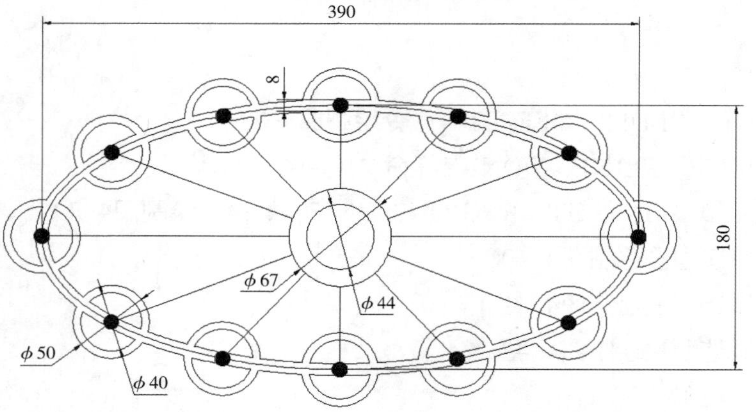

图4-39　利用DIVIDE、DONUT、REGION、UNION等命令绘图

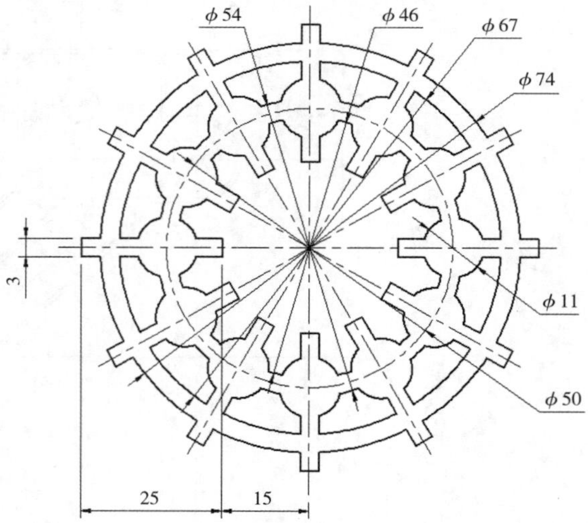

图4-40　面域及布尔运算（1）

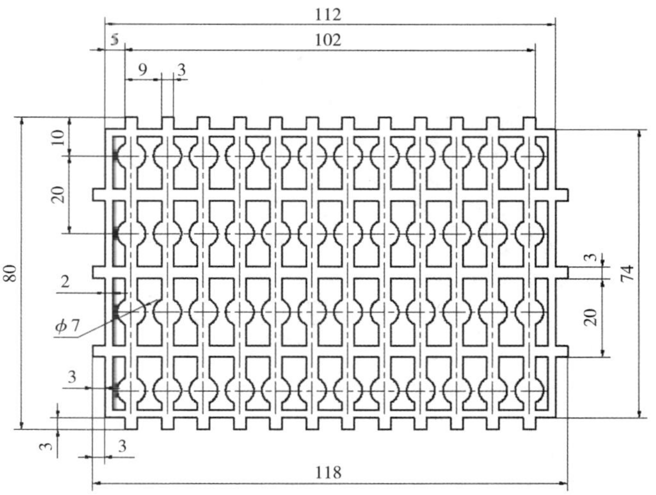

图4-41　面域及布尔运算（2）

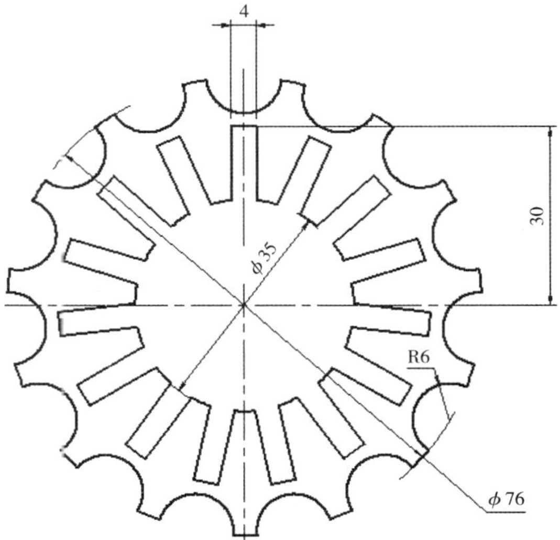

图4-42　面域及布尔运算（3）

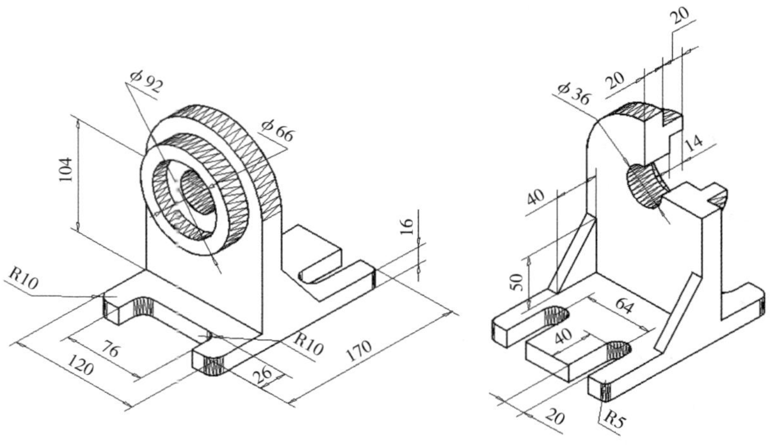

图4-43　绘制三视图（1）

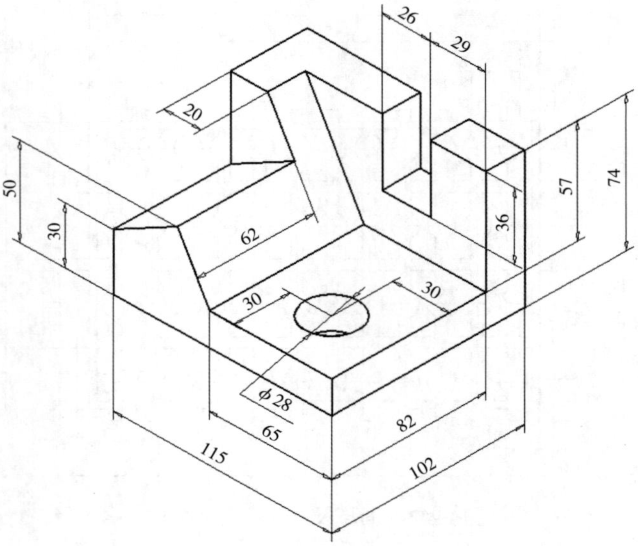

图4-44　绘制三视图（2）

模块训练五　书写及标注尺寸

【学习目标】

1.创建文字样式。
2.书写单行和多行文字。
3.编辑文字内容和属性。
4.创建标注样式。
5.标注直线型、角度型、直径型及半径型尺寸等。
6.标注尺寸公差和形位公差。
7.编辑尺寸文字和调整标注位置。

项目训练一　书写文字的方法训练

【任务1】创建国标文字样式及添加单行文字

1.选择菜单命令【格式】/【文字样式】，或者单击【注释】面板上的文字样式按钮，打开【文字样式】对话框，如图5-1所示。

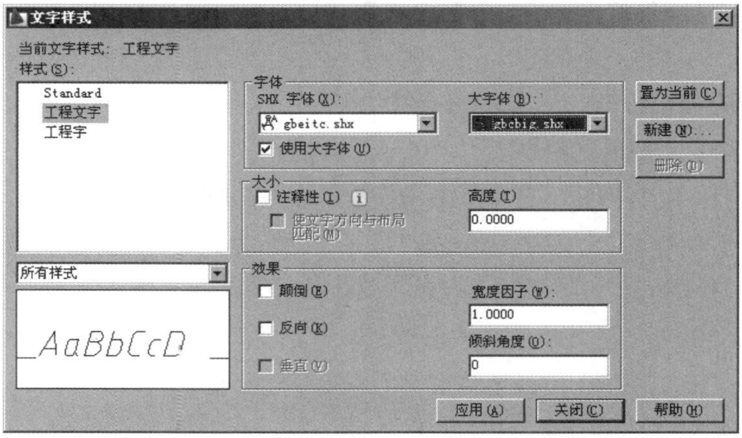

图5-1　【文字样式】对话框

2.单击新建(N)...按钮，打开【新建文字样式】对话框，如图5-2所示，在【样式名】文本框中输入文字样式的名称“工程文字”。

图5-2【新建文字样式】对话框

3.下拉列表中选择“gbeitc.shx”，再选择【使用大字体】复选项单击 确定 按钮，返回【文字样式】对话框，在【SHX字体】，然后在【大字体】下拉列表中选择“gbcbig.shx”，如图5-1所示。

要点提示 AutoCAD提供了符合国标的字体文件。在工程图中，中文字体采用“gbcbig.shx”，该字体文件包含了长仿宋字。西文字体采用“gbeitc.shx”或“gbenor.shx”，前者是斜体西文，后者是直体。

4.单击 应用(A) 按钮，然后关闭【文字样式】对话框。

5.用DTEXT命令创建单行文字，如图5-3所示。

单击【注释】面板上的A按钮或输入命令代号DTEXT，启动创建单行文字命令。结果如图5-3所示。

命令: dtext

指定文字的起点或 [对正（J）/样式（S）]: //单击*A*点，如图5-3所示

指定高度 <3.0000>: 5 //输入文字高度

指定文字的旋转角度 <0>: //按Enter键

横臂升降机构 //输入文字

行走轮 //在*B*点处单击一点，并输入文字

行走轨道 //在*C*点处单击一点，并输入文字

行走台车 //在*D*点处单击一点，输入文字并按Enter键

台车行走速度5.72m/min //输入文字并按Enter键

台车行走电机功率3kW //输入文字

立架 //在*E*点处单击一点，并输入文字

配重系统 //在*F*点处单击一点，

输入文字并按Enter键 //按Enter键结束

命令:DTEXT //重复命令

指定文字的起点或 [对正（J）/样式（S）]: //单击*G*点

指定高度 <5.0000>: //按Enter键

指定文字的旋转角度 <0>: 90 //输入文字旋转角度

设备总高5500 //输入文字并按Enter键

//按Enter键结束

再在*H*点处输入“横臂升降行程1500”

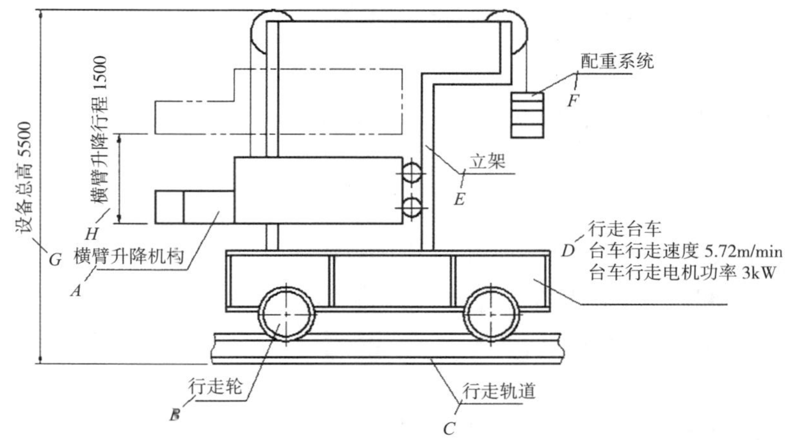

图5-3　创建单行文字

要点提示　如果发现图形中的文本没有正确显示出来，则多数情况是由于文字样式所连接的字体不合适。

【任务2】用MTEXT命令创建图5-4多行文字

1.设定绘图区域大小为80 × 80，单击【实用程序】面板上的按钮，使绘图区域充满整个图形窗口。

2.创建新文字样式，并使该样式成为当前样式。新样式名称为“文字样式-1”，与其相连的字体文件是“gbeitc.shx”和“gbcbig.shx”。

3.单击【注释】面板上的A按钮，AutoCAD提示：

指定第一角点：　//在*A*点处单击一点，如图5-4所示

指定对角点：　//在*B*点处单击一点，如图5-5输入文字

4.系统弹出【多行文字】选项卡及【在位文字编辑器】。在【样式】面板的【文字高度】文本框中输入数值“3.5”，然后在【在位文字编辑器】中键入文字，如图5-5所示。

【在位文字编辑器】顶部带标尺，利用标尺用户可设置首行文字及段落文字的缩进，还可设置制表位，操作方法如下。

●拖动标尺上第1行的缩进滑块可改变所选段落第1行的缩进位置。

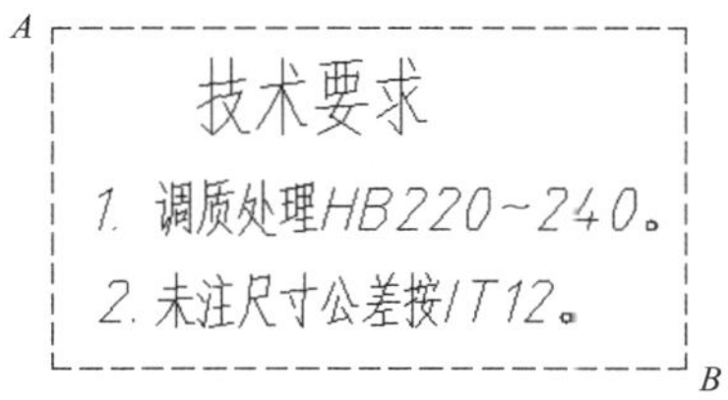

图5-4　创建多行文字

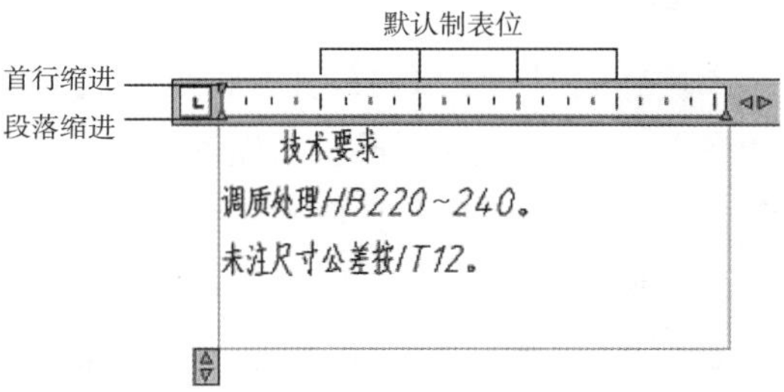

图5-5　输入文字

●拖动标尺上第2行的缩进滑块可改变所选段落其余行的缩进位置。

●标尺上显示了默认的制表位，要设置新的制表位，可用鼠标指针单击标尺。要删除创建的制表位，可用鼠标指针按住制表位，将其拖出标尺。

5.选中文字“技术要求”文字，然后在【文字高度】文本框中输入数值“5”，按Enter键，结果如图5-6所示。

6.选中其他文字，单击【段落】面板上的按钮，选择【以数字标记】选项，再利用标尺上第2行的缩进滑块调整标记数字与文字间的距离，结果如图5-7所示。

7.单击【关闭】面板上的按钮，结果如图5-4所示。

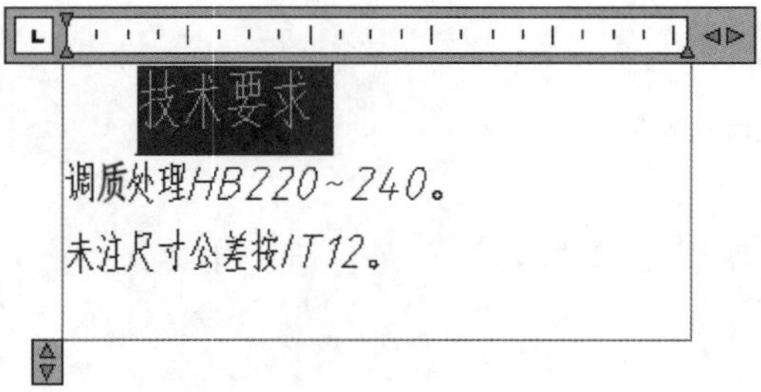

图5-6　修改文字高度

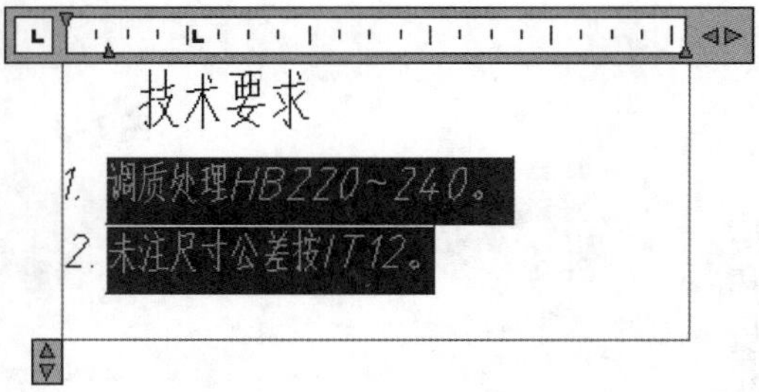

图5-7　添加数字编号

【任务3】添加特殊字符

文字内容： 蜗轮分度圆直径=100、 蜗轮蜗杆传动箱钢板厚度≥5。特殊字符的代码见表5-1。

表5-1　特殊字符的代码

代码	字符
%%o	文字的上划线
%%u	文字的下划线
%%d	角度的度符号
%%p	表示“±”
%%c	直径代号

1.设定绘图区域大小为50 × 50，单击【实用程序】面板上的按钮，使绘图区域充满整个图形窗口。

2.单击【注释】面板上的A按钮，再指定文字分布宽度，AutoCAD打开【在位文字编辑器】，在【设置格式】面板的【字体】下拉列表中选择“gbeitc，gbcbig”，在【样式】面板的【字体高度】文本框中输入数值“3.5”，然后键入文字，如图5-8所示。

3.在要插入直径符号的地方单击鼠标左键，然后单击鼠标右键，弹出快捷菜单，选择【符号】/【直径】命令，结果如图5-9所示。

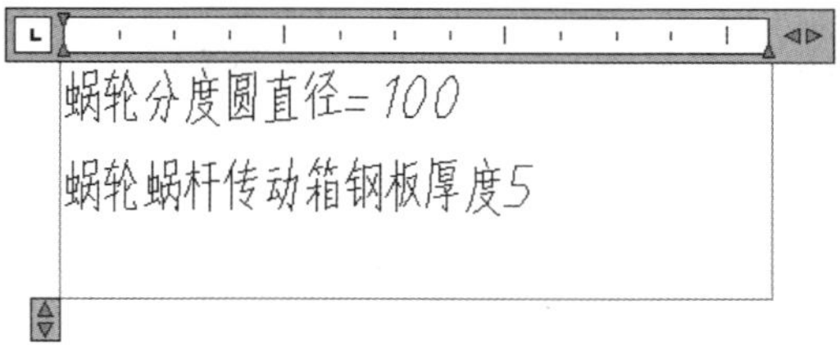

图5-8　输入文字

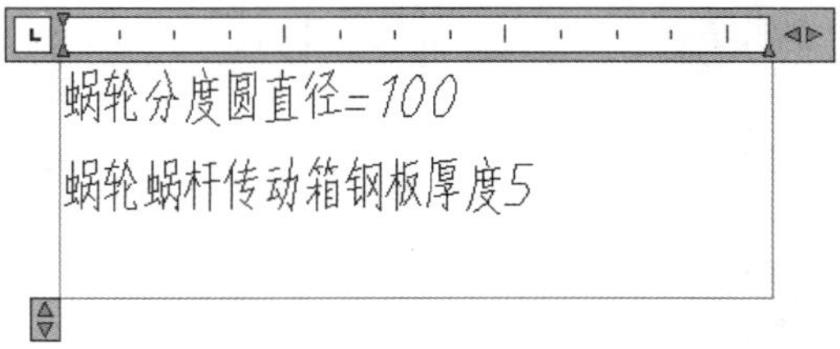

图5-9　插入直径符号

4.在文本输入窗口中单击鼠标右键，弹出快捷菜单，选择【符号】/【其他】命令，打开【字符映射表】对话框，如图5-10所示。

5.在对话框的【字体】下拉列表中选择【Symbol】字体，然后选取需要的字符“≥”，如图5-10所示。

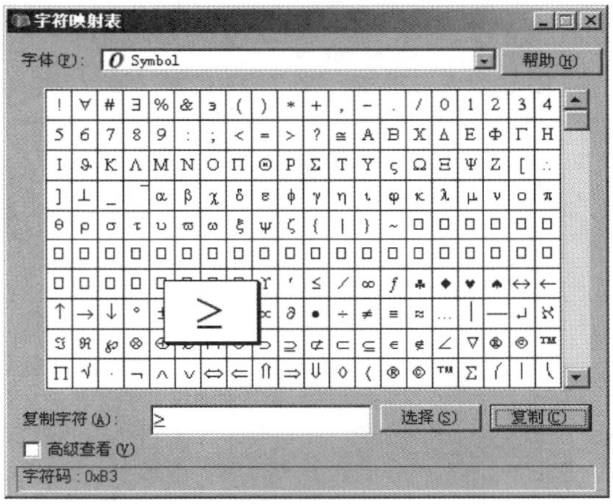

图5-10　【字符映射表】对话框

6.单击 选定(S) 按钮，再单击 复制(C) 按钮。

7.返回【在位文字编辑器】，在需要插入“≥”符号的地方单击鼠标左键，然后单击鼠标右键，弹出快捷菜单，选择【粘贴】命令，结果如图5-11所示。

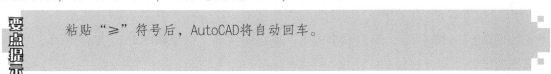

要点提示　粘贴“≥”符号后，AutoCAD将自动回车。

8.把“≥”符号的高度修改为3.5，再将鼠标指针放置在此符号的后面，按Delete键，结果如图5-12所示。

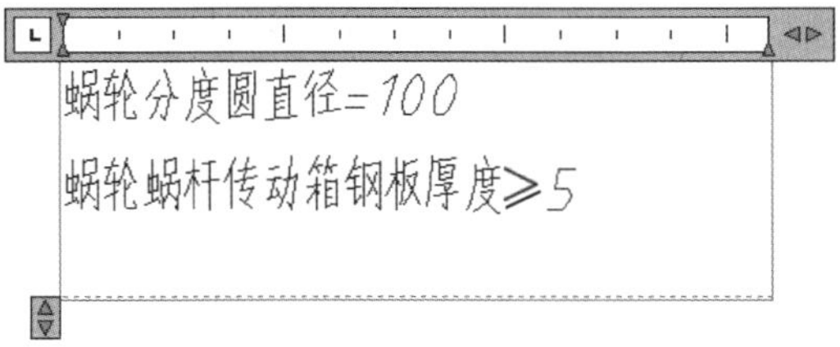

图5-11　插入“≥”符号

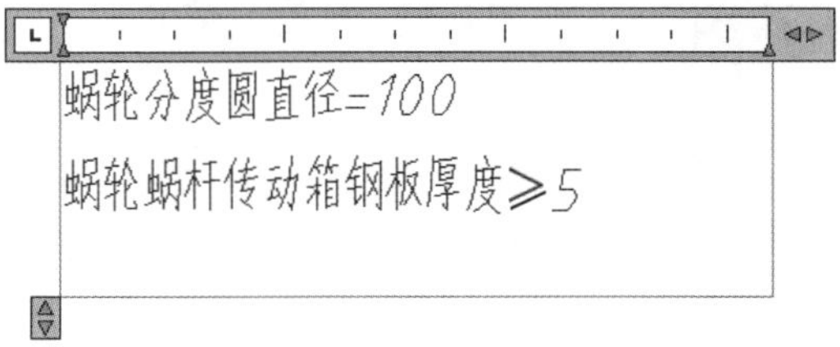

图5-12　修改字符的高度

9.单击【关闭】面板上的按钮完成。

【任务4】创建图5-13分数及公差形式文字

1.打开【在位文字编辑器】，设置字体为“gbeitc，gbcbig”，输入多行文字，如图5-14～图5-16所示。

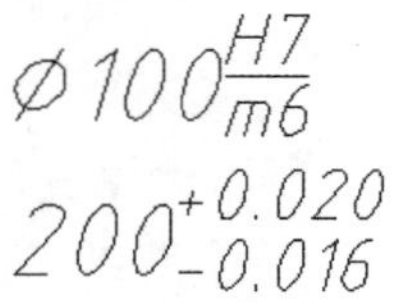

图5-13　创建分数及公差形式文字

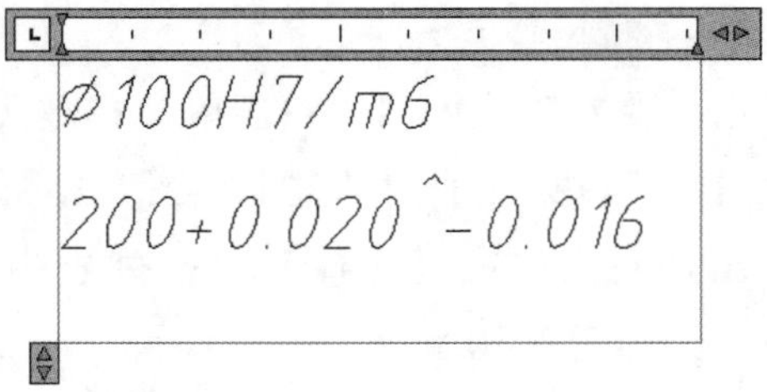

图5-14　输入文字

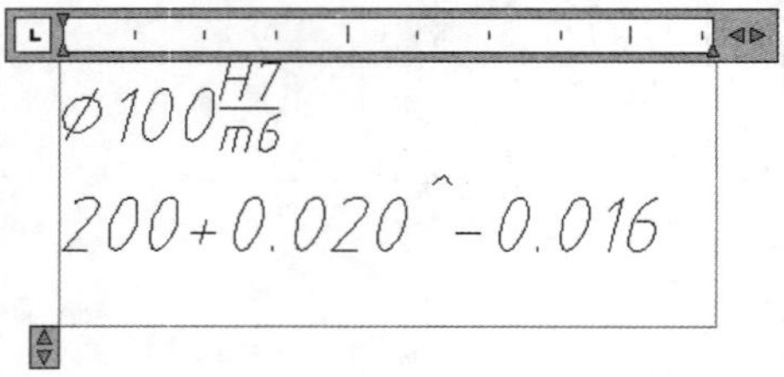

图5-15　创建分数形式文字

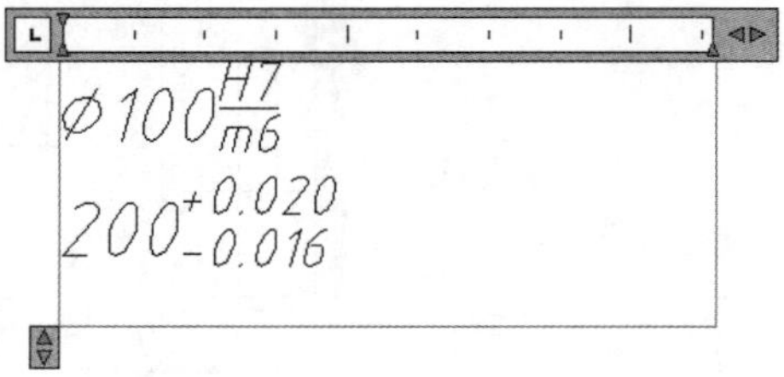

图5-16　创建公差形式文字

2.单击【关闭】面板上的按钮完成。

要点提示　通过堆叠文字的方法也可创建文字的上标或下标，输入方式为“上标^”“^下标”。例如，输入“53^”，选中“3^”，单击鼠标右键，选择【堆叠】选项，结果为“5^3”。

【任务5】修改文字内容、字体及字高

如图5-17（1）所示，修改文字内容、字体及字高，结果如图5-17（2）所示，图中的文字特性如下。

- “技术要求”：字高为5，字体为“gbeitc，gbcbig”。
- 其余文字：字高为3.5，字体为“gbeitc，gbcbig”。

1.创建新文字样式，新样式名称为“工程文字”，与其相连的字体文件是“gbeitc.shx”和“gbcbig.shx”。

2. 选择菜单命令【修改】/【对象】/【文字】/【编辑】，启动DDEDIT命令。用该命令修改“蓄能器”“行程开关”等单行文字的内容，再用PROPERTIES命令将这些文字的高度修改为3.5，并使其与样式“工程文字”相连，结果如图5-17（1）所示。

3.用DDEDIT命令修改“技术要求”等多行文字的内容，再改变文字高度，并使其采

用“gbeitc，gbcbig”字体，结果如图5-17（2）所示。

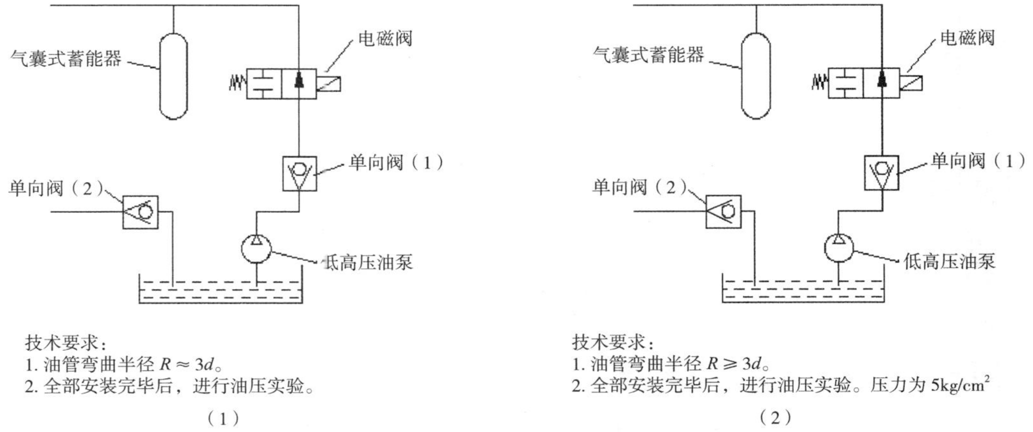

图5-17　修改文字内容及高度等

【综合练习】填写明细表及创建单行文字和多行文字

【练习1】给表格中添加文字的技巧。

1. 创建新文字样式，并使其成为当前样式。新样式名称为“工程文字”，与其相连的字体文件是“gbeitc.shx”和“gbcbig.shx”。

2.用DTEXT命令在明细表底部第1行中书写文字“序号”，字高5，结果如图5-18所示。

3.用COPY命令将“序号”由*A*点复制到*B*、*C*、*D*及*E*点，结果如图5-19所示。

4.用DDEDIT命令修改文字内容，再用MOVE命令调整“名称”“材料”等的位置，结果如图5-20所示。

5.把已经填写的文字向上阵列，结果如图5-21所示。

6.用DDEDIT命令修改文字内容，结果如图5-22所示。

7.把序号及数量数字移动到表格的中间位置，结果如图5-23所示。

序号				

图5-18　书写文字“序号”

序号	序号	序号	序号	序号

A　B　C　D　E

图5-19　复制对象

序号	名称	数量	材料	备注

图5-20　编辑文字内容

序号	名称	数量	材料	备注
序号	名称	数量	材料	备注
序号	名称	数量	材料	备注
序号	名称	数量	材料	备注
序号	名称	数量	材料	备注

图5-21　阵列文字

4	转轴	1	45	
3	定位板	2	Q235	
2	轴承盖	1	HT200	
1	轴承座	1	HT200	
序号	名称	数量	材料	备注

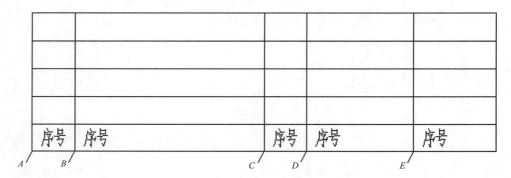

图5-22　修改文字内容

4	转轴	1	45	
3	定位板	2	Q235	
2	轴承盖	1	HT200	
1	轴承座	1	HT200	
序号	名称	数量	材料	备注

图5-23　移动文字

【练习2】在图5-24中添加单行文字。

文字字高为3.5，字体采用“楷体”。

【练习3】在图5-25中添加单行文字。

文字字高为5，中文字体采用“gbcbig.shx”，西文字体采用“gbenor.shx”。

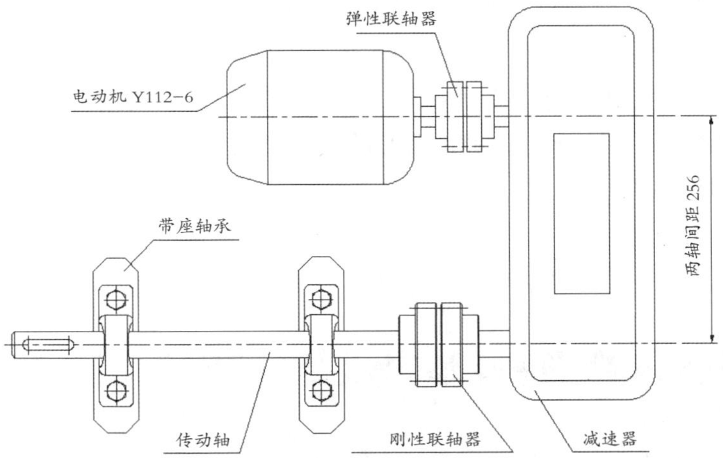

图5-24　添加单行文字

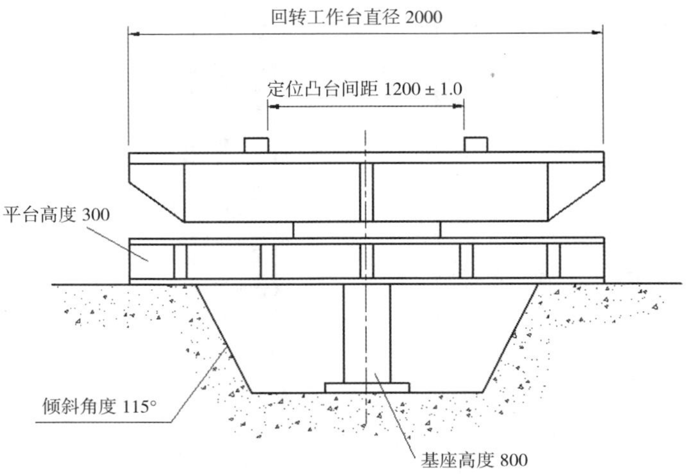

图5-25　在单行文字中加入特殊符号

【练习4】在图5-26中添加多行文字。

图中的文字特性如下。

- “α、λ、δ、»、≥”：字高为4，字体采用“Symbol”。
- 其余文字：字高为5，中文字体采用“gbcbig.shx”，西文字体采用“gbeitc.shx”。

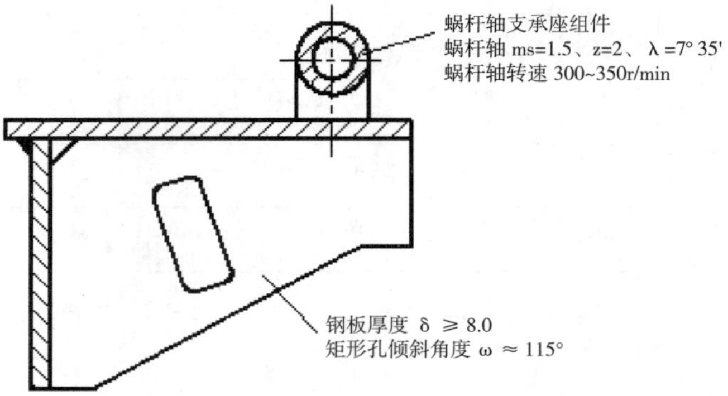

图5-26　添加多行文字

项目训练二　创建表格对象训练

【任务1】创建新的表格样式

1.创建新文字样式，新样式名称为“工程文字”，与其相连的字体文件是“gbeitc.shx”和“gbcbig.shx”。

2.选择菜单命令【格式】/【表格样式】，打开【表格样式】对话框，如图5-27所示，利用该对话框用户可以新建、修改及删除表格样式。

3.单击 新建(N)... 按钮，弹出【创建新的表格样式】对话框，在【基础样式】下拉列表中选择新样式的原始样式“Standard”，该原始样式为新样式提供默认设置；在【新样式名】文本框中输入新样式的名称“表格样式-1”，如图5-28所示。

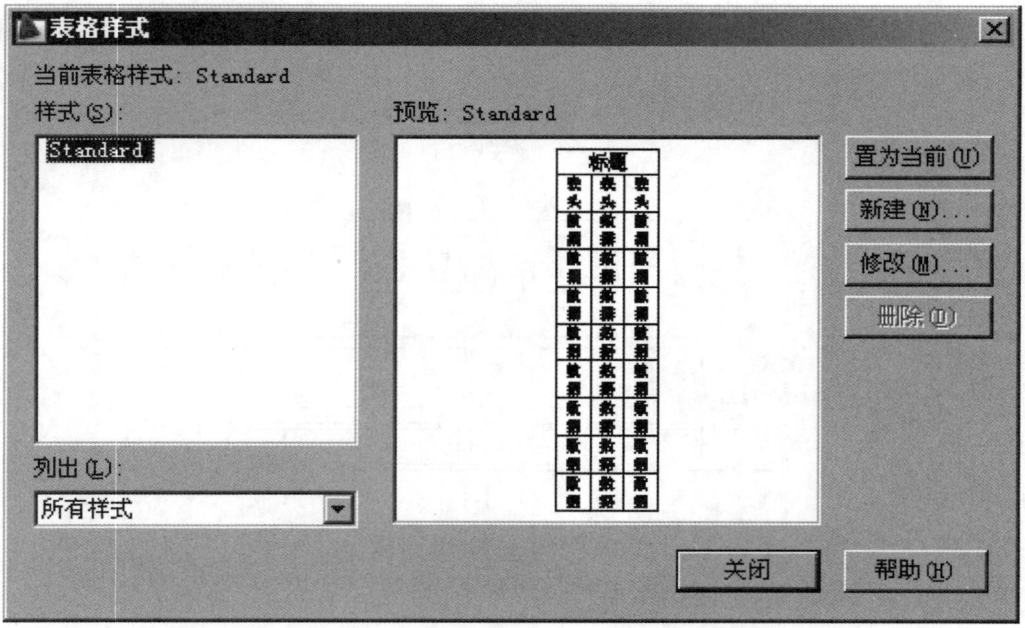

图5-27　【表格样式】对话框

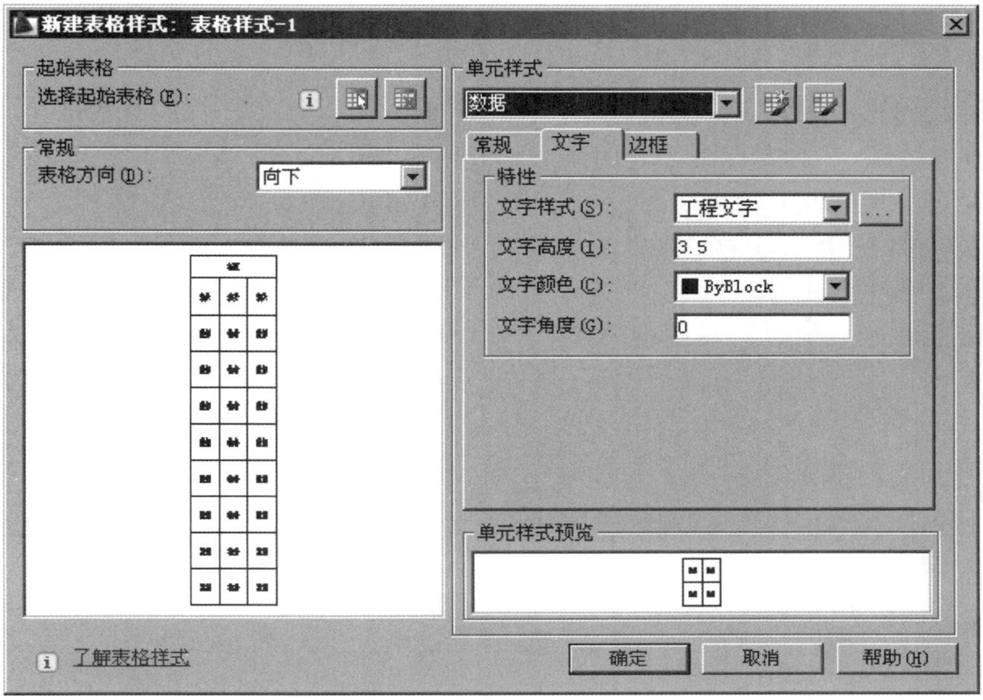

图5-28　【新建表格样式】对话框

4.单击 继续 按钮，打开【新建表格样式】对话框，如图5-28所示。在【单元样式】下拉列表中分别选择“数据”“标题”“表头”选项，在【文字】选项卡中指定文字样式为“工程文字”，字高为“3.5”，在【常规】选项卡中指定文字对齐方式为“正中”。

5.单击 确定 按钮，返回【表格样式】对话框，再单击 置为当前(U) 按钮，使新的表格样式成为当前样式。

【新建表格样式】对话框中常用选项的功能如下。

（1）【常规】选项卡。

- 【填充颜色】：指定表格单元的背景颜色，默认值为“无”。
- 【对齐】：设置表格单元中文字的对齐方式。
- 【水平】：设置单元文字与左右单元边界之间的距离。
- 【垂直】：设置单元文字与上下单元边界之间的距离。

（2）【文字】选项卡。

- 【文字样式】：选择文字样式，单击按钮，打开【文字样式】对话框，利用它可创建新的文字样式。
- 【文字高度】：输入文字的高度。
- 【文字角度】：设定文字的倾斜角度。逆时针为正，顺时针为负。

（3）【边框】选项卡。

- 【线宽】：指定表格单元的边界线宽。

- 【颜色】：指定表格单元的边界颜色。
- 按钮：将边界特性设置应用于所有单元。
- 按钮：将边界特性设置应用于单元的外部边界。
- 按钮：将边界特性设置应用于单元的内部边界。
- 、、、按钮：将边界特性设置应用于单元的底、左、上、右边界。
- 按钮：隐藏单元的边界。

（4）【表格方向】。

- 【向下】：创建从上向下读取的表对象。标题行和表头行位于表的顶部。
- 【向上】：创建从下向上读取的表对象。标题行和表头行位于表的底部。

【任务2】创建图5-29所示的空白表格

1.单击【注释】面板上的按钮，打开【插入表格】对话框，在该对话框中输入创建表格的参数，如图5-30所示。

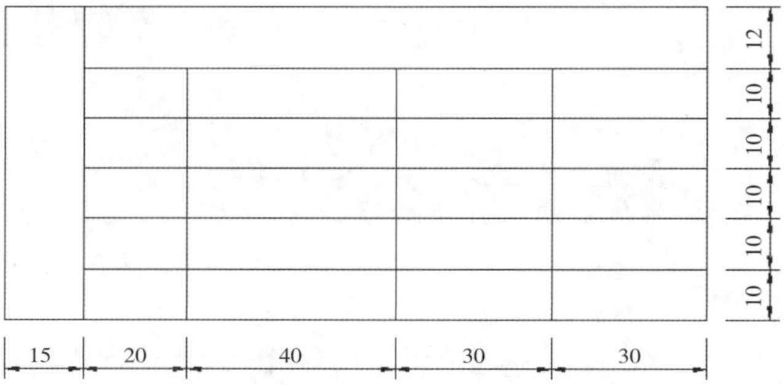

图5-29　创建空白表格

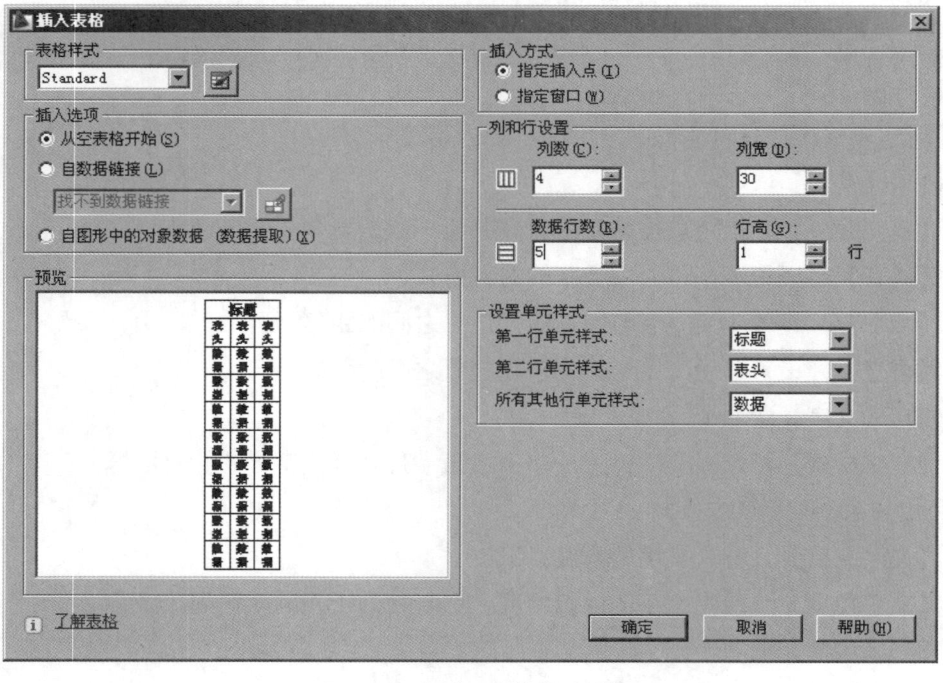

图5-30　【插入表格】对话框

2.单击 确定 按钮，再关闭文字编辑器，创建如图5-31所示的表格。

3.在表格内按住鼠标左键并拖动鼠标指针，选中第1行和第2行，弹出【表格】选项卡，单击选项卡中【行数】面板上的按钮，删除选中的两行，结果如图5-32所示。

4.选中第1列的任一单元，单击鼠标右键，弹出快捷菜单，选择【列】/【在左侧插入】命令，插入新的一列，结果如图5-33所示。

5.选中第1行的任一单元，单击鼠标右键，弹出快捷菜单，选择【行】/【在上方插入】命令，插入新的一行，结果如图5-34所示。

6.按住鼠标左键并拖动鼠标指针，选中第1列的所有单元，然后单击鼠标右键，弹出快捷菜单，选择【合并】/【全部】命令，结果如图5-35所示

7.按住鼠标左键并拖动鼠标指针，选中第1行的所有单元，然后单击鼠标右键，弹出快捷菜单，选择【合并】/【全部】命令，结果如图5-36所示。

8.分别选中单元A、B，然后利用关键点拉伸方式调整单元的尺寸，结果如图5-37所示。

9.选中单元C，单击鼠标右键，选择【特性】选项，打开【特性】对话框，在【单元宽度】及【单元高度】栏中分别输入数值“20”“10”，结果如图5-38所示。

10.用类似的方法修改表格的其余尺寸。

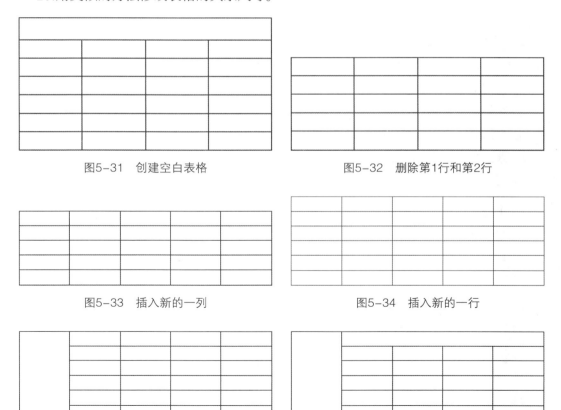

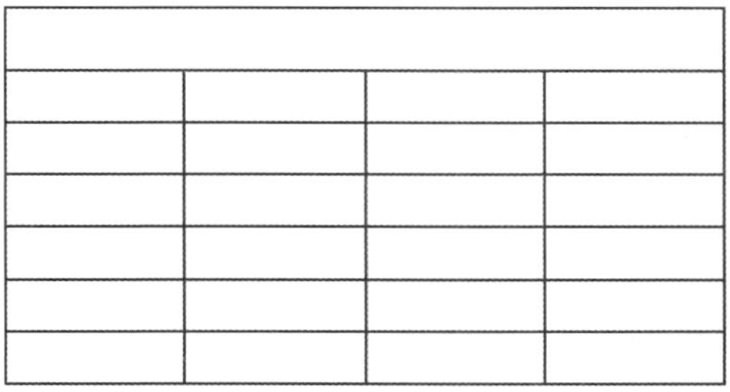

图5-31　创建空白表格

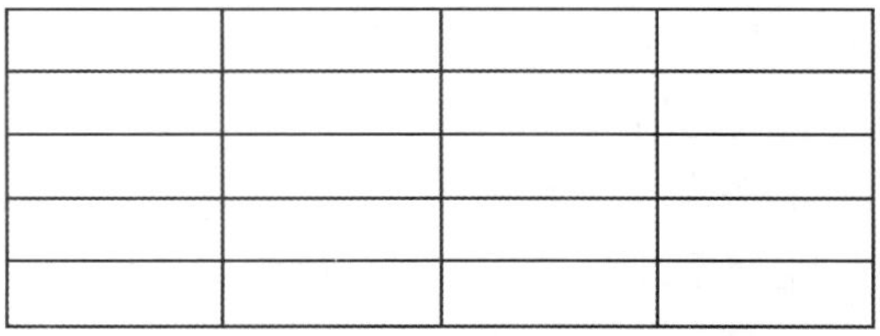

图5-32　删除第1行和第2行

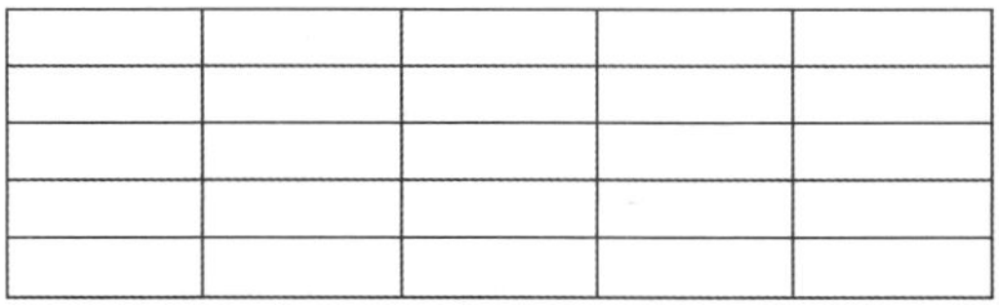

图5-33　插入新的一列

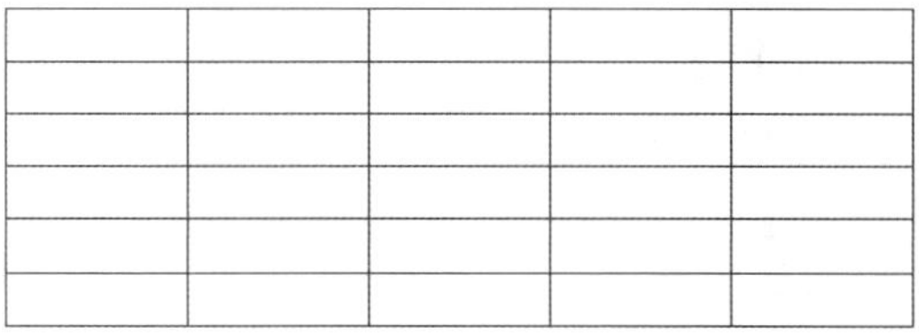

图5-34　插入新的一行

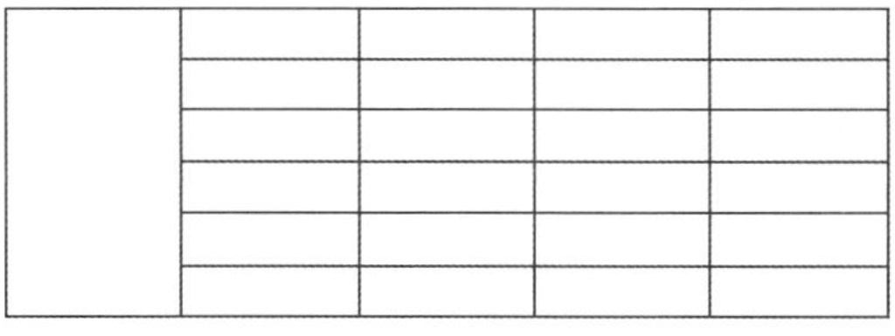

图5-35　合并第1列的所有单元

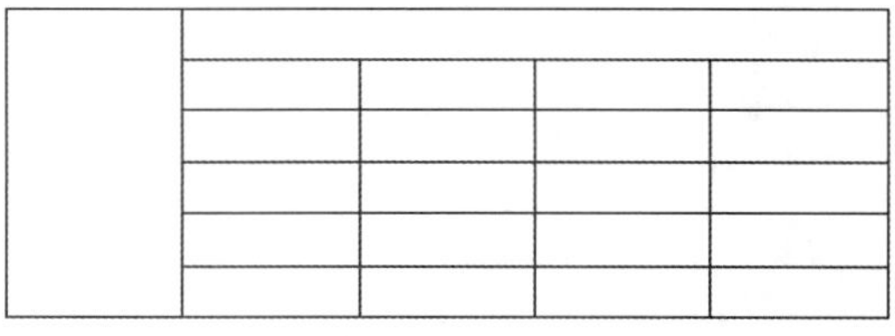

图5-36　合并第1行的所有单元

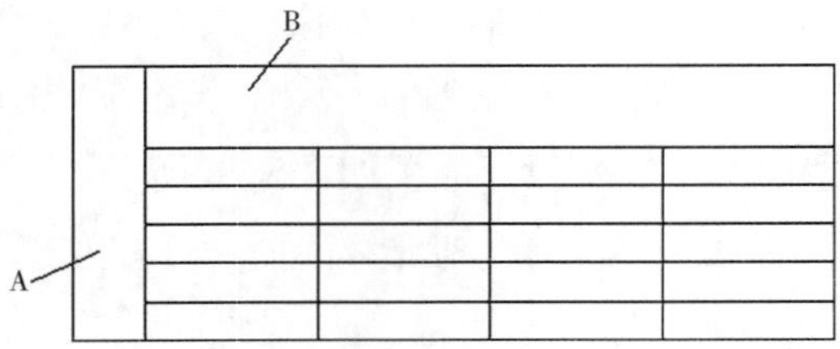

图5-37　调整单元的尺寸

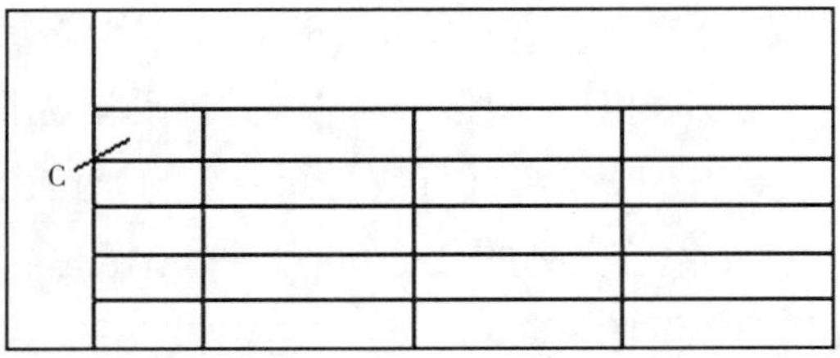

图5-38　调整单元的宽度及高度

【任务3】创建及填写标题栏（图5-39）

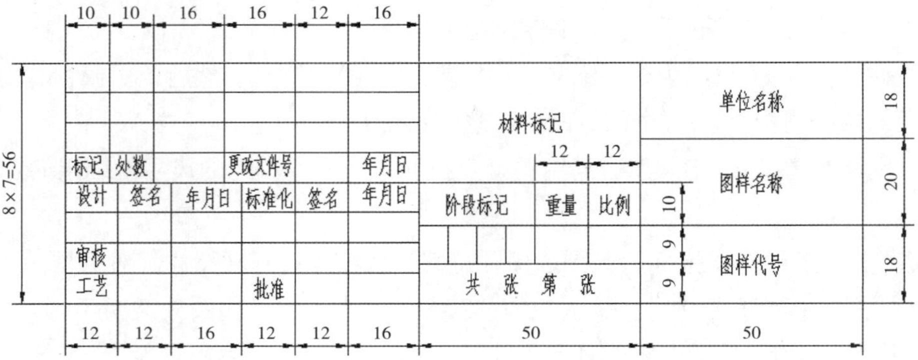

图5-39　创建及填写标题栏

1.创建新的表格样式，样式名为“工程表格”。设定表格单元中的文字采用字体“gbeitc.shx”和“gbcbig.shx”，文字高度为5，对齐方式为“正中”，文字与单元边框的距离为0.1。

2.指定“工程表格”为当前样式，用TABLE命令创建4个表格，如图5-40（1）所示。用MOVE命令将这些表格组合成标题栏，如图5-40（2）所示。

3.双击表格的某一单元以激活它，在其中输入文字，按箭头键移动到其他单元继续填写文字，结果如图5-41所示。

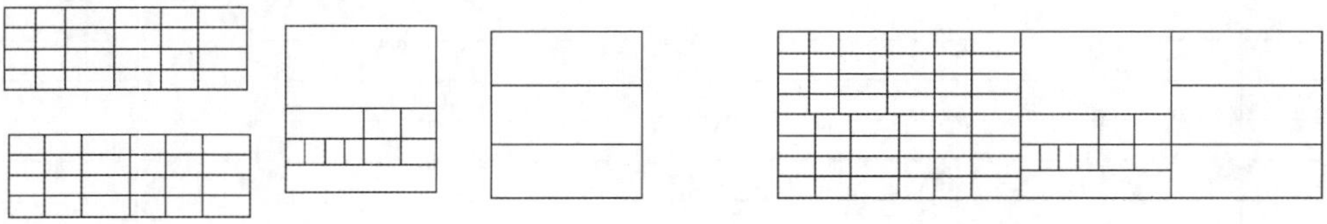

（1）　　　　（2）

图5-40　创建4个表格并将其组合成标题栏

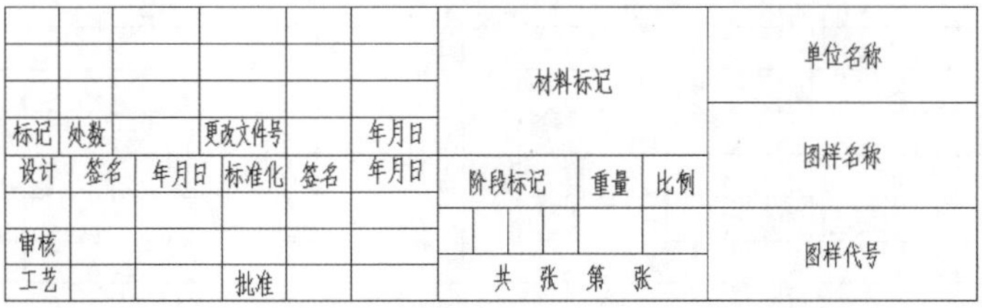

图5-41　在表格中填写文字

要点提示　双击“更改文件号”单元，选择所有文字，然后在【设置格式】面板上的 0.7000 文本框中输入文字的宽度比例因子为“0.8”，这样表格单元就有足够的宽度来容纳文字了。

项目训练三　功能讲解——标注尺寸的方法训练

【任务1】创建尺寸样式并标注尺寸（图5-42）

建立符合国标规定的尺寸样式的步骤如下。

1.建立新文字样式，样式名为“工程文字”，与该样式相连的字体文件是“gbeitc.shx”（或“gbenor.shx”）和“gbcbig.shx”。

2.单击【注释】面板上的 标注样式 按钮或选择菜单命令【格式】/【标注样式】，打开【标注样式管理器】对话框，如图5-43所示。通过该对话框可以命名新的尺寸样式或修改样式中的尺寸变量。

3.单击 新建(N)... 按钮，打开【创建新标注样式】对话框，如图5-44所示。在该对话框的【新样式名】文本框中输入新的样式名称“工程标注”，在【基础样式】下拉列表中指定某个尺寸样式作为新样式的基础样式，则新样式将包含基础样式的所有设置。此外，用户还可在【用于】下拉列表中设定新样式对某一种类尺寸的特殊控制。默认情况下，【用于】下拉列表的选项是“所有标注”，是指新样式将控制所有的类型尺寸。

4.单击 继续 按钮，打开【新建标注样式】对话框，如图5-45所示。

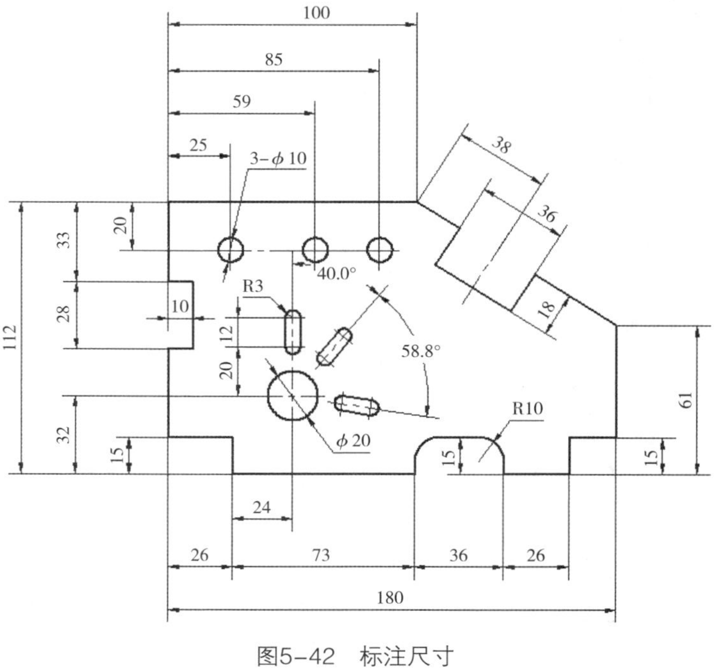

图5-42　标注尺寸

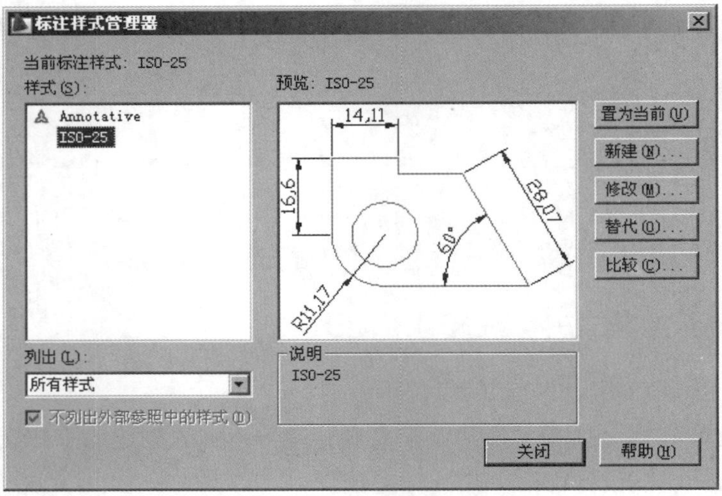

图5-43 【标注样式管理器】对话框

图5-44 【创建新标注样式】对话框

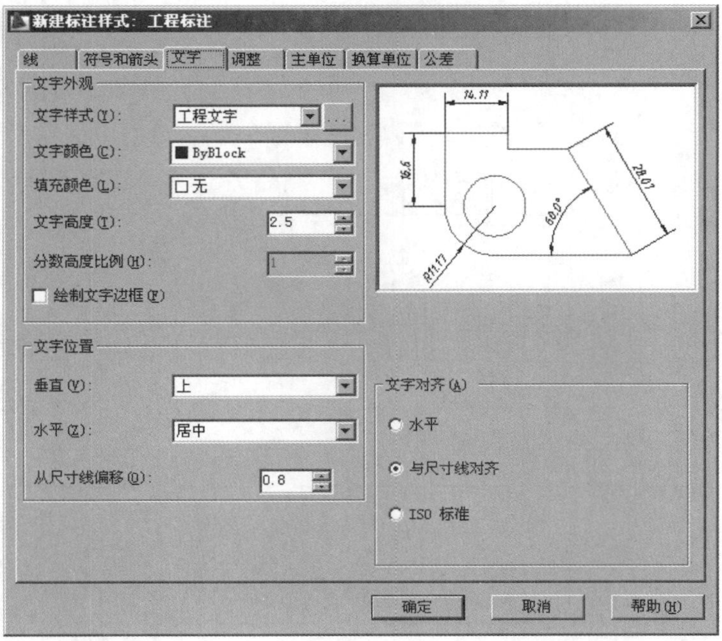

图5-45 【新建标注样式】对话框

5.在【线】选项卡的【基线间距】、【超出尺寸线】和【起点偏移量】文本框中分别输入“7”“2”“0”。

●【基线间距】：此选项决定了平行尺寸线间的距离。例如，当创建基线型尺寸标注时，相邻尺寸线间的距离由该选项控制，如图5-46所示。

●【超出尺寸线】：控制尺寸界线超出尺寸线的距离，如图5-47所示。国标中规定，尺寸界线一般超出尺寸线2～3mm。

●【起点偏移量】：控制尺寸界线起点与标注对象端点间的距离，如图5-48所示。

6.在【符号和箭头】选项卡的【第一个】下拉列表中选择“实心闭合”，在【箭头大小】栏中输入“2”，该值用于设定箭头的长度。

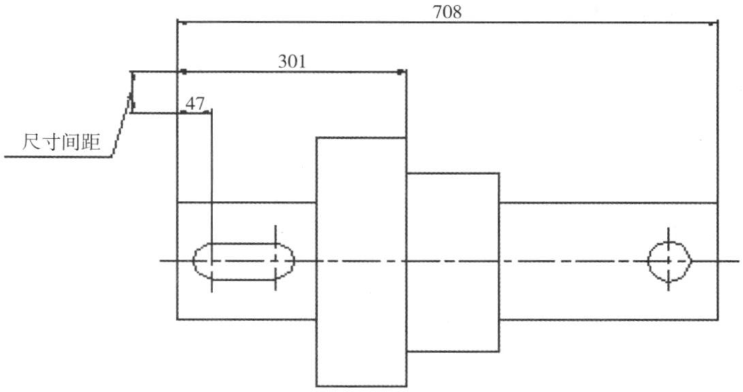

图5-46　控制尺寸线间的距离

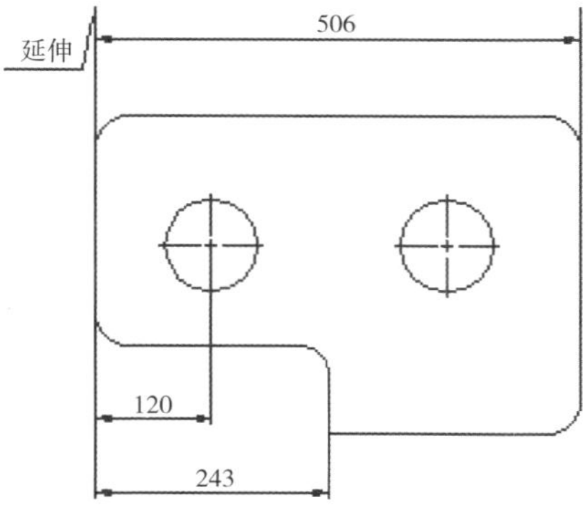

图5-47　设定尺寸界线超出尺寸线的长度

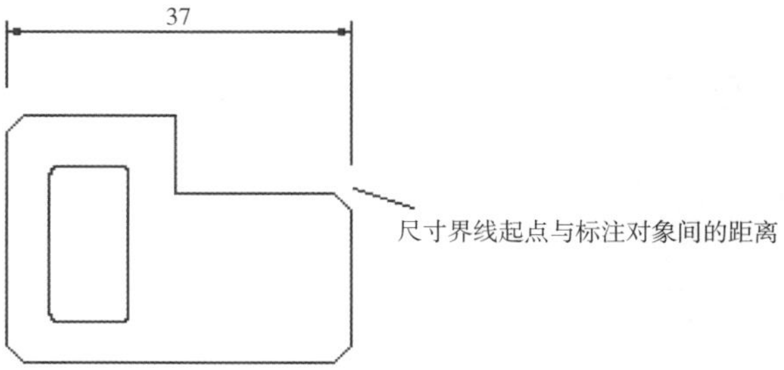

图5-48　控制尺寸界线起点与标注对象间的距离

7.在【文字】选项卡的【文字样式】下拉列表中选择“工程文字”，在【文字高度】、【从尺寸线偏移】数值框中分别输入“2.5”和“0.8”，在【文字对齐】分组框中选择【与尺寸线对齐】选项。

●【文字样式】：在此下拉列表中选择文字样式或单击其右边的按钮，打开【文字样式】对话框，利用该对话框创建新的文字样式。

●【从尺寸线偏移】：该选项用于设定标注文字与尺寸线间的距离。

●【与尺寸线对齐】：使标注文本与尺寸线对齐。对于国标标注，应选择此选项。

8.在【调整】选项卡的【使用全局比例】栏中输入“2”，该比例值将影响尺寸标注所有组成元素的大小，如标注文字、尺寸箭头等，如图5-49所示。当用户欲以1：2的比例将图样打印在标准幅面的图纸上时，为保证尺寸外观合适，应设定标注的全局比例为打印比例的倒数，即2。

图5-49　全局比例对尺寸标注的影响

9.进入【主单位】选项卡，在【线性标注】分组框的【单位格式】、【精度】和【小数分隔符】下拉列表中分别选择“小数”“0.00”“句点”，在【角度标注】分组框的【单位格式】和【精度】下拉列表中分别选择“十进制度数”和“0.0”。

10.得到一个新的尺寸样式，再单击 确定 按钮，使新样式成为当前样式。

【任务2】标注长度尺寸

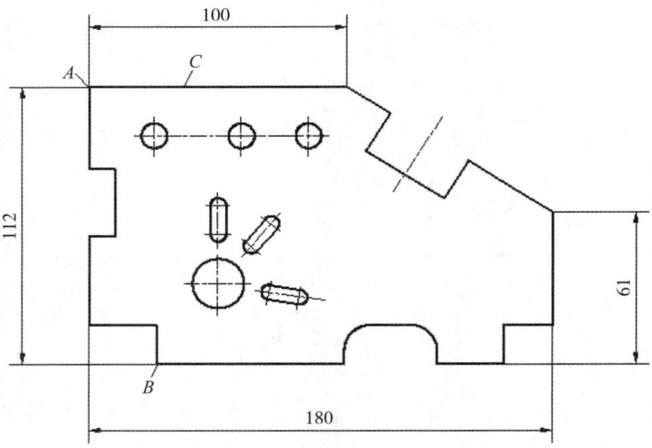

图5-50　标注长度尺寸

1.创建一个名为“尺寸标注”的图层，并使该层成为当前层。

2.打开对象捕捉，设置捕捉类型为【端点】、【圆心】和【交点】。

3.单击【注释】面板上的按钮，启动DIMLINEAR命令，结果如图5-50所示。

命令: _dimlinear

指定第一条延伸线原点或 <选择对象>:　　//捕捉端点*A*，如图5-50所示

指定第二条延伸线原点:　　//捕捉端点*B*

指定尺寸线位置或[多行文字（M）/文字（T）/角度（A）/水平（H）/垂直（V）/旋转（R）]:　　//向左移动鼠标指针，将尺寸线放置在适当位置，单击鼠标左键结束

命令:DIMLINEAR　　//重复命令

指定第一条延伸线原点或 <选择对象>:　　//按Enter键

选择标注对象:　　//选择线段*C*

指定尺寸线位置:　　//向上移动鼠标指针，将尺寸线放置在适当位置，单击鼠标左键结束

4.继续标注尺寸“180”和“61”。

【任务3】标注对齐尺寸

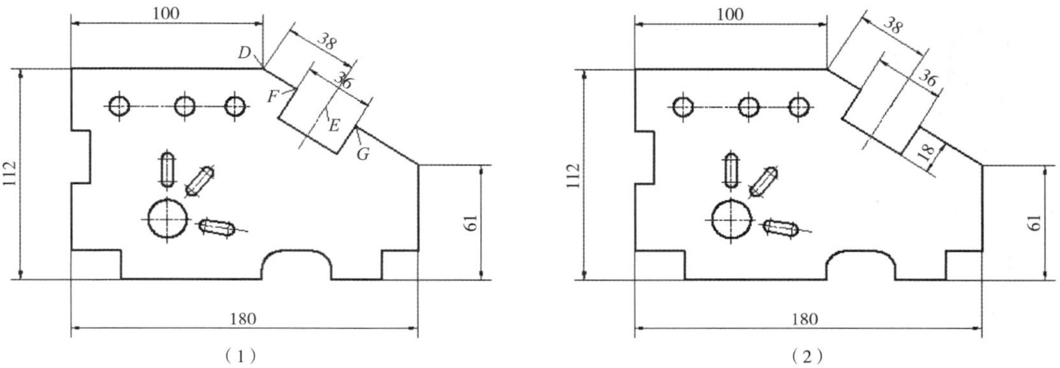

图5-51　标注对齐尺寸

单击【注释】面板上的按钮，启动DIMALIGNED命令，结果如图5-51（2）所示。

命令: _dimaligned

指定第一条延伸线原点或 <选择对象>:　　//捕捉*D*点，如图5-51（1）所示

指定第二条延伸线原点: per到　　//捕捉垂足*E*

指定尺寸线位置或[多行文字（M）/文字（T）/角度（A）]:　　//移动鼠标指针，指定尺寸线的位置

命令:DIMALIGNED　　//重复命令

指定第一条延伸线原点或 <选择对象>:　　//捕捉*F*点

指定第二条延伸线原点:　　//捕捉*G*点

指定尺寸线位置或[多行文字（M）/文字（T）/角度（A）]:　　//移动鼠标指针，指定尺寸线的位置

【任务4】标注连续型尺寸

1.利用关键点编辑方式向下调整尺寸“180”的尺寸线位置，然后标注连续尺寸，如图5-52所示。

命令: _dimlinear　　//标注尺寸“26”，如图5-52（1）所示

指定第一条延伸线原点或 <选择对象>:　　//捕捉*H*点

指定第二条延伸线原点:　　//捕捉I点

指定尺寸线位置:　　//移动鼠标指针，指定尺寸线的位置

打开【标注】工具栏，单击该工具栏上的按钮，启动创建连续标注命令，结果如图5-52（1）所示。

命令: _dimcontinue

指定第二条延伸线原点或 [放弃（U）/选择（S）] <选择>:　　//捕捉J点

指定第二条延伸线原点或 [放弃（U）/选择（S）] <选择>:　　//捕捉K点

指定第二条延伸线原点或 [放弃（U）/选择（S）] <选择>:　　//捕捉L点

指定第二条延伸线原点或 [放弃（U）/选择（S）] <选择>:　　//按Enter键

选择连续标注:　　//按Enter键结束

2.标注尺寸“15”“33”“28”等，结果如图5-52（2）所示。

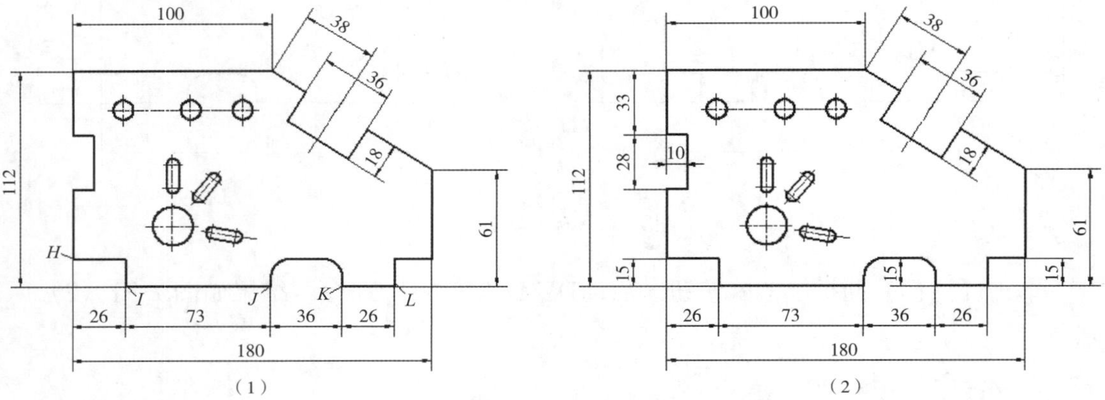

图5-52　创建连续型尺寸及调整尺寸线的位置

3.利用关键点编辑方式向上调整尺寸“100”的尺寸线位置，然后创建基线型尺寸，如图5-53所示。

命令: _dimlinear　　//标注尺寸“25”，如图5-53（1）所示

指定第一条延伸线原点或 <选择对象>:　　//捕捉M点

指定第二条延伸线原点:　　//捕捉N点

指定尺寸线位置:

单击【标注】工具栏上的按钮，启动创建基线型尺寸命令，结果如图5-53（1）所示。

命令: _dimbaseline

指定第二条延伸线原点或 [放弃（U）/选择（S）] <选择>:　　//捕捉O点

指定第二条延伸线原点或 [放弃（U）/选择（S）] <选择>:　　//捕捉P点

指定第二条延伸线原点或 [放弃（U）/选择（S）] <选择>:　　//按Enter键

选择基准标注:　　//按Enter键结束

4.打开正交模式，用STRETCH命令将虚线矩形框Q内的尺寸线向左调整，然后标注

尺寸“20”，结果如图5-53（2）所示。

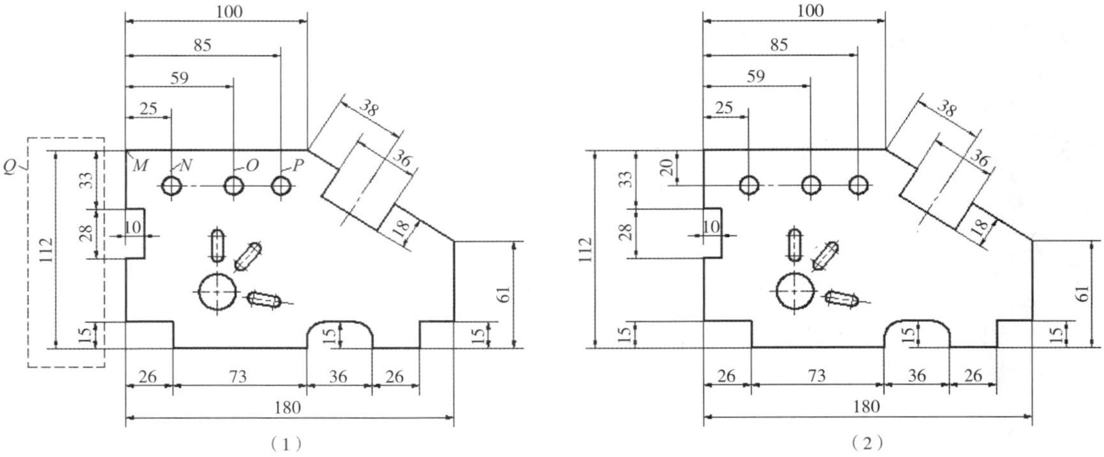

图5-53　创建基线型尺寸及调整尺寸线的位置

【任务5】标注直径和半径尺寸

1.创建直径和半径尺寸，如图5-55所示。单击【标注】面板上的按钮，启动标注直径命令。

2.取消当前样式的覆盖方式，恢复原来的样式。单击按钮，进入【标注样式管理器】对话框，在此对话框的列表框中选择【工程标注】，然后单击置为当前(U)按钮，此时系统打开一个提示性对话框，继续单击确定按钮完成。

3.标注尺寸“32”“24”“12”“20”，然后利用关键点编辑方式调整尺寸线的位置，结果如图5-54所示。

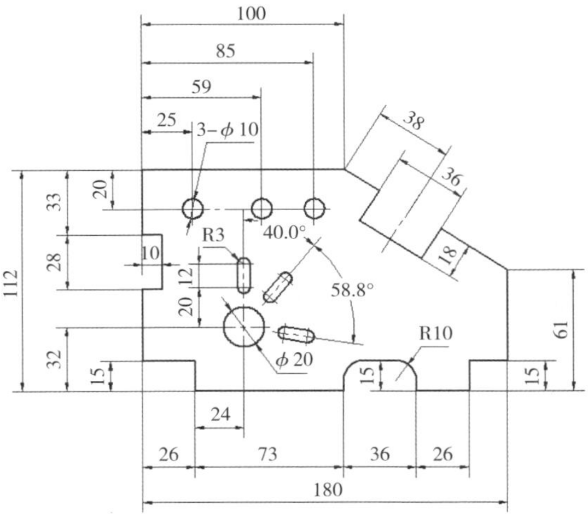

图5-54　标注直径和半径尺寸

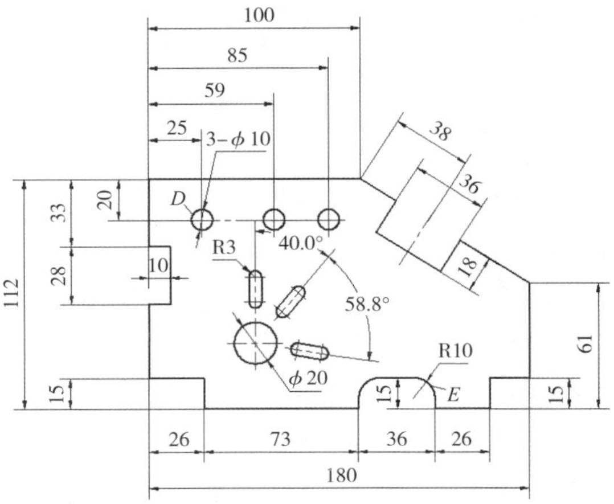

图5-55　创建直径和半径尺寸

项目训练四　利用角度尺寸样式簇标注角度训练

【任务】利用角度尺寸样式簇标注角度

1.单击【标注】面板上的按钮，打开【标注样式管理器】对话框，再单击按钮，打开【创建新标注样式】对话框，在【用于】下拉列表中选择“角度标注”，如图5-57所示。

2.单击按钮，打开【新建标注样式】对话框，进入【文字】选项卡，在该选项卡【文字对齐】分组框中选择“水平”单选项，如图5-58所示。

3.选择【主单位】选项卡，在【角度标注】分组框中设置单位格式为【度/分/秒】，精度为【0 d00′】，单击按钮完成。

4.返回AutoCAD主窗口，单击按钮，创建角度尺寸“85°15′”，然后单击按钮，创建连续标注，结果如图5-56所示。所有这些角度尺寸的外观由样式簇控制。

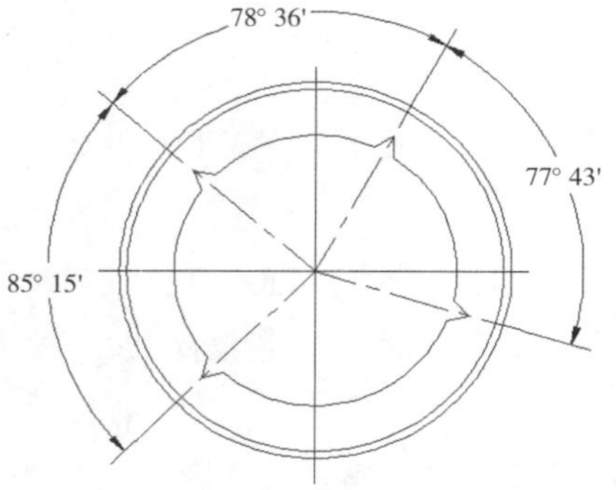

图5-56　标注角度

图5-57　【创建新标注样式】对话框

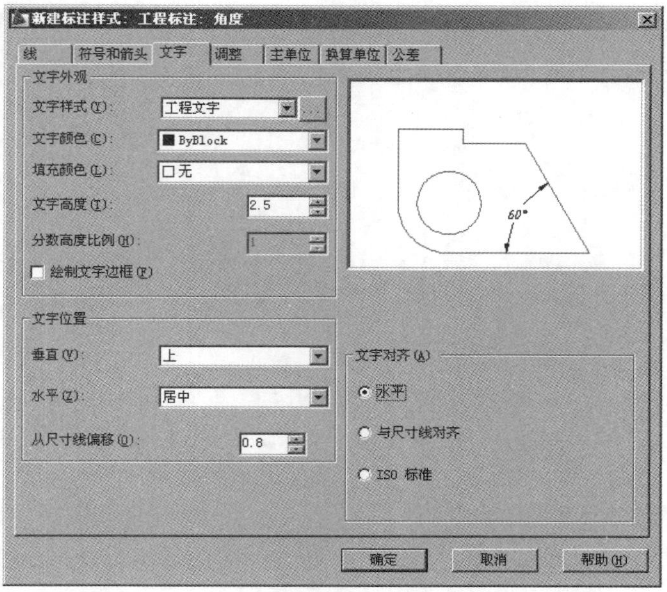

图5-58　【新建标注样式】对话框

项目训练五　标注尺寸公差及形位公差训练

【任务1】利用当前样式覆盖方式标注尺寸公差

1.打开【标注样式管理器】对话框，单击 替代(O)... 按钮，打开【替代当前样式】对话框，进入【公差】选项卡，弹出新的一页，如图5-60所示。

2.在【方式】、【精度】和【垂直位置】下拉列表中分别选择“极限偏差”“0.000”和“中”，在【上偏差】、【下偏差】和【高度比例】数值框中分别输入“0.039”“0.015”“0.75”，如图5-60所示。

3.返回AutoCAD图形窗口，发出DIMLINEAR命令。

AutoCAD提示：

命令: _dimlinear

指定第一条延伸线原点或 <选择对象>:　　//捕捉交点*A*，如图5-59所示

指定第二条延伸线原点:　　//捕捉交点*B*

指定尺寸线位置或[多行文字（M）/文字（T）/角度（A）/水平（H）/垂直（V）/旋转（R）]:　　//移动鼠标指针，指定标注文字的位置

结果如图5-59所示。

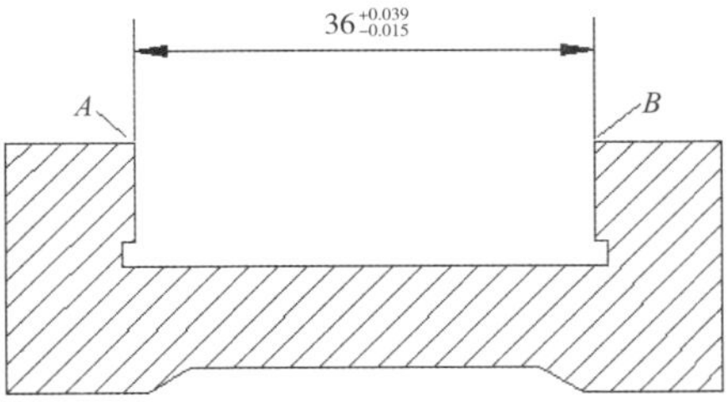

图5-59　创建尺寸公差

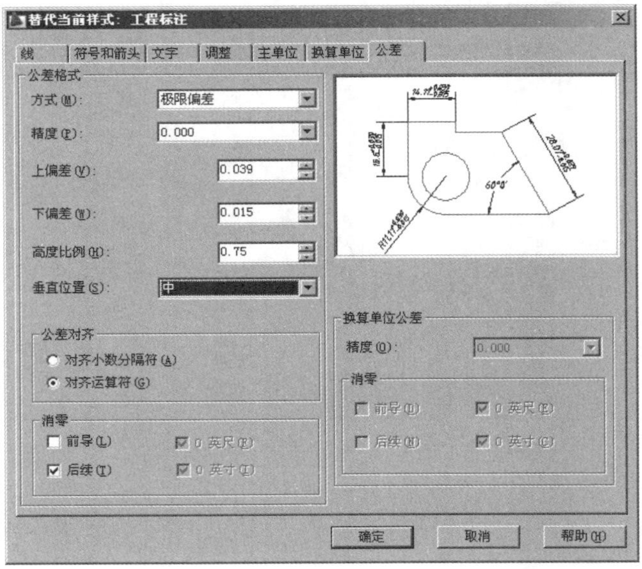

图5-60　【替代当前样式】对话框

【任务2】用QLEADER命令标注形位公差

1.键入QLEADER命令，AutoCAD提示“指定第一个引线点或[设置（S）]<设置>:”直接按Enter键，打开【引线设置】对话框，在【注释】选项卡中选择【公差】单选项，如图5-62所示。

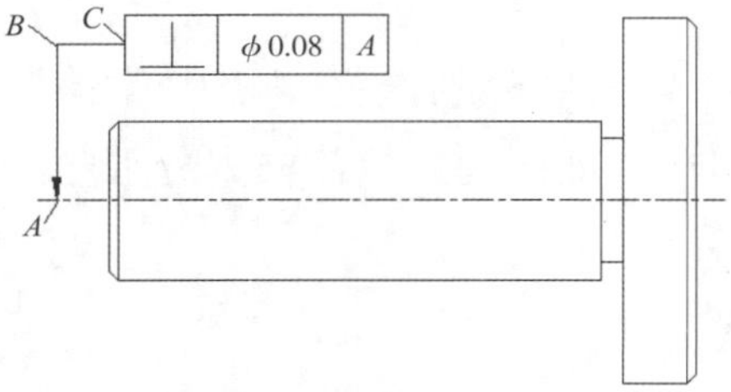

图5-61　标注形位公差

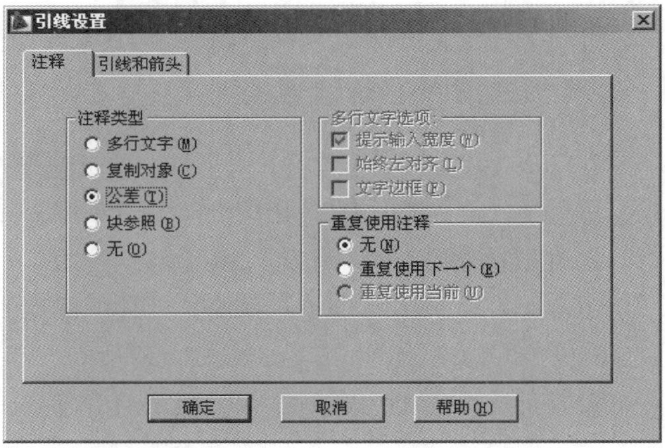

图5-62　【引线设置】对话框

2.单击确定按钮，AutoCAD提示：

指定第一个引线点或 [设置（S）]<设置>: nea到　　//在轴线上捕捉点*A*，如图5-61所示

指定下一点: <正交 开>　　//打开正交并在*B*点处单击一点

指定下一点:　　//在*C*点处单击一点

AutoCAD打开【形位公差】对话框，在此对话框中输入公差值，如图5-63所示。

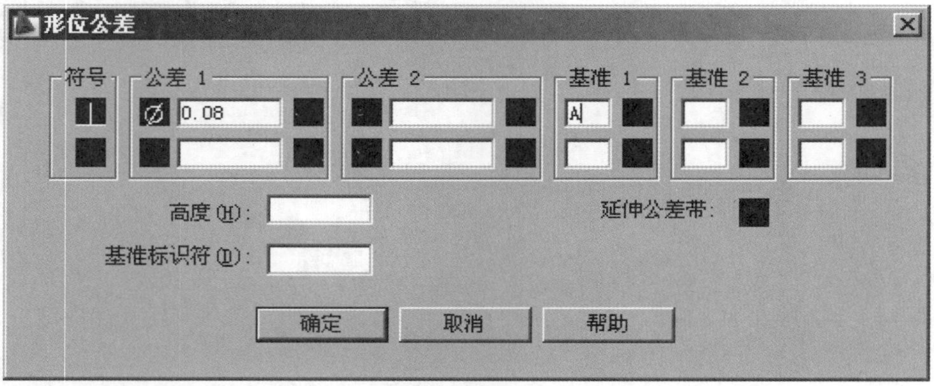

图5-63　【形位公差】对话框

3.单击确定按钮，结果如图5-61所示。

项目训练六　引线标注训练

【任务】用MLEADER命令创建引线标注

1.单击【注释】面板上的多重引线样式按钮，打开【多重引线样式管理器】对话框，如图5-65所示，利用该对话框可新建、修改、重命名或删除引线样式。

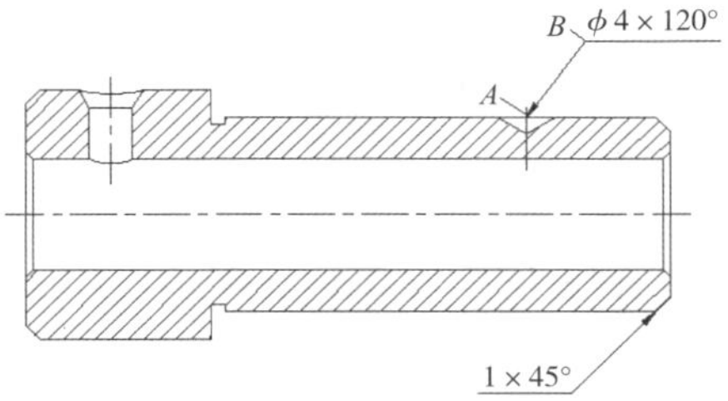

图5-64　创建引线标注

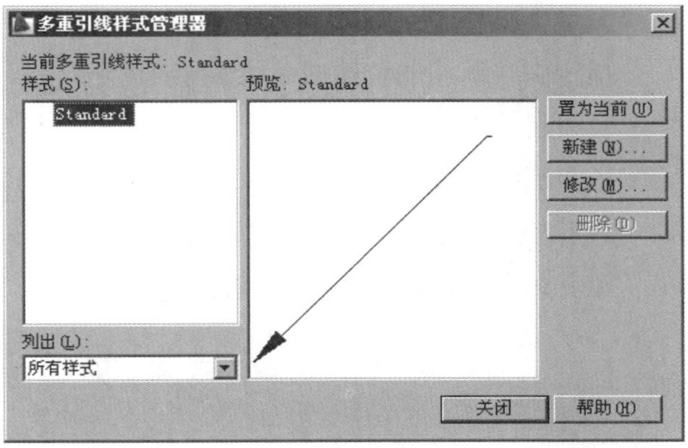

图5-65　【多重引线样式管理器】对话框

2.单击修改(M)...按钮，打开【修改多重引线样式】对话框（图5-68），在该对话框中完成以下设置。

- 【引线格式】选项卡设置的选项如图5-66所示。
- 【引线结构】选项卡设置的选项如图5-67所示。

文本框中的数值表示基线的长度。

- 【内容】选项卡设置的选项如图5-68所示。其中，【基线间隙】框中的数值表示基线与标注文字间的距离。

3.单击【注释】面板上的按钮，启动创建引线标注命令。

图5-66　【引线格式】选项卡

图5-67　【引线结构】选项卡

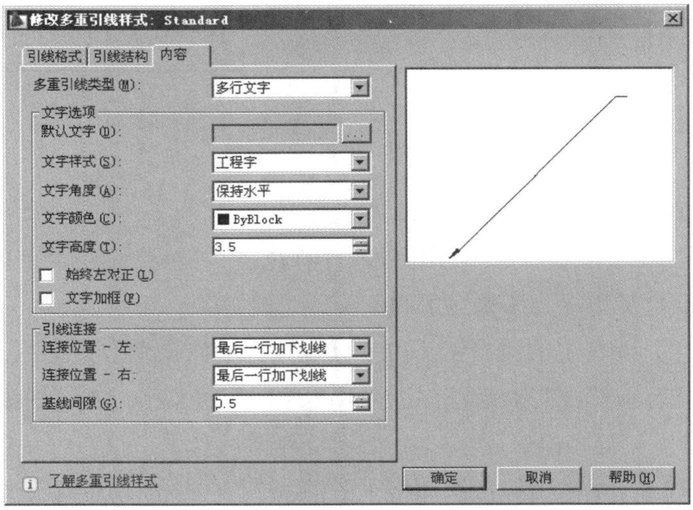

图5-68　【修改多重引线样式】对话框

命令: _mleader

指定引线箭头的位置或 [引线基线优先（L）/内容优先（C）/选项（O）] <选项>: //指定引线起始点A，如图5-64所示

指定引线基线的位置　　　//指定引线下一个点B

//启动在位文字编辑器，然后输入标注文字“φ4´120°”

重复命令，创建另一个引线标注，结果如图5-64所示。

要点提示　创建引线标注时，若文本或指引线的位置不合适，则可利用关键点编辑方式进行调整。

项目训练七　编辑尺寸标注训练

【任务】修改标注文字内容及调整标注位置

如图5-69（1）所示，修改标注文字内容及调整标注位置等，结果如图5-69（2）所示。

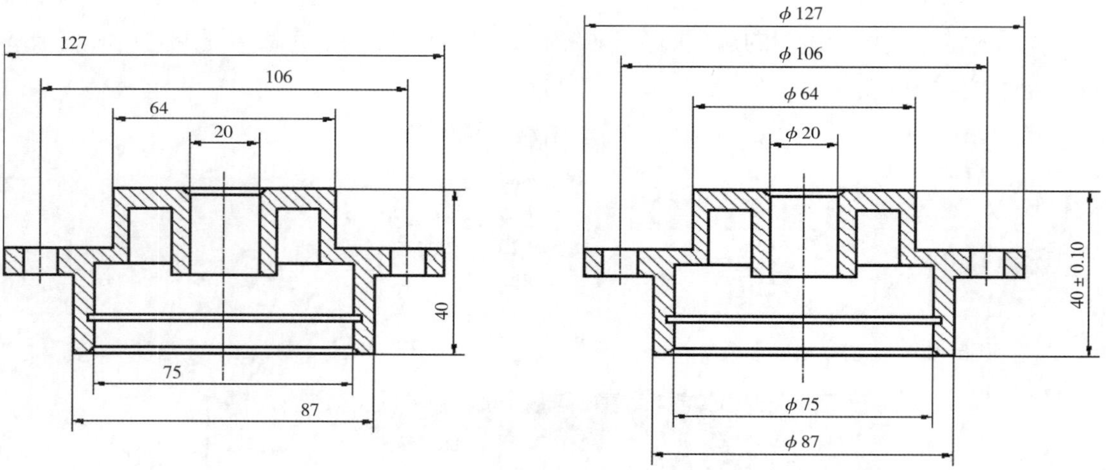

（1）　　　（2）

图5-69　编辑尺寸标注

1.用DDEDIT命令将尺寸“40”修改为“40 ± 0.10”。

2.选择尺寸“40 ± 0.10”，并激活文本所在处的关键点，AutoCAD自动进入拉伸编辑模式，向右移动鼠标光标，调整文本的位置，结果如图5-70所示。

3.单击【标注】面板上的按钮，打开【标注样式管理器】对话框，再单击替代(O)...按钮，打开【替代当前样式】对话框，进入【主单位】选项卡，在【前缀】栏中输入直径代号“%%C”。

4.返回图形窗口，单击【标注】面板上的按钮，AutoCAD提示“选择对象”，选择尺寸“127”“106”等，按Enter键，结果如图5-71所示。

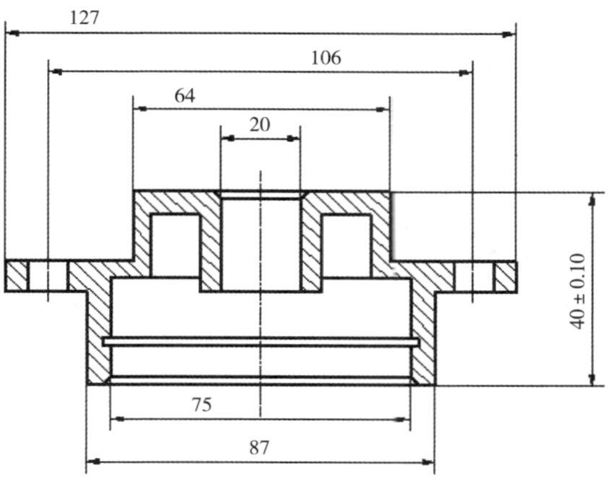

图5-70　修改标注文字内容

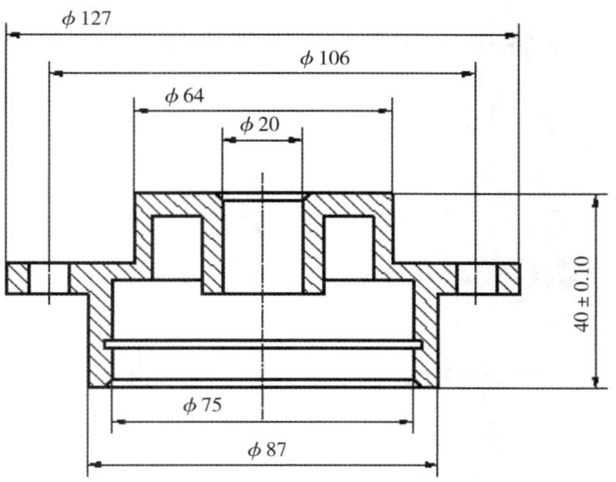

图5-71　更新尺寸标注

5.调整平行尺寸线间的距离，如图5-72所示。

单击【标注】工具栏上的按钮，启动DIMSPACE命令。结果如图5-72所示。

命令: _DIMSPACE

选择基准标注:　　//选择“φ20”

选择要产生间距的标注:找到 1 个　　//选择“φ64”

选择要产生间距的标注:找到 1 个，总计 2 个　　//选择“φ106”

选择要产生间距的标注:找到 1 个，总计 3 个　　//选择“φ127”

选择要产生间距的标注:　　//按Enter键

输入值或 [自动（A）] <自动>: 12　　//输入间距值并按Enter键

6.用PROPERTIES命令将所有标注文字的高度改为3.5，然后利用关键点编辑方式调整部分标注文字的位置，结果如图5-73所示。

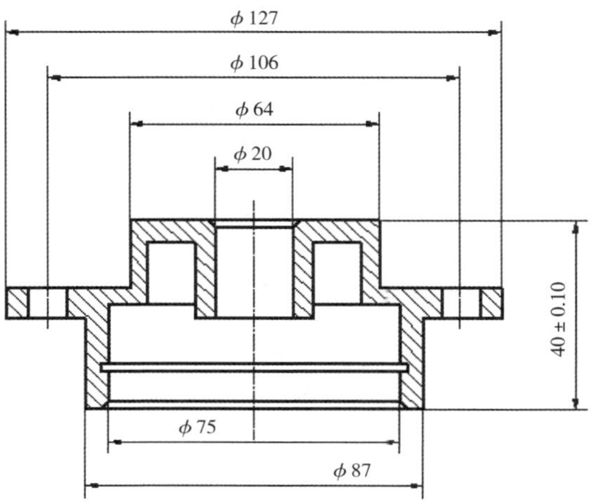

图5-72　调整平行尺寸线间的距离

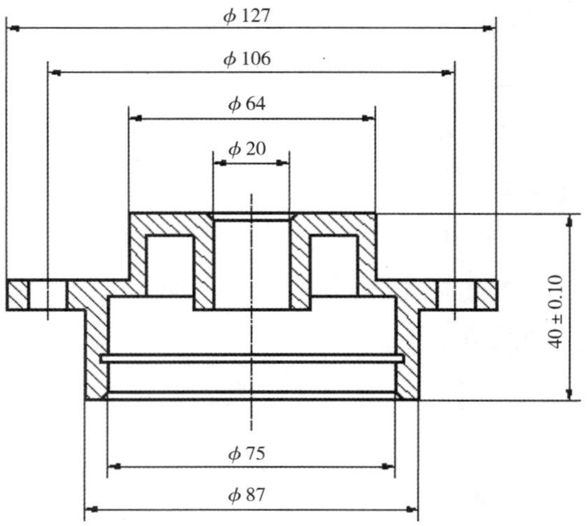

图5-73　修改标注文字的高度

【综合练习】尺寸标注综合训练

【练习1】标注图5-74。

1.建立一个名为"标注层"的图层，设置图层颜色为绿色，线型为Continuous，并使其成为当前层。

2.创建新文字样式，样式名为"标注文字"，与该样式相连的字体文件是"gbeitc.shx"和"gbcbig.shx"。

3.创建一个尺寸样式，名称为"国标标注"，对该样式做以下设置。

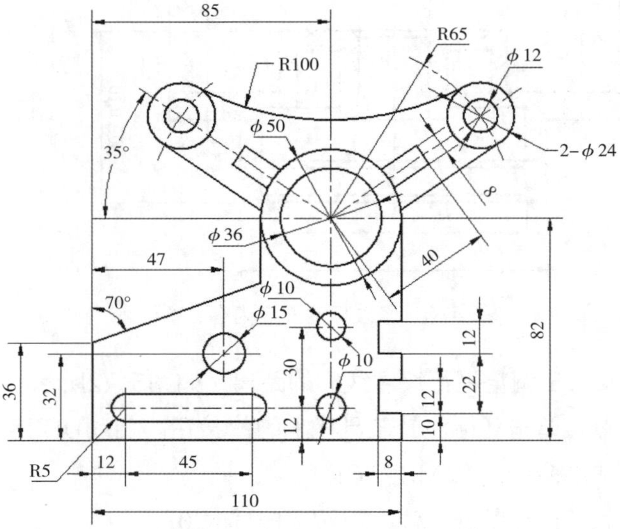

图5-74　标注平面图形（1）

● 标注文本链接【标注文字】，文字高度为"2.5"，精度为【0.0】，小数点格式是【句点】。

●标注文本与尺寸线间的距离是"0.8"。

●箭头大小为"2"。

●尺寸界线超出尺寸线长度为"2"。

●尺寸线起始点与标注对象端点间的距离为"0"。

●标注基线尺寸时，平行尺寸线间的距离为"6"。

●标注全局比例因子为"2"。

●使"国标标注"成为当前样式。

4.打开对象捕捉，设置捕捉类型为【端点】和【交点】。标注尺寸，结果如图5-74所示。

【练习2】标注图5-75。

【练习3】标注图5-76。

【练习4】标注图5-77。

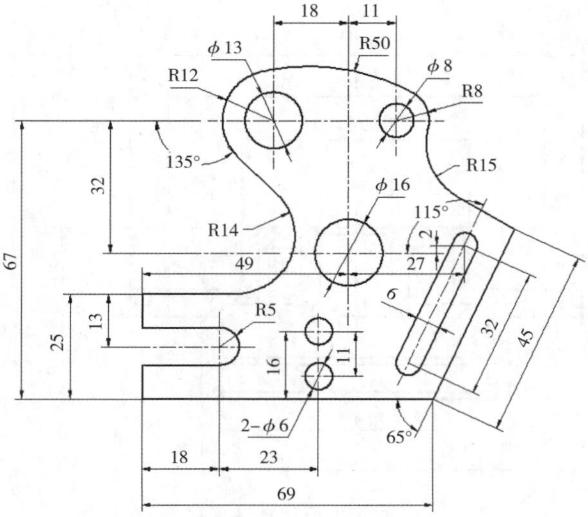

图5-75　标注平面图形（2）

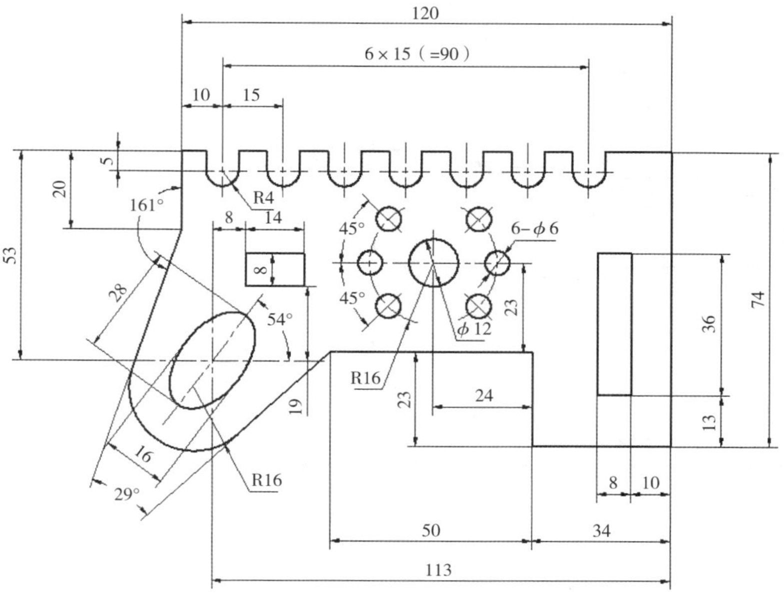

图5-76　标注平面图形（3）

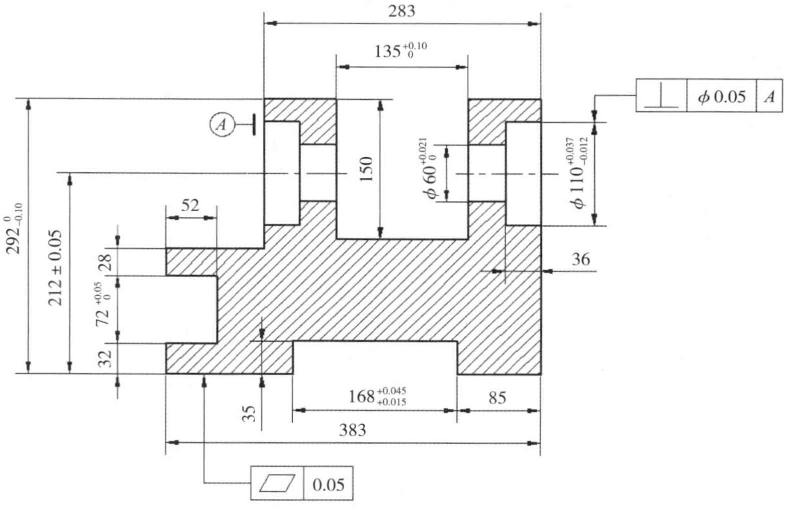

图5-77　创建尺寸公差及形位公差

【练习5】标注传动轴零件图。

标注结果如图5-78所示。零件图图幅选用A3幅面，绘图比例为2：1，标注字高为2.5，字体为“gbeitc.shx”，标注总体比例因子为0.5。

1.打开包含标准图框及表面粗糙度符号的图形文件，如图5-79所示。在图形窗口中单击鼠标右键，弹出快捷菜单，选择【带基点复制】命令，然后指定A3图框的右下角为基点，再选择该图框及表面粗糙度符号。

2.切换到当前零件图，在图形窗口中单击鼠标右键，弹出快捷菜单，选择【粘贴】命令，把A3图框复制到当前图形中，结果如图5-80所示。

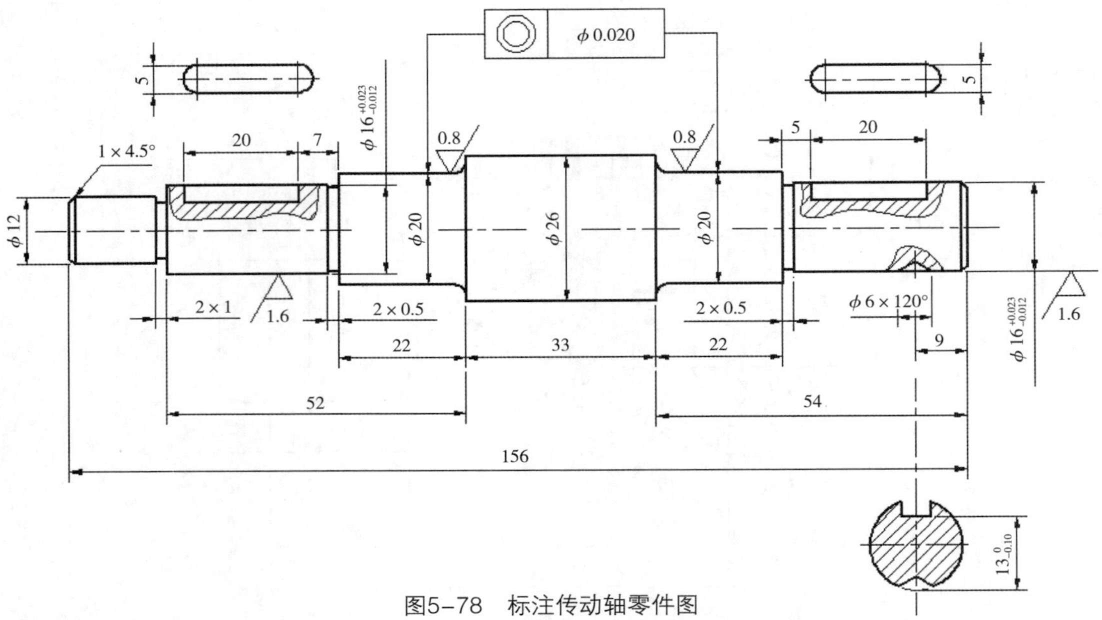

图5-78　标注传动轴零件图

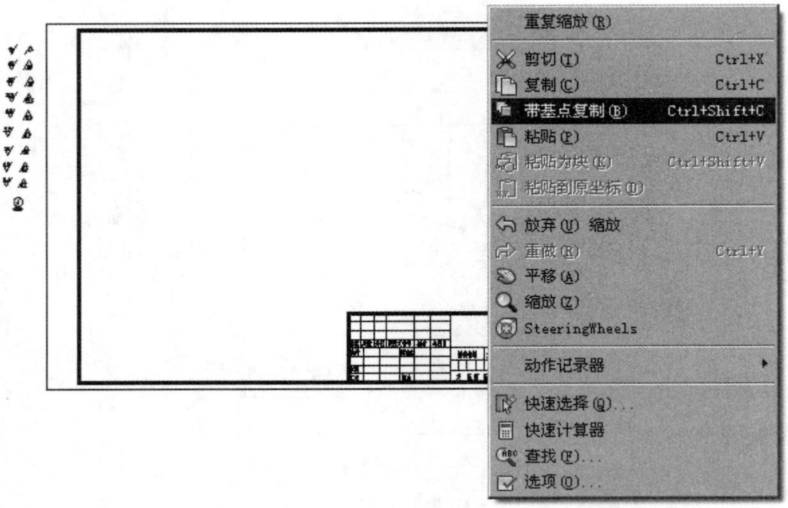

图5-79　复制图框

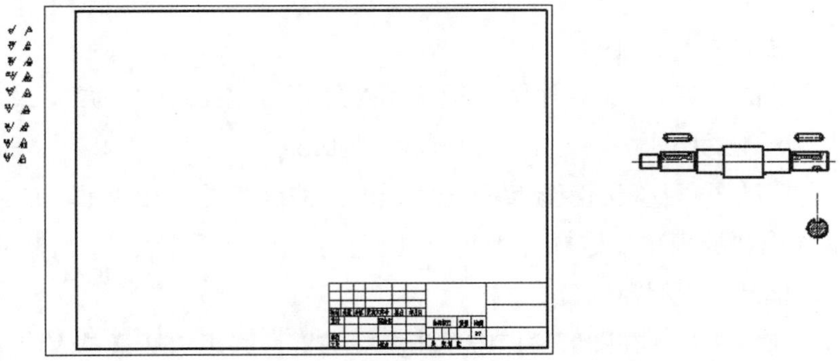

图5-80　粘贴图框

3.用SCALE命令把A3图框和表面粗糙度符号缩小50%。

4.创建新文字样式，样式名为“标注文字”，与该样式相连的字体文件是“gbeitc.shx”和“gbcbig.shx”。

5.创建一个尺寸样式，名称为“国标标注”，对该样式做以下设置。

● 标注文本链接【标注文字】，文字高度为“2.5”，精度为【0.0】，小数点格式是【句点】。

● 标注文本与尺寸线间的距离是“0.8”。

● 箭头大小为“2”。

● 尺寸界线超出尺寸线长度为“2”。

● 尺寸线起始点与标注对象端点间的距离为“0”。

● 标注基线尺寸时，平行尺寸线间的距离为“6”。

● 标注全局比例因子为“0.5”（绘图比例的倒数）。

● 使“国标标注”成为当前样式。

6.用MOVE命令将视图放入图框内，创建尺寸，再用COPY及ROTATE命令标注表面粗糙度，结果如图5-78所示。

【练习6】标注微调螺杆零件图。

标注结果如图5-81所示。图幅选用A3，绘图比例为2：1，尺寸文字字高为3.5，技术要求中的文字字高分别为5和3.5。中文字体采用“gbcbig.shx”，西文字体采用“gbeitc.shx”。

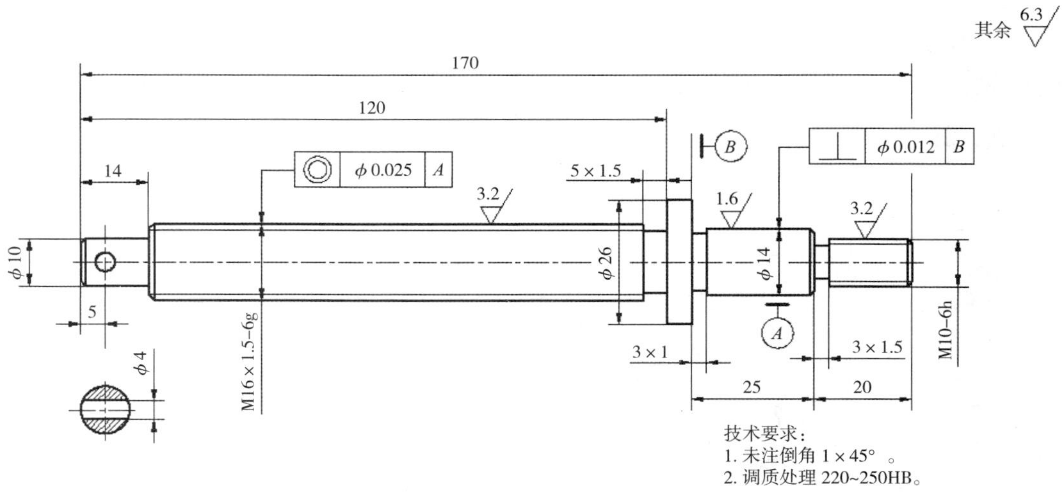

图5-81　标注微调螺杆零件图

【练习7】标注传动箱盖零件图。

标注结果如图5-82所示。图幅选用A3，绘图比例为1∶2.5，尺寸文字字高为3.5，技术要求中的文字字高分别为5和3.5。中文字体采用“gbcbig.shx”，西文字体采用“gbeitc.shx”。

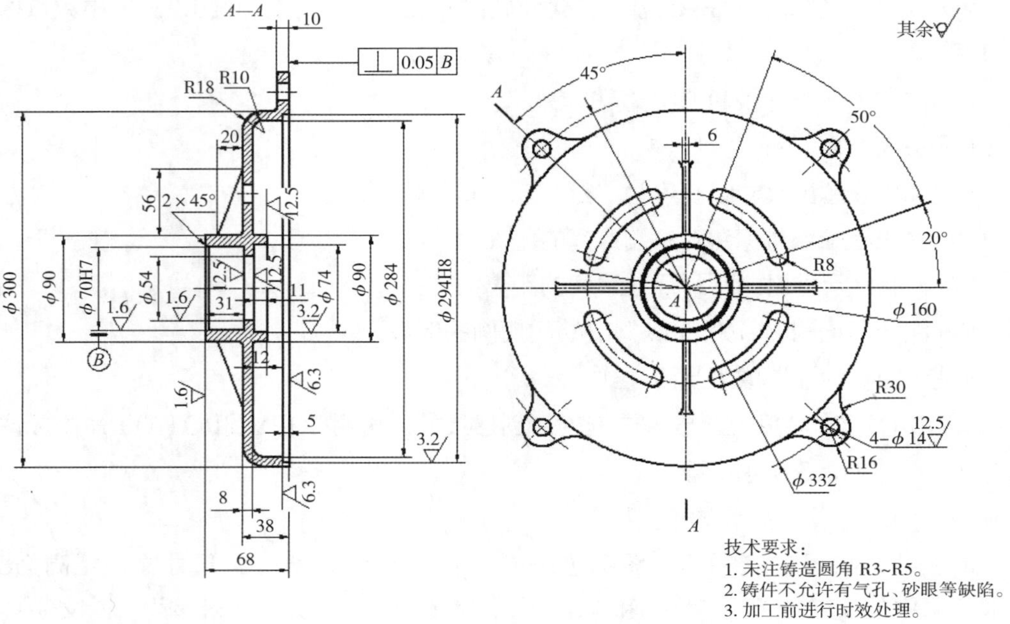

图5-82 标注传动箱盖零件图

【练习8】标注尾座零件图。

标注结果如图5-83所示。图幅选用A3，绘图比例为1∶1，尺寸文字字高为3.5，技术要求中的文字字高分别为5和3.5。中文字体采用“gbcbig.shx”，西文字体采用“gbeitc.shx”。

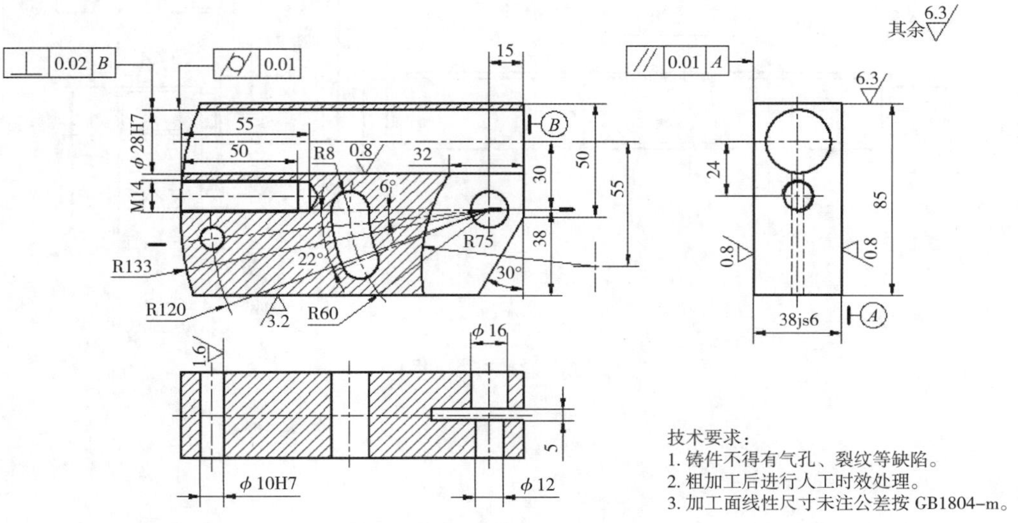

图5-83 标注尾座零件图

【习题】

1.在图中添加单行文字，如图5–84所示。文字字高为3.5，中文字体采用“gbcbig.shx”，西文字体采用“gbeitc.shx”。

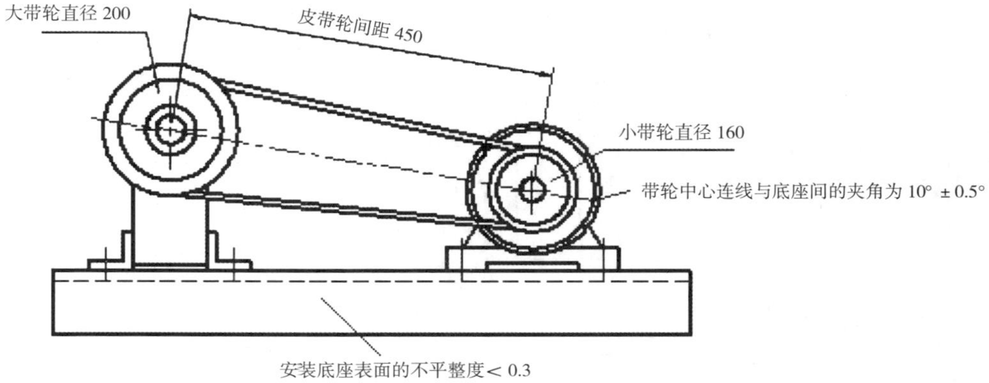

图5–84　书写单行文字

2.在图中添加多行文字，如图5–85所示。图中的文字特性如下。

●“弹簧总圈数……”及“加载到……”：文字字高为5，中文字体采用“gbcbig.shx”，西文字体采用“gbeitc.shx”。

●“检验项目”：文字字高为4，字体采用“黑体”。

●“检验弹簧……”：文字字高为3.5，字体采用“楷体”。

3.请在图中添加单行及多行文字，如图5–86所示，图中的文字特性如下。

●单行文字字体为“宋体”，字高为“10”，其中部分文字沿60°方向书写，字体倾斜角度为30°。

●多行文字字高为“12”，字体为“黑体”。

4.标注平面图形，结果如图5–87所示。

5.标注法兰盘零件图，结果如图5–88所示。零件图图幅选用A3幅面，绘图比例为1∶1.5，标注字高为3.5，字体为“gbeitc.shx”，标注全局比例因子为1.5。

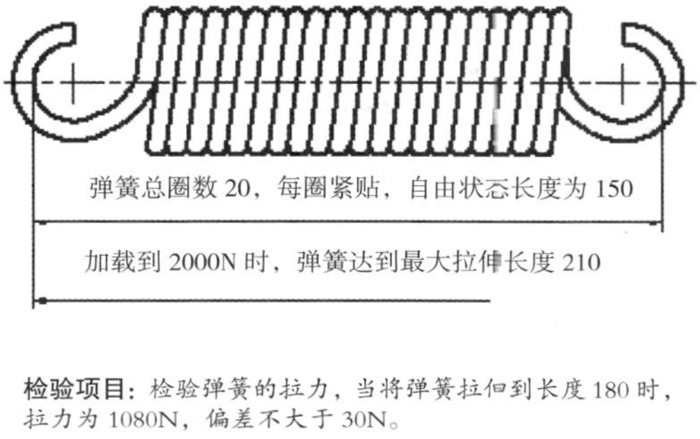

弹簧总圈数 20，每圈紧贴，自由状态长度为 150
加载到 2000N 时，弹簧达到最大拉伸长度 210
检验项目：检验弹簧的拉力，当将弹簧拉伸到长度 180 时，拉力为 1080N，偏差不大于 30N。

图5–85　书写多行文字

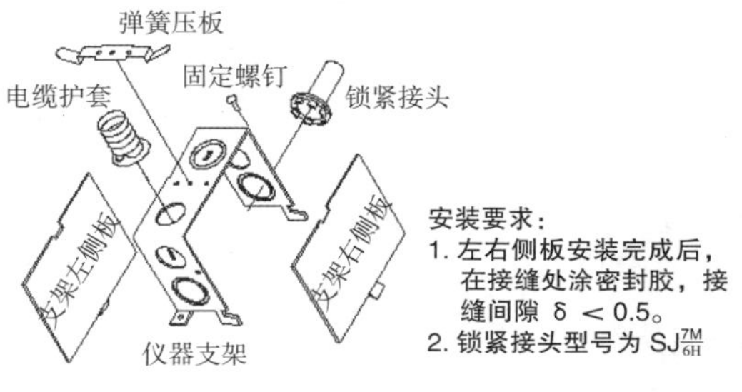

图5–86　书写单行及多行文字

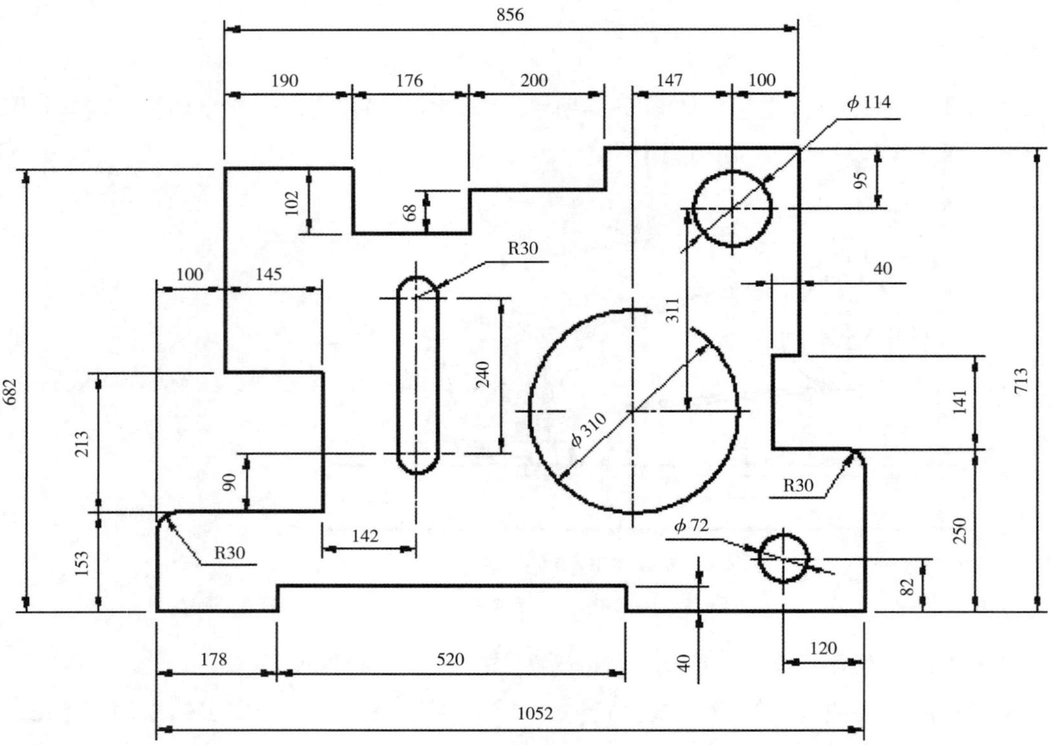

图5–87　标注平面图形

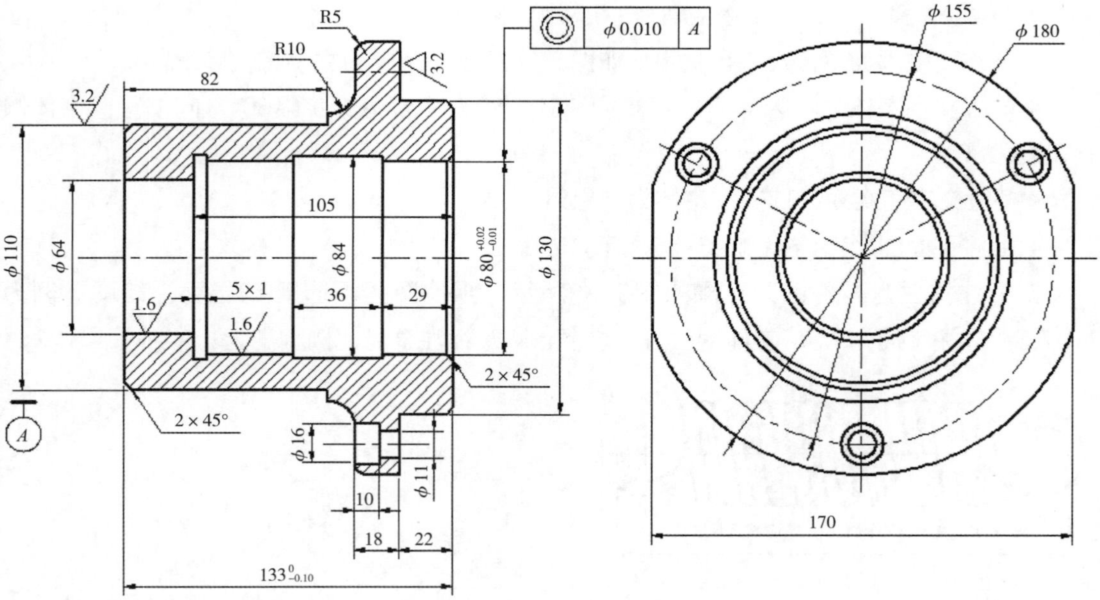

图5–88　标注法兰盘零件图

模块训练六　零件图

项目训练　典型零件图绘制训练

【任务1】绘制传动轴零件图

如图6-1所示，此练习的目的是掌握用AutoCAD绘制轴类零件的方法和一些作图技巧。

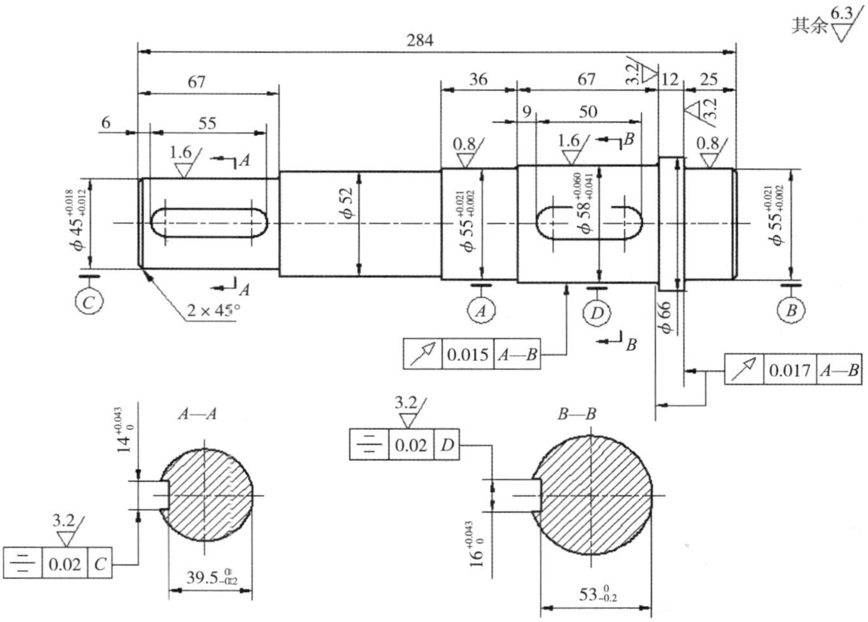

图6-1　传动轴零件图

1.创建以下图层。

名称	颜色	线型	线宽
轮廓线层	白色	Continuous	0.50
中心线层	红色	CENTER	默认
剖面线层	绿色	Continuous	默认
文字说明层	绿色	Continuous	默认
尺寸标注层	绿色	Continuous	默认

2.设定绘图区域大小为200 × 200。单击【实用程序】工具栏上的按钮，使绘图区域充满整个图形窗口。

3.通过【线型控制】下拉列表打开【线型管理器】对话框，在此对话框中设定线型全局比例因子为“0.3”。

4.打开极轴追踪、对象捕捉及捕捉追踪功能。设置极轴追踪角度增量为“90”，设置对象捕捉方式为【端点】、【圆心】及【交点】。

5.切换到轮廓线层。绘制零件的轴线*A*及左端面线*B*，结果如图6-2（1）所示。线段*A*的长度约为350，线段*B*的长度约为100。

6.以线段*A*、*B*为作图基准线，使用OFFSET和TRIM命令形成轴左边的第1段、第2段和第3段，结果如图6-2（2）所示

7.用同样方法绘制轴的其余3段，结果如图6-3（1）所示。

8.用CIRCLE、LINE、TRIM等命令绘制键槽及剖面图，结果如图6-3（2）所示。

9.倒角，然后填充剖面图案，结果如图6-4所示。

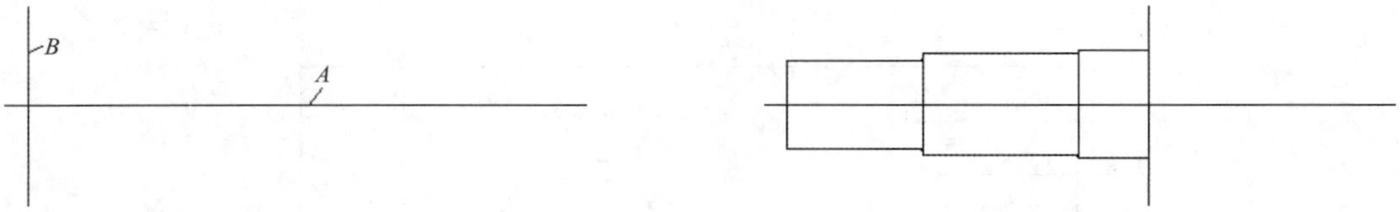

（1）　　　　（2）

图6-2　绘制轴左边的第1段、第2段等

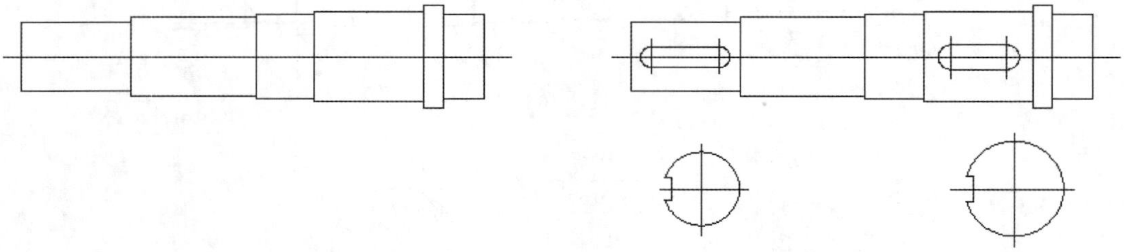

（1）　　　　（2）

图6-3　绘制轴的其余各段

10.将轴线和定位线等放置到中心线层上，将剖面图案放置到剖面线层上。

11.切换到尺寸标注层，标注尺寸及表面粗糙度，如图6-1所示。尺寸文字字高为3.5，标注全局比例因子为1.5。

12.切换到文字说明层，书写技术要求。“技术要求”字高为5 × 1.5=7.5，其余文字字高为3.5 × 1.5=5.25。中文字体采用“gbcbig.shx”，西文字体采用“gbeitc.shx”。

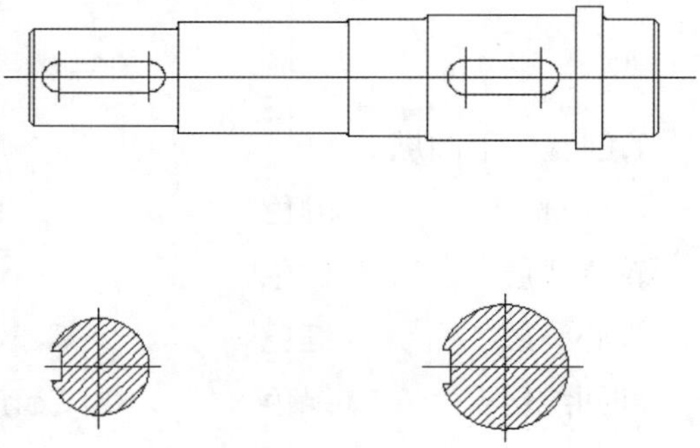

图6-4　倒角及填充剖面图案

【任务2】绘制连接盘零件图

如图6-5所示，这个练习的目的是使读者掌握用AutoCAD绘制盘盖类零件的方法和一

些作图技巧。主要作图步骤如下：

1.创建以下图层。

名称	颜色	线型	线宽
轮廓线层	白色	Continuous	0.50
中心线层	红色	CENTER	默认
剖面线层	绿色	Continuous	默认
文字说明层	绿色	Continuous	默认
尺寸标注层	绿色	Continuous	默认

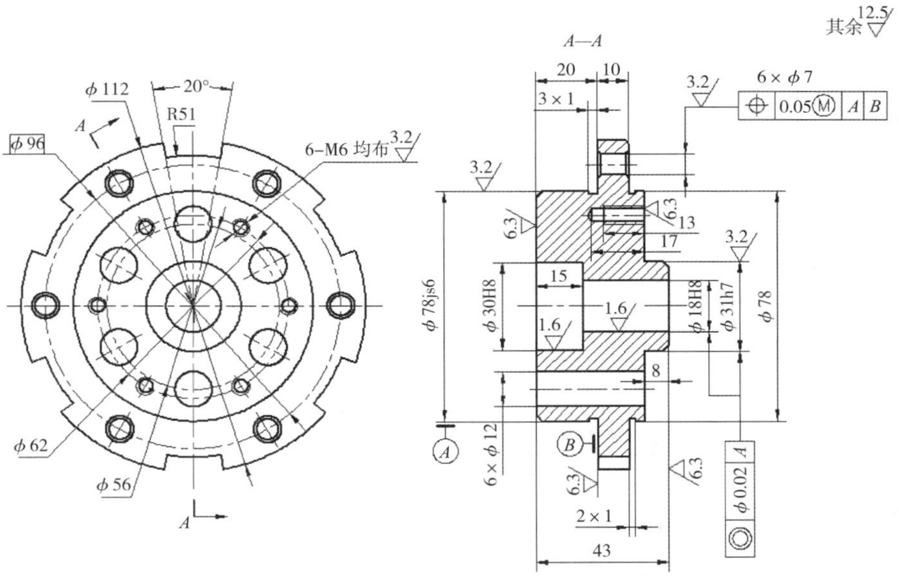

图6–5　连接盘零件图

2.设定绘图区域大小为200 × 200。单击【实用程序】工具栏上的按钮，使绘图区域充满整个图形窗口。

3.通过【线型控制】下拉列表打开【线型管理器】对话框，在此对话框中设定线型全局比例因子为“0.3”。

4.打开极轴追踪、对象捕捉及捕捉追踪功能。设置极轴追踪角度增量为“90”，设置对象捕捉方式为【端点】、【圆心】及【交点】。

5.切换到轮廓线层。绘制水平及竖直定位线，线段的长度约为150，如图6–6（1）所示。用CIRCLE、ROTATE、ARRAY等命令形成主视图细节，结果如图6–6（2）所示。

6.用XLINE命令绘制水平投影线，再用LINE命令绘制左视图的作图基准线，结果如图6–7所示。

7.用OFFSET、TRIM等命令形成左视图细节，结果如图6–8所示。

8.创建倒角及填充剖面等，然后将定位线及剖面线分别修改到中心线层及剖面线层上，结果如图6–9所示。

9.切换到尺寸标注层，标注尺寸及表面粗糙度。尺寸文字字高为3.5，标注全局比例因子为1（图6-5）。

10.切换到文字说明层，书写技术要求。“技术要求”字高为5，其余文字字高为3.5。中文字体采用“gbcbig.shx”，西文字体采用“gbeitc.shx”。

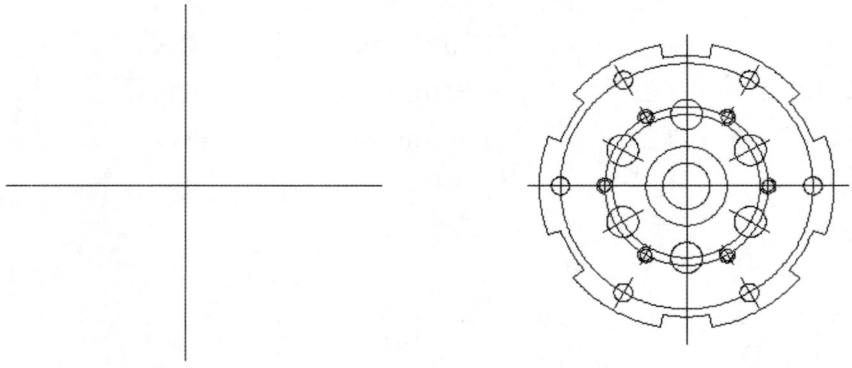

（1）　　（2）

图6-6　绘制定位线及主视图细节

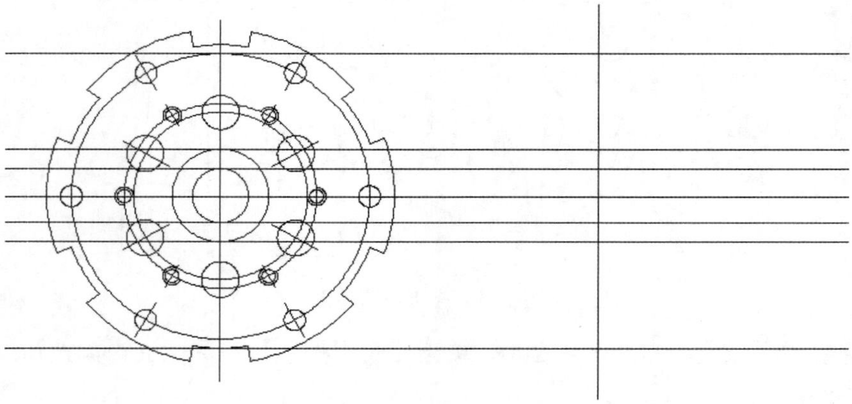

图6-7　绘制水平投影线及左视图的作图基准线

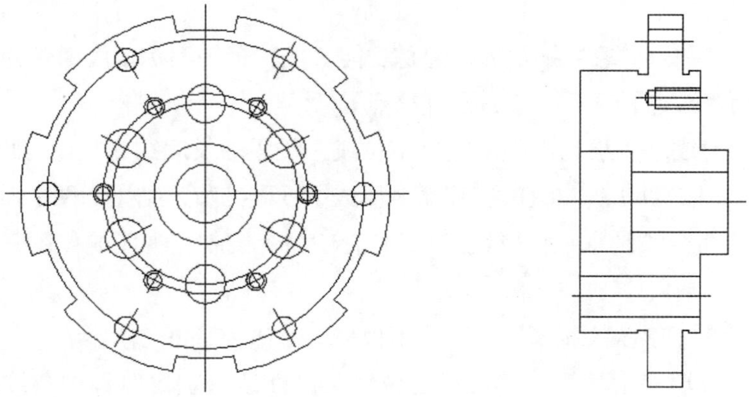

图6-8　绘制左视图细节

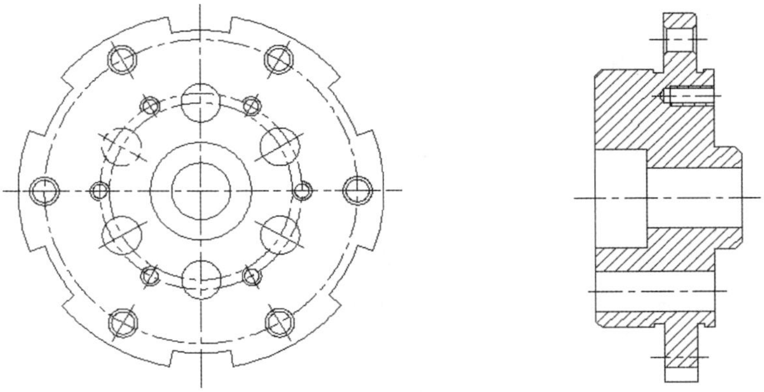

图6-9　倒角及填充剖面图案等

【任务3】绘制转轴支架零件图

如图6-10所示，此练习的目的是掌握用AutoCAD绘制叉架类零件的方法和一些作图技巧。

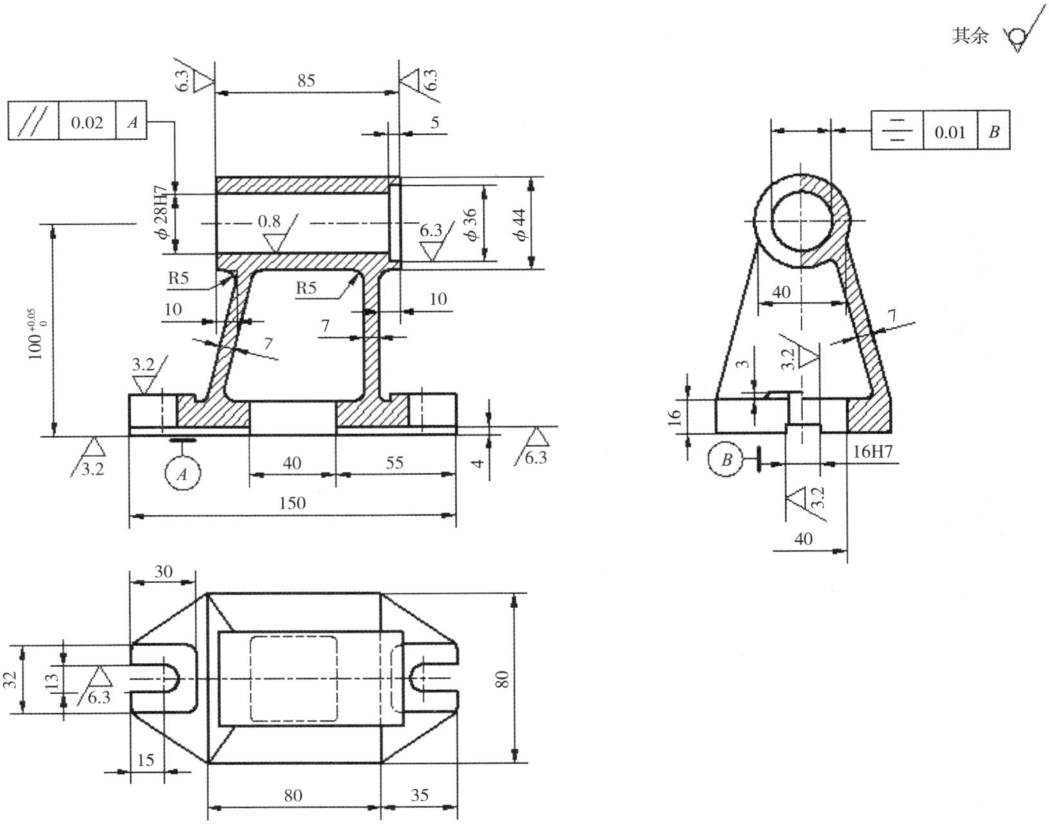

图6-10　转轴支架零件图

1.创建以下图层。

名称	颜色	线型	线宽
轮廓线层	白色	Continuous	0.50
中心线层	红色	CENTER	默认
虚线层	黄色	DASHED	默认
剖面线层	绿色	Continuous	默认
文字说明层	绿色	Continuous	默认
尺寸标注层	绿色	Continuous	默认

2.设定绘图区域大小为300 × 300。单击【实用程序】工具栏上的按钮，使绘图区域充满整个图形窗口。

3.通过【线型控制】下拉列表打开【线型管理器】对话框，在此对话框中设定线型全局比例因子为“0.3”。

4.打开极轴追踪、对象捕捉及捕捉追踪功能。设置极轴追踪角度增量为“90”，设置对象捕捉方式为【端点】、【圆心】及【交点】。

5.切换到轮廓线层。绘制水平及竖直作图基准线，线段的长度约为200，如图6-11（1）所示。用OFFSET、TRIM等命令形成主视图细节，结果如图6-11（2）所示

6.从主视图绘制水平投影线，再绘制左视图的对称线，结果如图6-12（1）所示。用CIRCLE、OFFSET、TRIM等命令形成左视图细节，结果如图6-12（2）所示。

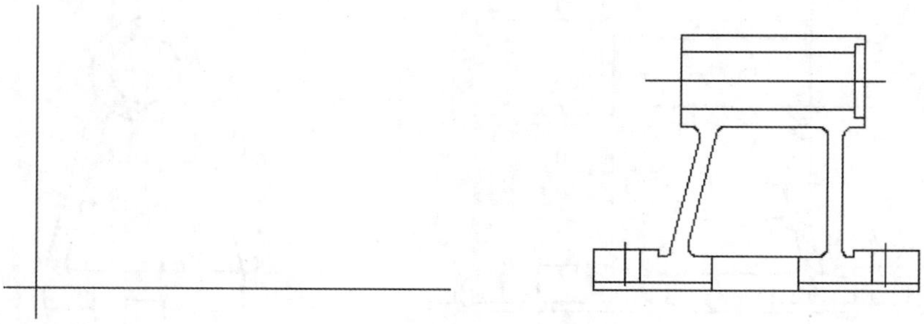

（1）　　（2）

图6-11　绘制作图基准线及主视图细节

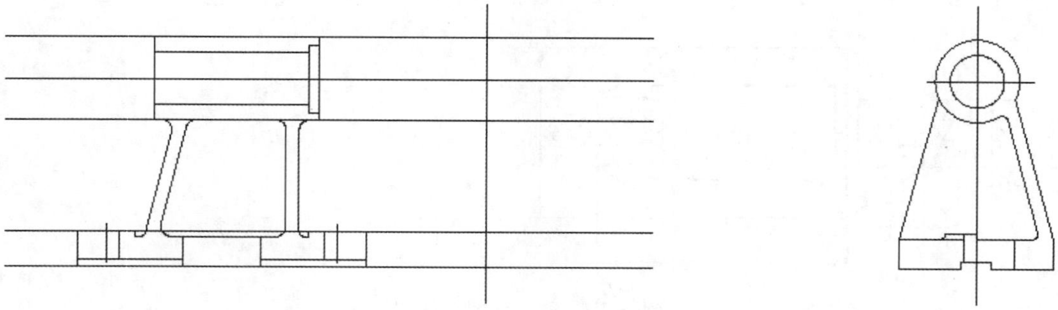

（1）　　（2）

图6-12　绘制水平投影线及左视图细节

7.复制并旋转左视图，然后向俯视图绘制投影线，结果如图6-13所示。

8.用CIRCLE、OFFSET、TRIM等命令形成俯视图细节，然后将定位线及剖面线分别修改到中心线层及剖面线层上，结果如图6-14所示。

9.切换到尺寸标注层，标注尺寸及表面粗糙度。尺寸文字字高为3.5，标注全局比例因子为1.5（图6-10）。

10.切换到文字说明层，书写技术要求。“技术要求”字高为5×1.5 = 7.5，其余文字字高为3.5×1.5 = 5.25。中文字体采用“gbcbig.shx”，西文字体采用“gbeitc.shx”。

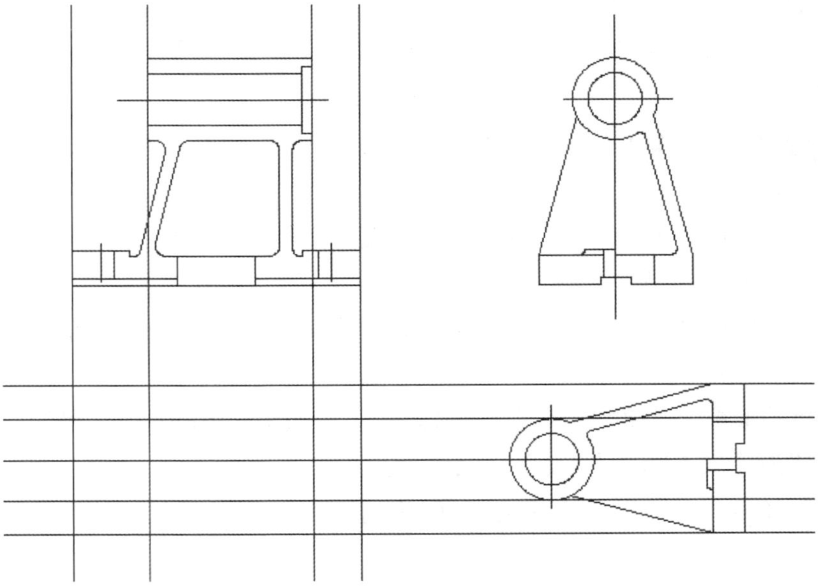

图6-13　绘制投影线等

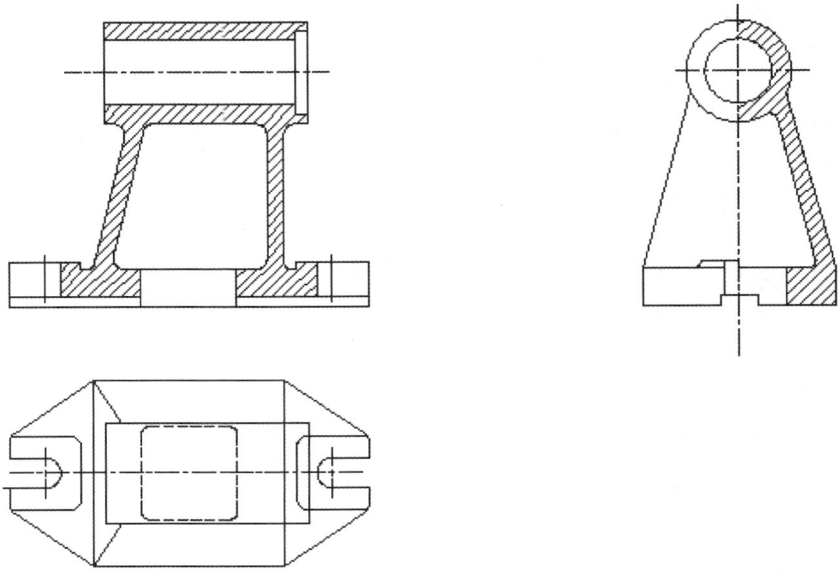

图6-14　绘制俯视图细节

【任务4】绘制蜗轮箱零件图

如图6–15所示，此练习的目的是掌握用AutoCAD绘制箱体类零件的方法和一些作图技巧。

1.创建以下图层。

名称	颜色	线型	线宽
轮廓线层	白色	Continuous	0.50
中心线层	红色	CENTER	默认
虚线层	黄色	DASHED	默认
剖面线层	绿色	Continuous	默认
文字说明层	绿色	Continuous	默认
尺寸标注层	绿色	Continuous	默认

2.设定绘图区域大小为300 × 300。单击【实用程序】工具栏上的按钮，使绘图区域充满整个图形窗口。

3.通过【线型控制】下拉列表打开【线型管理器】对话框，在此对话框中设定线型全局比例因子为“0.3”。

4.打开极轴追踪、对象捕捉及捕捉追踪功能。设置极轴追踪角度增量为“90”，设置对象捕捉方式为【端点】、【圆心】及【交点】。

5.切换到轮廓线层。绘制水平及竖直作图基准线，线段的长度约为200，如图6–16

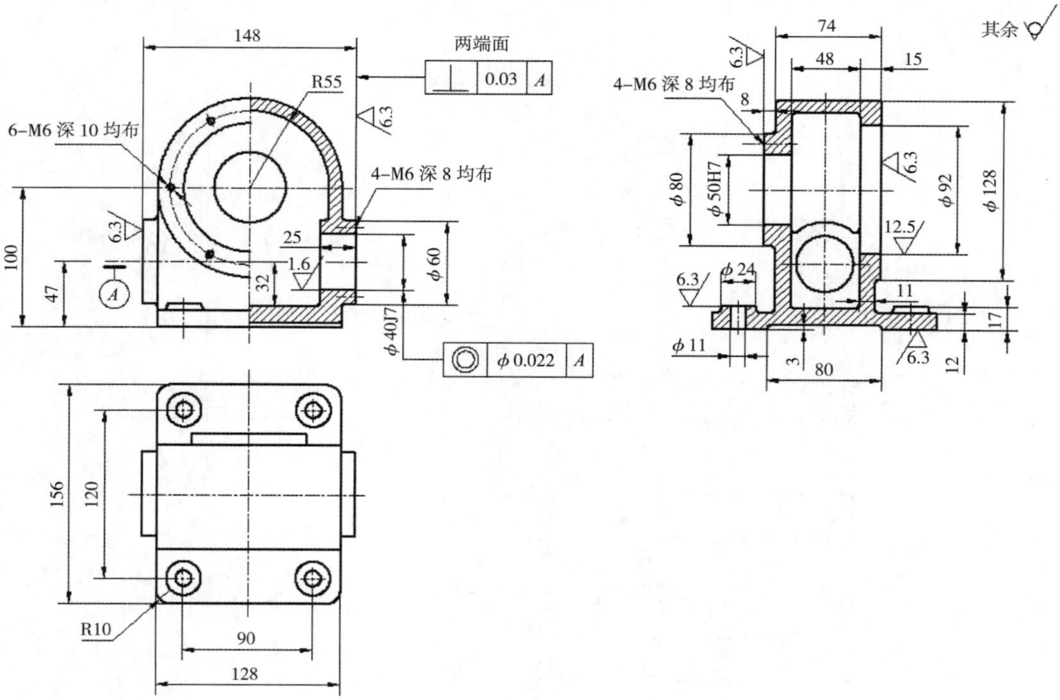

图6–15　蜗轮箱零件图

（1）所示。用CIRCLE、OFFSET、TRIM等命令形成主视图细节，结果如图6–16（2）所示。

6.从主视图绘制水平投影线，再绘制左视图的对称线，如图6–17（1）所示。用CIRCLE、OFFSET、TRIM等命令形成左视图细节，结果如图6–17（2）所示。

7.复制并旋转左视图，然后向俯视图绘制投影线，结果如图6–18所示。

8.用CIRCLE、OFFSET、TRIM等命令形成俯视图细节，然后将定位线及剖面线分别修改到中心线层及剖面线层上，结果如图6–19所示。

9.切换到尺寸标注层，标注尺寸及表面粗糙度。尺寸文字字高为3.5，标注总体比例因子为2（图6–15）。

10.切换到文字说明层，书写技术要求。“技术要求”字高为5×2 = 10，其余文字字高为3.5×2 = 7。中文字体采用“gbcbig.shx”，西文字体采用“gbeitc.shx”。

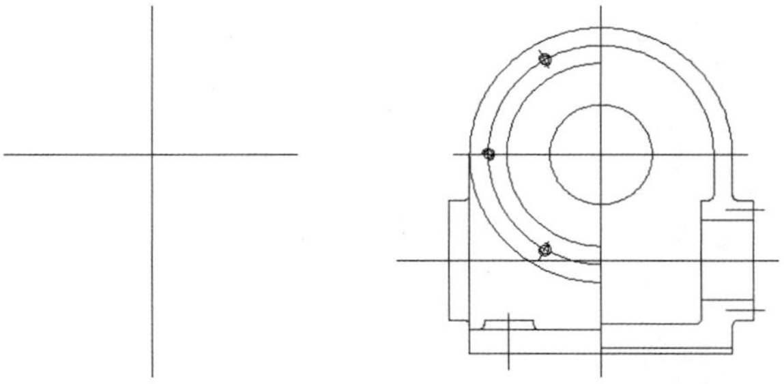

（1）　　（2）

图6–16　绘制作图基准线及主视图细节

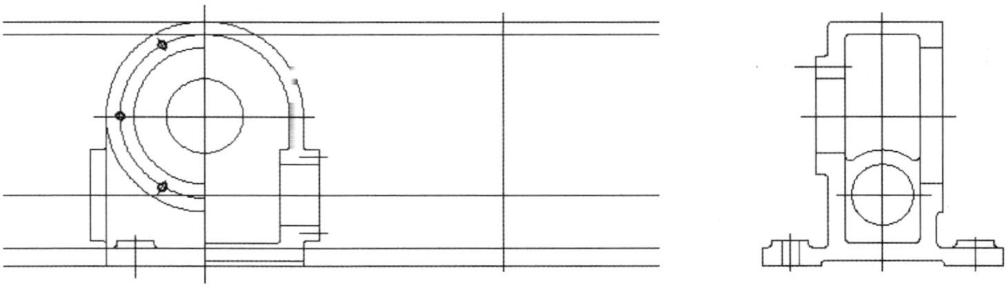

（1）　　（2）

图6–17　绘制水平投影线及左视图细节

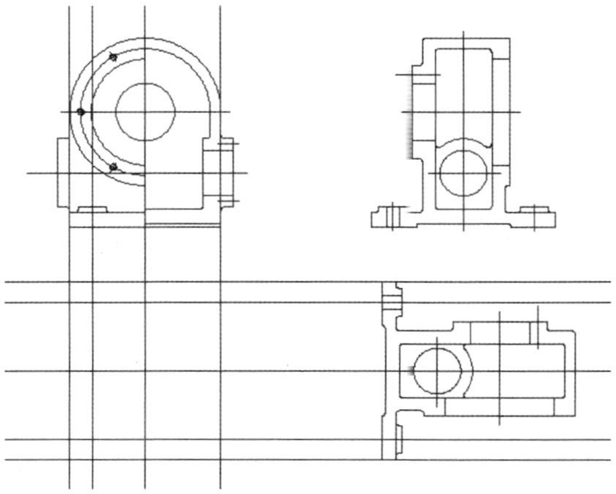

图6–18　绘制投影线等图

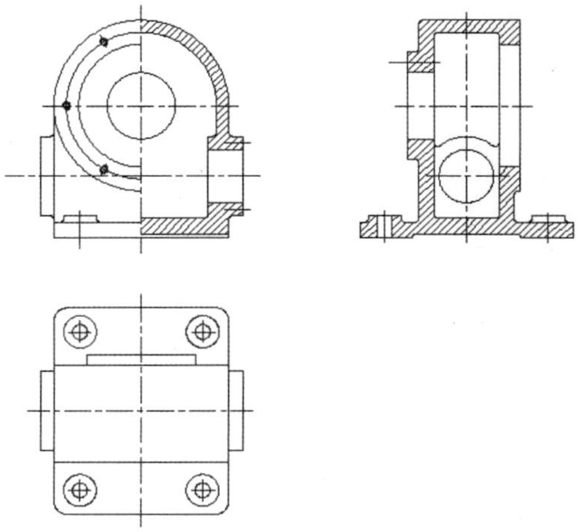

图6–19　绘制俯视图细节

【综合练习】绘制零件图

【练习1】绘制拉杆轴零件图。

绘制如图6-20所示拉杆轴的零件图。

【练习2】绘制连接螺母零件图。

绘制如图6-21所示连接螺母的零件图。

【练习3】绘制V形带轮零件图。

绘制如图6-22所示V形带轮零件图。

【练习4】绘制导轨零件图。

绘制如图6-23所示导轨的零件图。

【练习5】绘制缸套零件图。

绘制如图6-24所示缸套的零件图。

【练习6】绘制齿轮轴零件图。

绘制如图6-25所示齿轮轴的零件图。

【练习7】绘制调节盘零件图。

绘制如图6-26所示调节盘的零件图。

【练习8】绘制扇形齿轮零件图。

绘制模数m = 1，齿数Z = 190，如图6-27所示扇形齿轮的零件图。

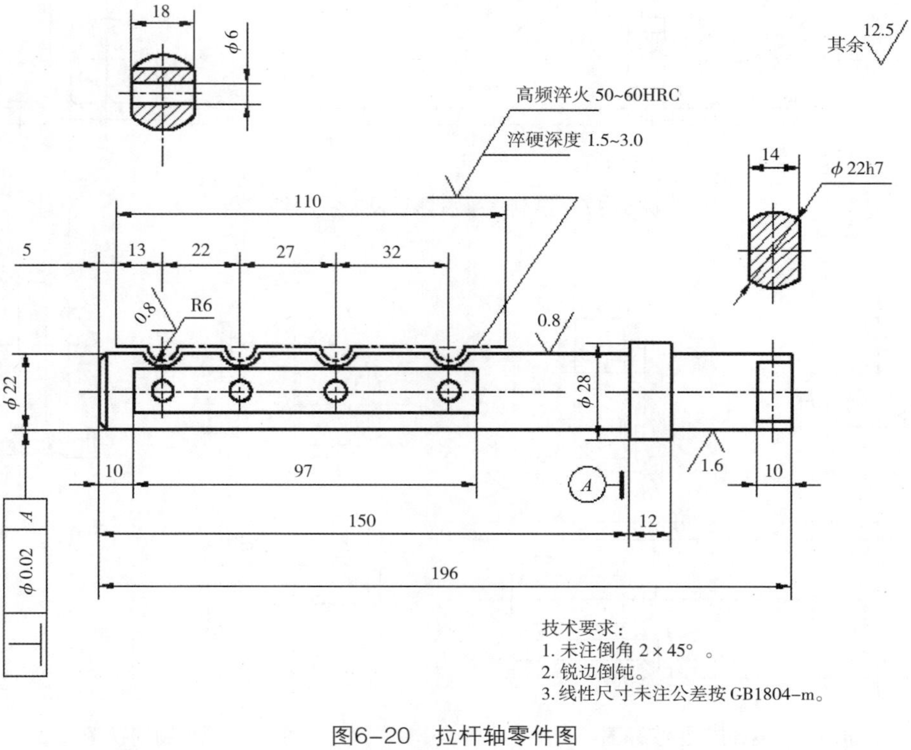

图6-20　拉杆轴零件图

【练习9】绘制弧形连杆零件图。

绘制如图6-28所示弧形连杆的零件图。

【练习10】绘制尾座零件图。

绘制如图6-29所示尾座的零件图。

【练习11】绘制导轨座零件图。

绘制如图6-30所示导轨座的零件图。

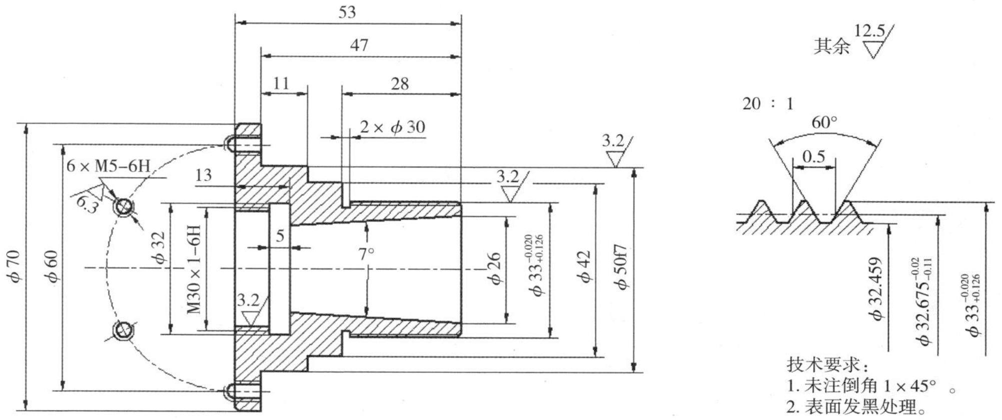

图6-21　连接螺母零件图

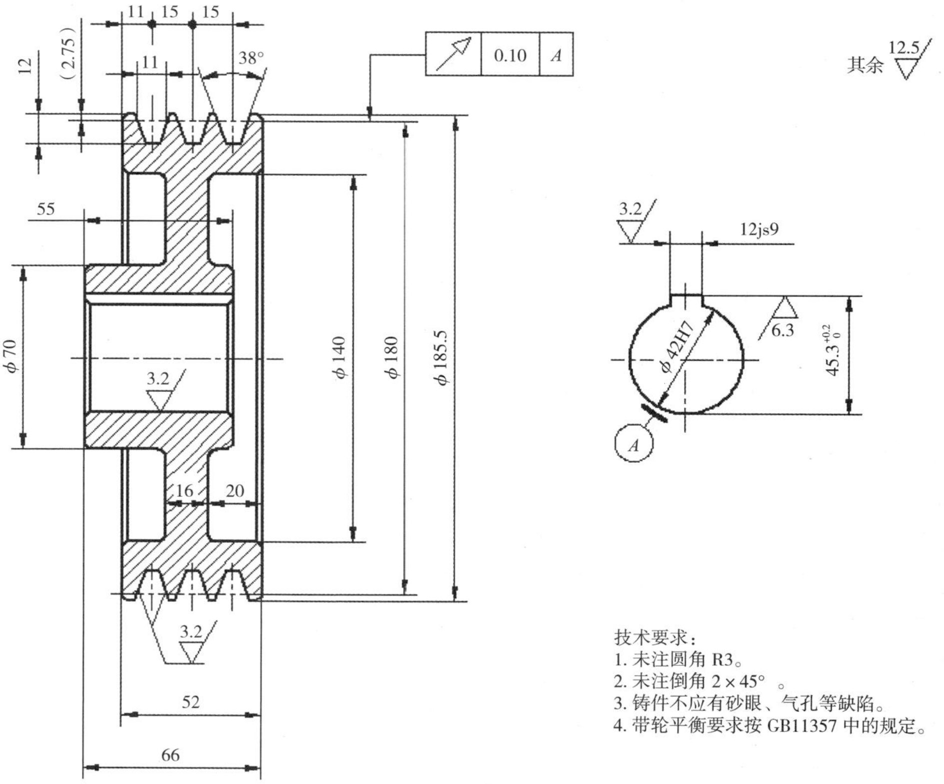

图6-22　V形带轮零件图

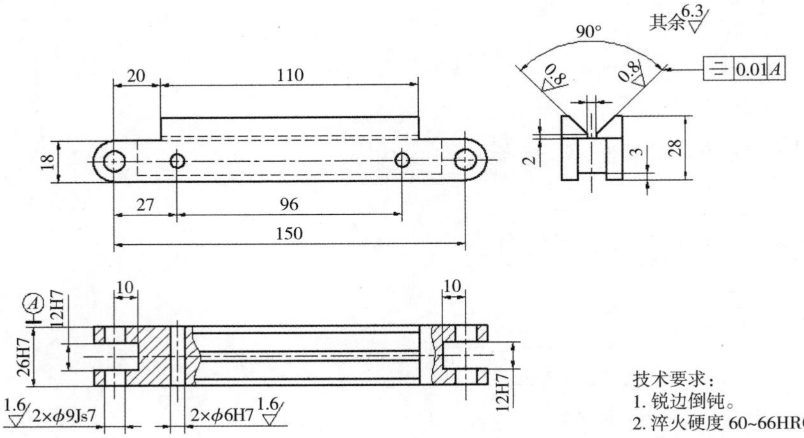

技术要求：
1. 锐边倒钝。
2. 淬火硬度 60~66HRC。

图6-23 导轨零件图

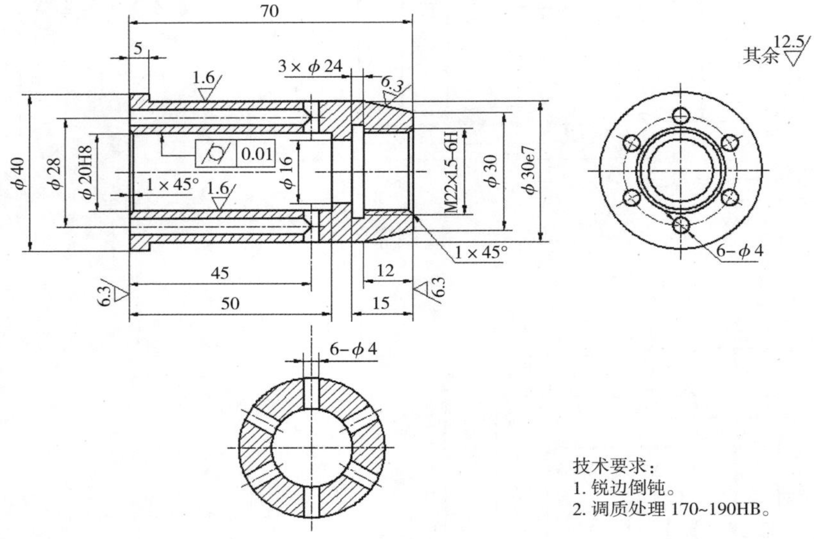

技术要求：
1. 锐边倒钝。
2. 调质处理 170~190HB。

图6-24 缸套零件图

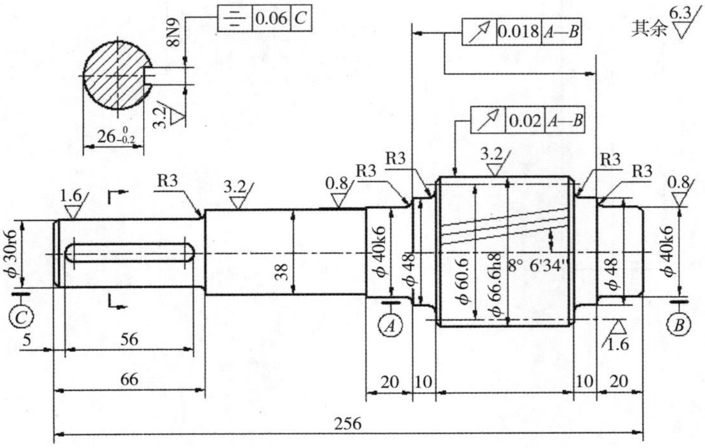

技术要求：
1. 齿轮表面渗碳深度 0.8~1.2，齿部高频率火 58~64HRC。
2. 轴部分渗碳深度不小于 0.7，表面硬度不低于 56HRC。
3. 未注倒角 2×45°。
4. 线性尺寸未注公差按 GB1804–m。
5. 未注形位公差按 GB1184–80，查表取 C 级。

图6-25 齿轮轴零件图

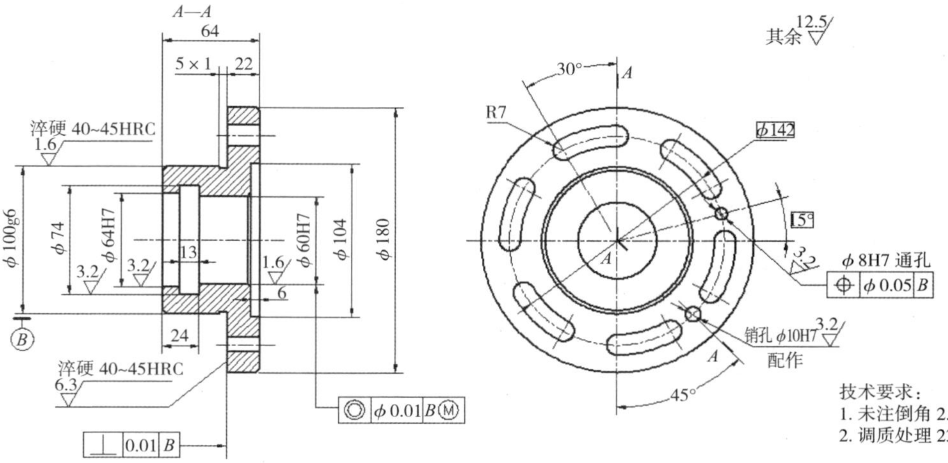

技术要求：
1. 未注倒角 2.5 × 45° 。
2. 调质处理 230~250HB。

图6–26　调节盘零件图

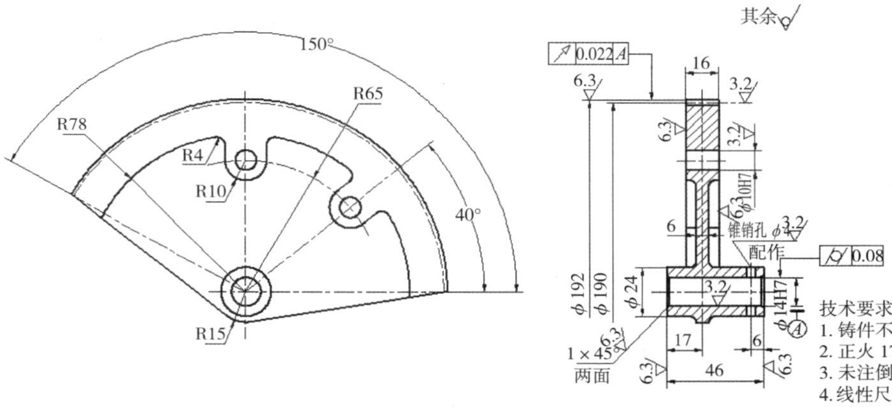

技术要求：
1. 铸件不得有砂眼、气孔等缺陷。
2. 正火 170~190HB。
3. 未注倒角 R3。
4. 线性尺寸未注公差按 GB1804–m。

图6–27　扇形齿轮零件图

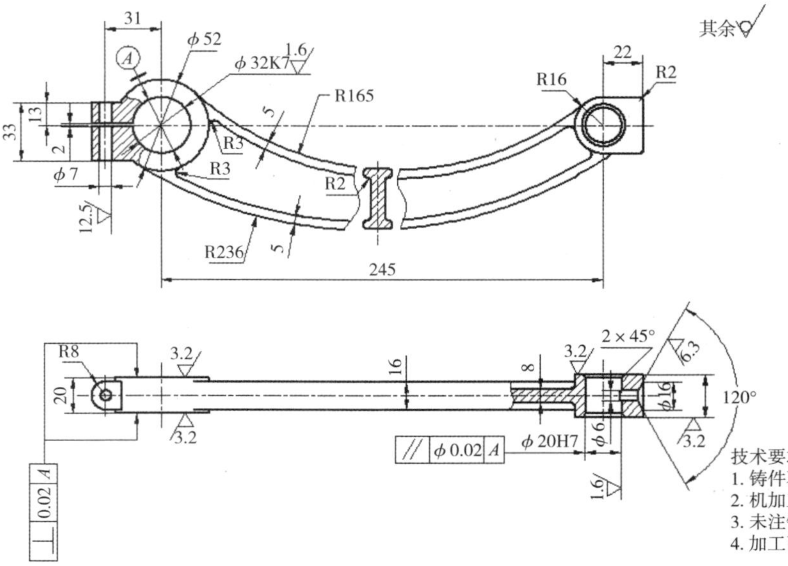

技术要求：
1. 铸件不得有气孔、裂纹等缺陷。
2. 机加工前进行人工时效处理。
3. 未注铸造圆角半径 R2~R3。
4. 加工面线性尺寸未注公差按 GB1804–C。

图6–28　弧形连杆零件图

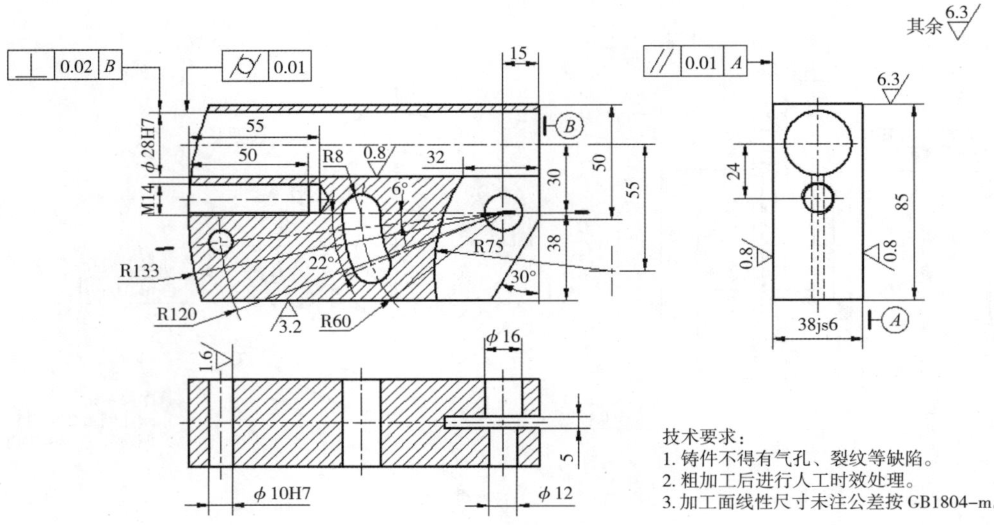

技术要求：

1. 铸件不得有气孔、裂纹等缺陷。
2. 粗加工后进行人工时效处理。
3. 加工面线性尺寸未注公差按 GB1804–m。

图6–29　尾座零件图

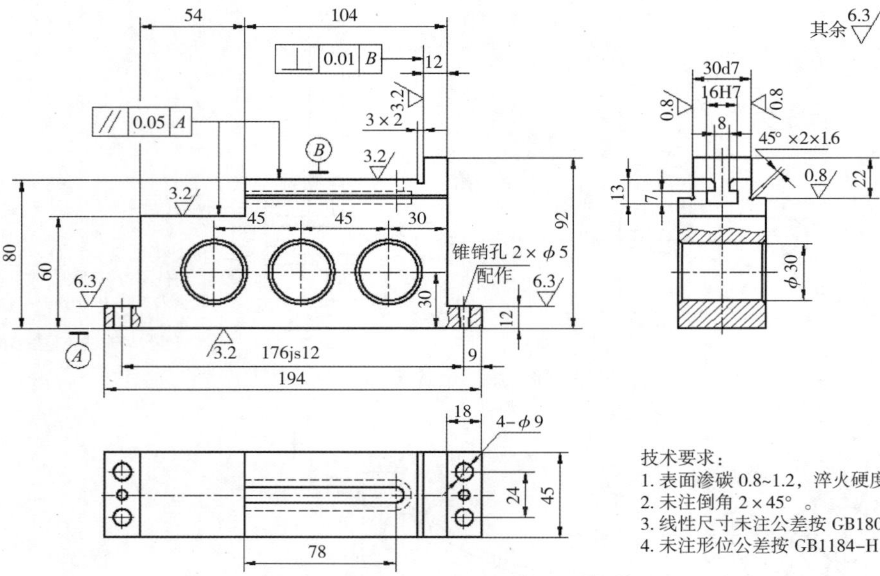

技术要求：

1. 表面渗碳 0.8~1.2，淬火硬度 58~62HRC。
2. 未注倒角 2×45°。
3. 线性尺寸未注公差按 GB1804–m。
4. 未注形位公差按 GB1184–H。

图6–30　导轨座零件图

【习题】

1.绘制如图6–31所示零件图。

2.绘制如图6–32所示零件图。

3.绘制如图6–33所示零件图。

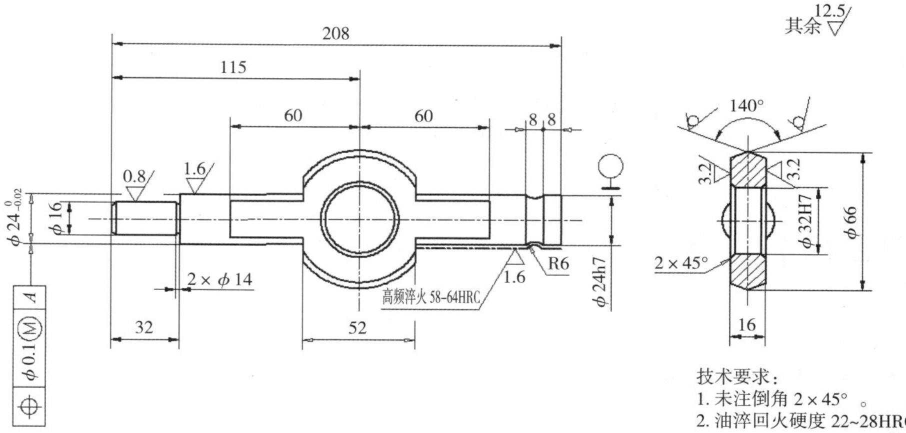

技术要求：
1. 未注倒角 2×45°。
2. 油淬回火硬度 22~28HRC。

图6-31　摆轴零件图

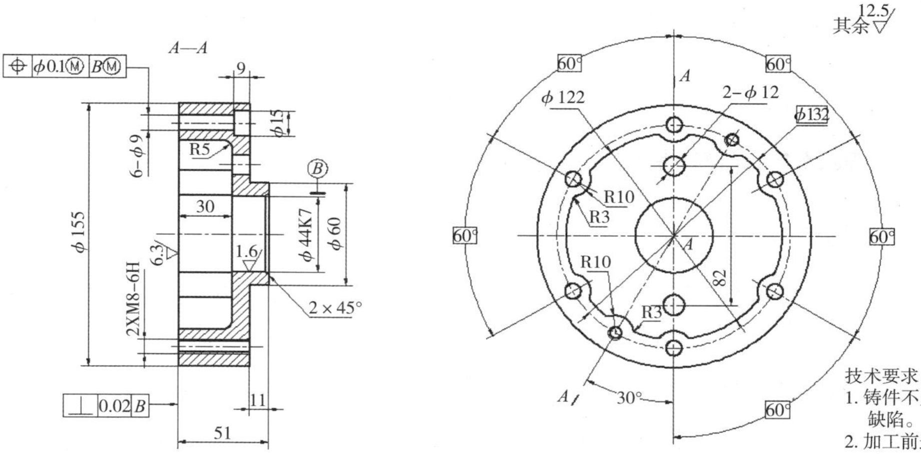

技术要求：
1. 铸件不允许有气孔、砂眼等缺陷。
2. 加工前进行时效处理。

图6-32　法兰盘零件图

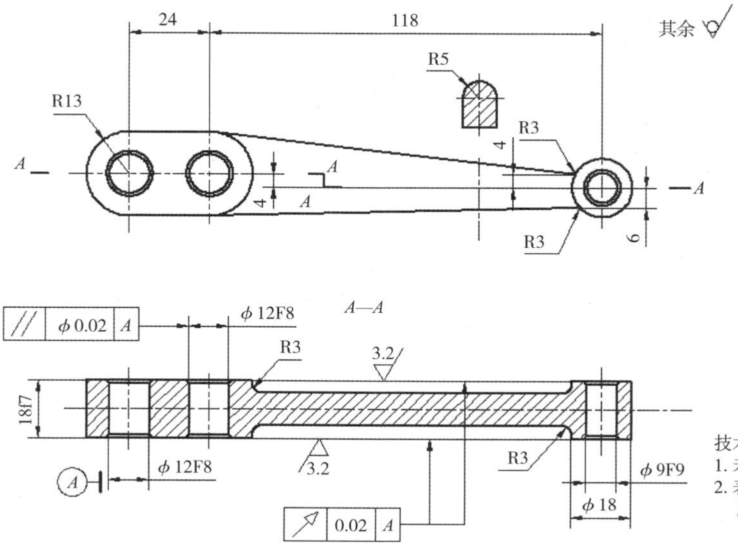

技术要求：
1. 未注倒角 1×45°。
2. 表面渗碳，渗碳厚度 0.2~0.5，表面淬硬硬度 56~62HRC。心部硬度 200~220HB。

图6-33　连接杆零件图

模块训练七　轴测图

【学习目标】

1.激活轴测投影模式。

2.在轴测模式下绘制线段、圆及平行线。

3.在轴测图中添加文字。

4.给轴测图标注尺寸。

通过本模块的训练，使读者了解轴测图的基本作图方法及如何在轴测图中添加文字和标注尺寸。

项目训练一　激活轴测投影模式训练

【任务】激活轴测投影模式

1.选择菜单命令【工具】/【草图设置】，打开【草图设置】对话框，进入【捕捉和栅格】选项卡，弹出新的一页，如图7-2所示。

2.在【捕捉类型】分组框中选择【等轴测捕捉】单选项，激活轴测投影模式。

3.单击 确定 按钮，退出对话框，鼠标指针处于左轴测面内，如图7-1所示。

4.按F5键切换至顶轴测面，如图7-1所示。

5.按F5键切换至右轴测面，如图7-1所示。

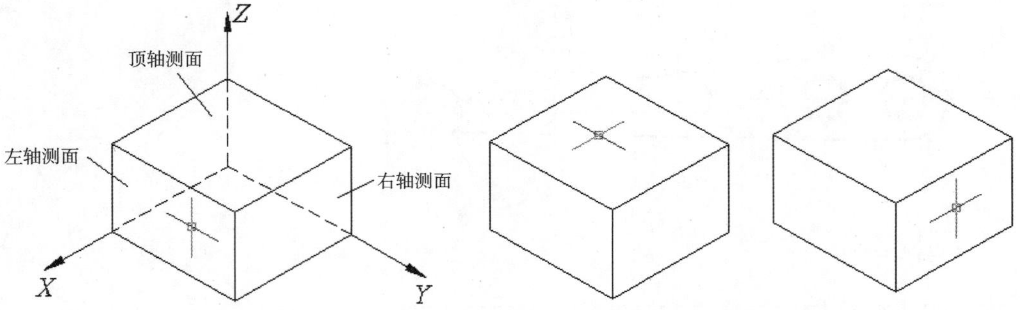

图7-1　打开轴测投影模式

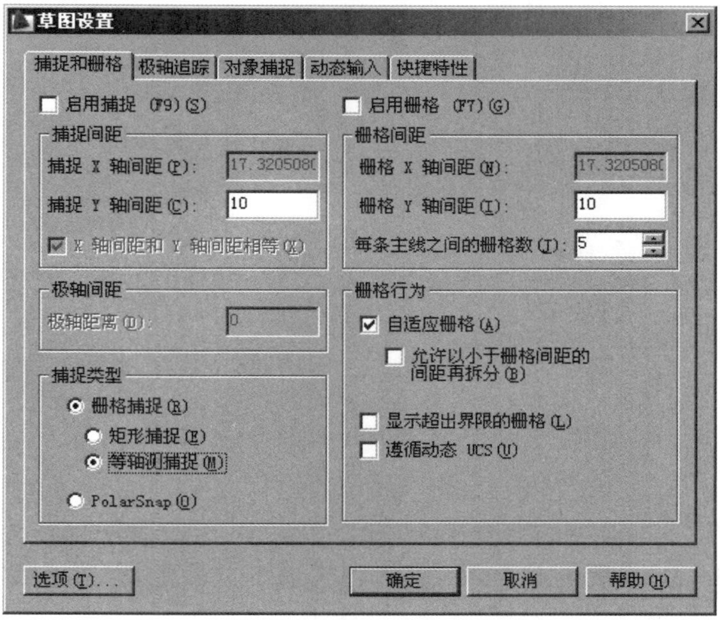

图7-2　【草图设置】对话框

项目训练二　在轴测投影模式下作图训练

【任务1】在轴测投影模式下画线

1.激活轴测投影模式。

2.输入点的极坐标画线。结果如图7-3所示。

命令: <等轴测平面 右>　　//按F5键切换到右轴测面

命令: _line 指定第一点:　　//单击*A*点，如图7-3所示

指定下一点或 [放弃（U）]: @100<30　　//输入*B*点的相对坐标

指定下一点或 [放弃（U）]: @150<90　　//输入*C*点的相对坐标

指定下一点或 [闭合（C）/放弃（U）]: @40<-150　　//输入*D*点的相对坐标

指定下一点或 [闭合（C）/放弃（U）]: @95<-90　　//输入*E*点的相对坐标

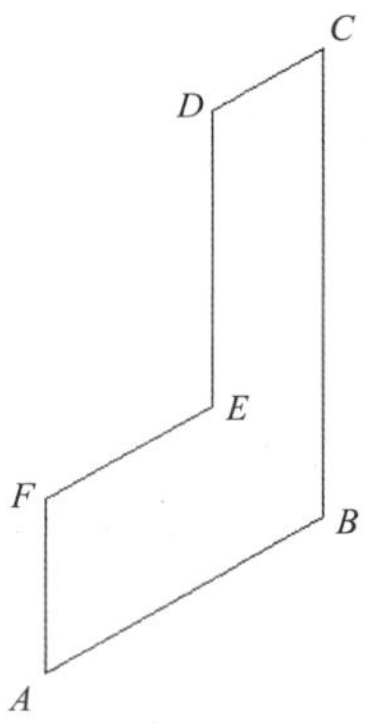

图7-3　在右轴测面内画线（1）

指定下一点或 [闭合（C）/放弃（U）]: @60<-150　　//输入*F*点的相对坐标

指定下一点或 [闭合（C）/放弃（U）]: c　　//使线框闭合

3.打开正交状态画线。结果如图7-4所示。

命令: <等轴测平面 左>　　//按F5键切换到左轴测面

命令: <正交 开>　　//打开正交

命令: _line 指定第一点: int于　　//捕捉*A*点，如图7-4所示

指定下一点或 [放弃（U）]: 100　　//输入线段*AG*的长度

指定下一点或 [放弃（U）]: 150　　//输入线段*GH*的长度

指定下一点或 [闭合（C）/放弃（U）]: 40　　//输入线段*HI*的长度

指定下一点或 [闭合（C）/放弃（U）]: 95　　//输入线段*IJ*的长度

指定下一点或 [闭合（C）/放弃（U）]: end于　　//捕捉*F*点

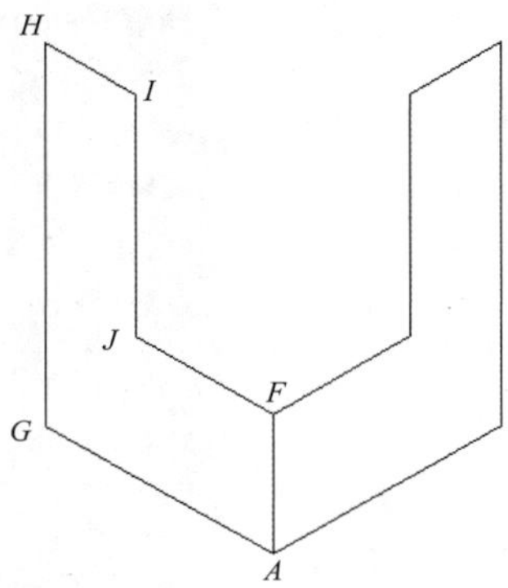

图7–4　在左轴测面内画线

指定下一点或 [闭合（C）/放弃（U）]:　　//按Enter键结束

4.打开极轴追踪、对象捕捉及自动追踪功能，指定极轴追踪角度增量为【30】，设定对象捕捉方式为【端点】、【交点】，沿所有极轴角进行自动追踪。结果如图7–5所示。

命令: <等轴测平面 上>　　//按F5键切换到顶轴测面

命令: <等轴测平面 右>　　//按F5键切换到右轴测面

命令: _line 指定第一点: 20　　//从*A*点沿30°方向追踪并输入追踪距离

指定下一点或 [放弃（U）]: 30　　//从*K*点沿90°方向追踪并输入追踪距离

指定下一点或 [放弃（U）]: 50　　//从*L*点沿30°方向追踪并输入追踪距离

指定下一点或 [闭合（C）/放弃（U）]:　　//从*M*点沿–90°方向追踪并捕捉交点*N*

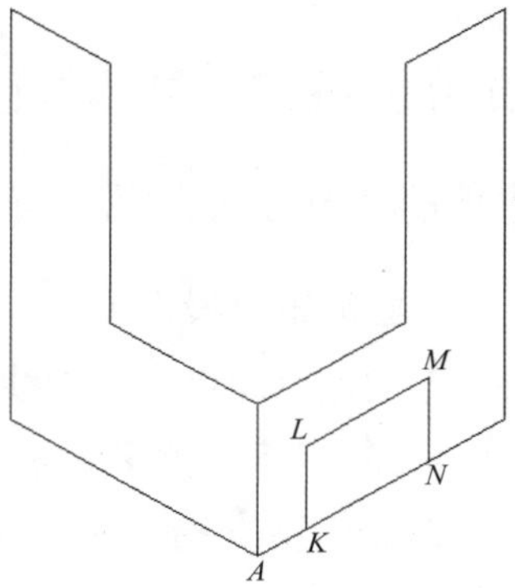

图7–5　在右轴测面内画线（2）

指定下一点或 [闭合（C）/放弃（U）]:　　//按Enter键结束

【任务2】在轴测面内作平行线

1.打开极轴追踪、对象捕捉及自动追踪功能。指定极轴追踪角度增量为“30”，设定对象捕捉方式为【端点】、【交点】，设置沿所有极轴角进行自动追踪。

2.用COPY命令形成平行线，结果如图7–6所示。

命令: _copy

选择对象: 找到 1 个　　//选择线段*A*，如图7–6所示

选择对象:　　//按Enter键

指定基点或 [位移（D）] <位移>:　　//单击一点

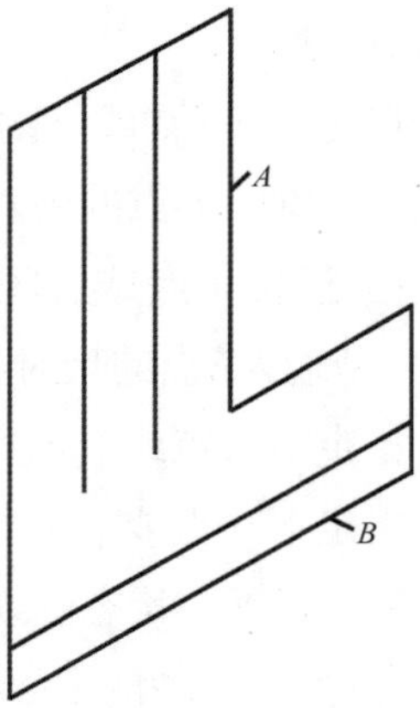

图7–6　作平行线

指定第二个点或 <使用第一个点作为位移>: 26　　//沿-150°方向追踪并输入追踪距离

指定第二个点或 [退出（E）/放弃（U）] <退出>:52　　//沿-150°方向追踪并输入追踪距离

指定第二个点或 [退出（E）/放弃（U）] <退出>:　　//按Enter键结束

命令:COPY　　//重复命令

选择对象: 找到 1 个　　//选择线段B

选择对象:　　//按Enter键

指定基点或 [位移（D）] <位移>: 15<90　　//输入复制的距离和方向

指定第二个点或 <使用第一个点作为位移>:　　//按Enter键结束

【任务3】绘制角的轴测投影

1.打开极轴追踪、对象捕捉及自动追踪功能。指定极轴追踪角度增量为“30”，设定对象捕捉方式为【端点】、【交点】，设置沿所有极轴角进行自动追踪。

2.画线段B、C、D等，如图7-7（1）所示。结果如图7-7（2）所示。

命令: _line 指定第一点: 50　　//从A点沿30°方向追踪并输入追踪距离

指定下一点或 [放弃（U）]: 80　　//从A点沿-90°方向追踪并输入追踪距离

指定下一点或 [放弃（U）]:　　//按Enter键结束

复制线段B，再连线C、D，然后修剪多余线条

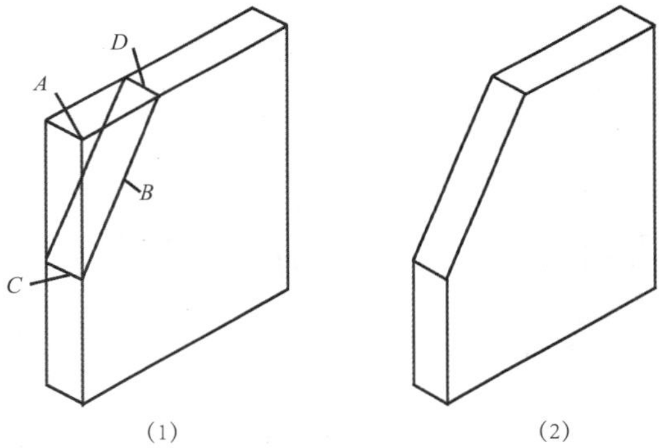

图7-7　形成角的轴测投影

【任务4】在轴测图中画圆及过渡圆弧

1.激活轴测投影模式。

2.打开极轴追踪、对象捕捉及自动追踪功能。指定极轴追踪角度增量为“30”，设定对象捕捉方式为【端点】、【交点】，设置沿所有极轴角进行自动追踪。

3.切换到顶轴测面，启动ELLIPSE命令，AutoCAD提示:

命令: _ellipse

指定椭圆轴的端点或 [圆弧（A）/中心点（C）/等轴测圆（I）]: I　　//使用“等轴测圆（I）”选项

指定等轴测圆的圆心: tt　　//建立临时参考点

指定临时对象追踪点: 20　　//从A点沿30°方向追踪并输入B点与A点的距离，如图7-8（1）所示

指定等轴测圆的圆心: 20　　//从*B*点沿150°方向追踪并输入追踪距离

指定等轴测圆的半径或 [直径（D）]: 20　　//输入圆半径

命令:ELLIPSE//重复命令

指定椭圆轴的端点或 [圆弧（A）/中心点（C）/等轴测圆（I）]: I　　//使用“等轴测圆（I）”选项

指定等轴测圆的圆心: tt　　//建立临时参考点

指定临时对象追踪点: 50　　//从*A*点沿30°方向追踪并输入*C*点与*A*点的距离

指定等轴测圆的圆心: 60　　//从*C*点沿150°方向追踪并输入追踪距离

指定等轴测圆的半径或 [直径（D）]: 15　　//输入圆半径

修剪多余线条，结果如图7-8（2）所示。

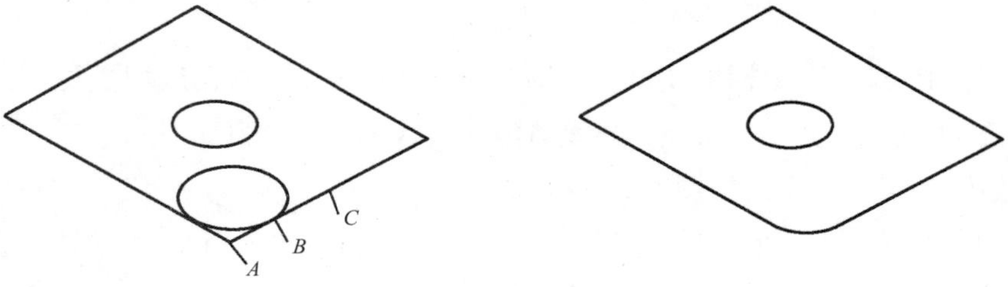

（1）　　（2）

图7-8　画椭圆及过渡圆弧

项目训练三　在轴测图中书写文本训练

【任务】创建倾斜角是30° 和-30° 的两种文字样式，然后在各轴测面内书写文字

1.选择菜单命令【格式】/【文字样式】，打开【文字样式】对话框，如图7-9所示。

2.单击 新建(N)... 按钮，建立名为“样式1”的文本样式。在【字体名】下拉列表中将文本样式所连接的字体设定为“楷体-GB2312”，在【效果】分组框的【倾斜角度】文本框中输入数值“30”，如图7-9所示 。

3.用同样的方法建立倾角是-30°的文字样式“样式2”，接下来在轴测面上书写文字。

4.激活轴测模式，并切换至右轴测面。

命令: dt　　//利用DTEXT命令书写单行文本

TEXT

指定文字的起点或 [对正（J）/样式（S）]: s　　//使用选项“S”指定文字的样式

输入样式名或 [?] <样式 2>: 样式 1//选择文字样式“样式 1”

指定文字的起点或 [对正（J）/样式（S）]:　　//选取适当的起始点*A*，如图7-10所示

指定高度 <22.6472>: 16　　//输入文本的高度

指定文字的旋转角度 <0>: 30　　//指定单行文本的书写方向

使用STYLE1　　//输入文字并按Enter键

　　//按Enter键结束

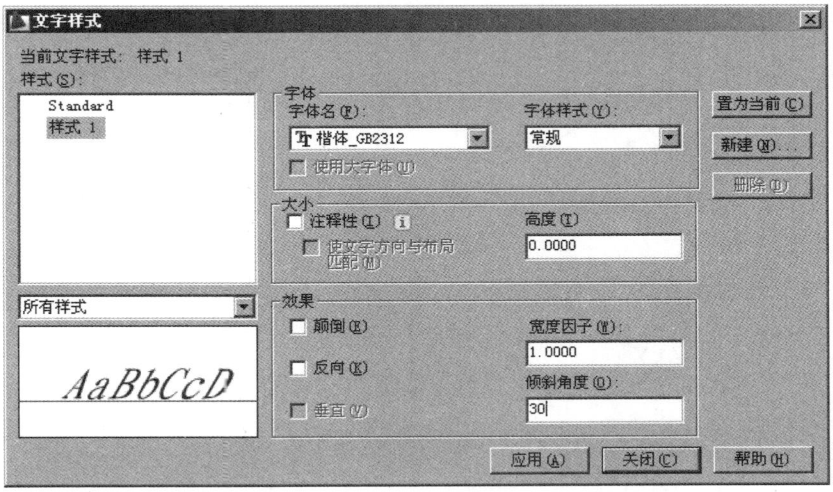

图7–9　【文字样式】对话框

5.按F5键，切换至左轴测面，使“样式 2”成为当前样式，以*B*点为起始点书写文字“使用STYLE2”，文字高度为16，旋转角度为–30°，结果如图7–10所示

6.按F5键，切换至顶轴测面，以*D*点为起始点书写文字“使用STYLE2”，文字高度为16，旋转角度为30°。使“样式1”成为当前样式，以*C*点为起始点书写文字“使用STYLE1”，文字高度为16，旋转角度为–30°，结果如图7–10所示。

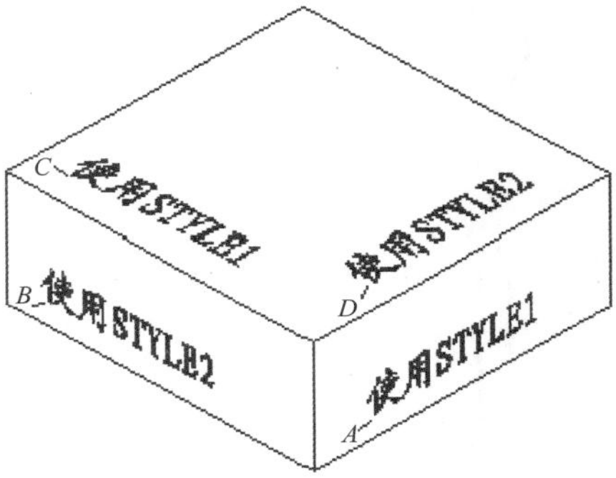

图7–10　书写文本

项目训练四　标注尺寸训练

【任务】在轴测图中标注尺寸

1.建立倾斜角分别是30°和–30°的两种文本样式，样式名分别是“样式-1”和“样式-2”，这两个样式连接的字体文件是“gbeitc.shx”。

2.再创建两种尺寸样式，样式名分别是“DIM–1”和“DIM–2”。其中，“DIM–1”连接文本样式“样式–1”，“DIM–2”连接文本样式“样式–2”。

3.打开极轴追踪、对象捕捉及自动追踪功能。指定极轴追踪角度增量为“30”，设定对象捕捉方式为【端点】、【交点】，设置沿所有极轴角进行自动追踪。

4.指定尺寸样式“DIM–1”为当前样式，然后使用DIMALIGNED命令标注尺寸“22”“30”“56”等，结果如图7–11所示。

5.使用DIMEDIT命令的“倾斜（O）”选项将尺寸界线倾斜到竖直的位置、30°或–30°的位置，结果如图7–12所示。

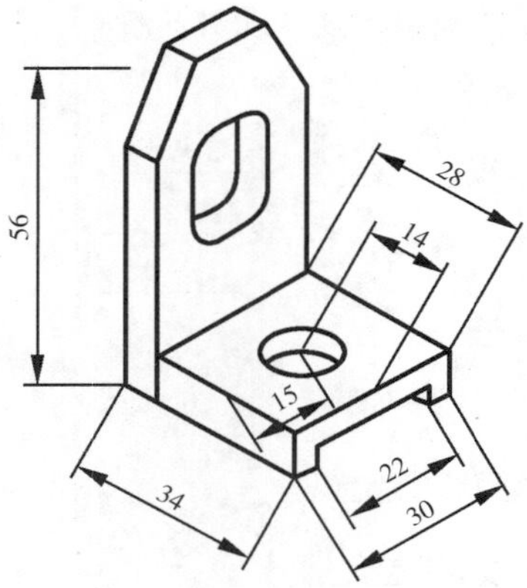

图7-11　标注对齐尺寸

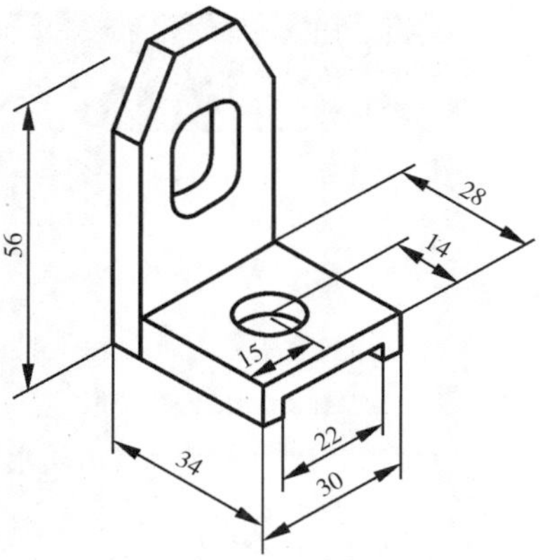

图7-12　修改尺寸界线的倾角

6.指定尺寸样式“DIM-2”为当前样式，单击【标注】工具栏上的按钮，选择尺寸“56”“34”“15”以进行更新，结果如图7-13所示。

7.利用关键点编辑方式调整标注文字及尺寸线的位置，结果如图7-14所示。

8.用与上述类似的方法标注其余尺寸，结果如图7-15所示。

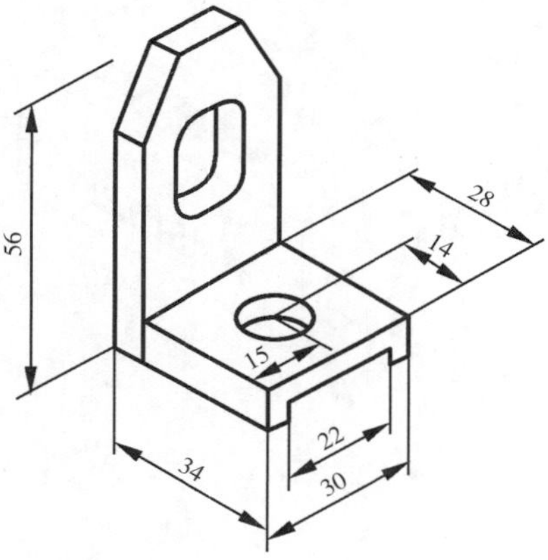

图7-13　更新尺寸标注

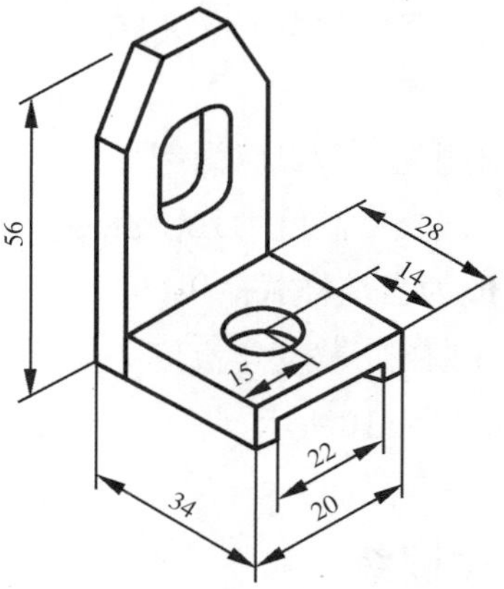

图7-14　调整标注文字及尺寸线的位置

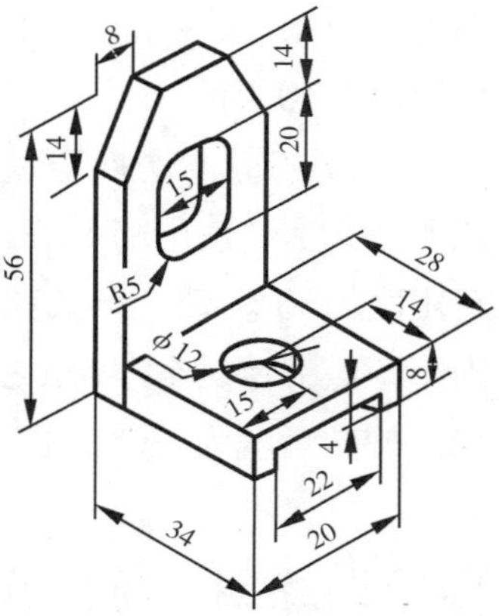

图7-15　标注其余尺寸

要点提示　有时使用引线在轴测图中进行标注，但外观一般不会满足要求，此时用户可用EXPLODE命令将标注分解，然后分别调整引线和文本的位置。

【综合练习】绘制轴测图

【练习1】绘制如图7-16所示的轴测图。

1.创建新图形文件。

2.激活轴测投影模式。打开极轴追踪、对象捕捉及自动追踪功能，指定极轴追踪角度增量为“30”，设定对象捕捉方式为【端点】、【交点】，设置沿所有极轴角进行自动追踪。

3.切换到右轴测面，用LINE命令绘制线框*A*，结果如图7-17所示。

4.沿150°方向复制线框*A*，复制距离为90，再用LINE命令连线*B*、*C*等，如图7-18（1）所示。修剪及删除多余线条，结果如图7-18（2）所示。

5.用LINE命令绘制线框*D*，用COPY命令形成平行线*E*、*F*、*G*，如图7-19（1）所示。修剪及删除多余线条，结果如图7-19（2）所示。

6.沿-30°方向复制线框*H*，复制距离为12，再用LINE命令连线*I*、*J*等，如图7-20（1）所示。修剪及删除多余线条，结果如图7-20（2）所示。

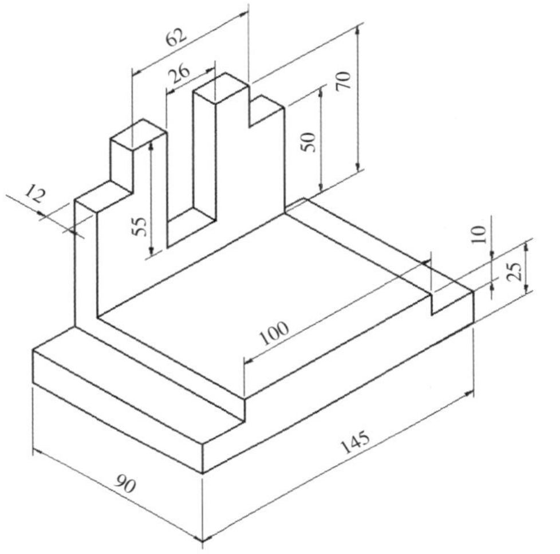

图7-16　绘制轴测图

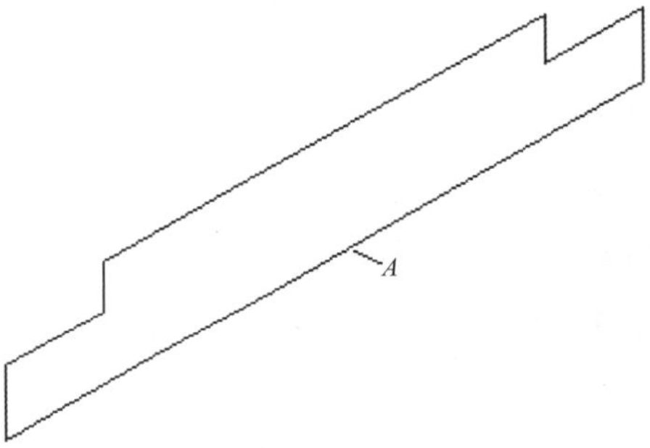

图7-17　绘制线框*A*

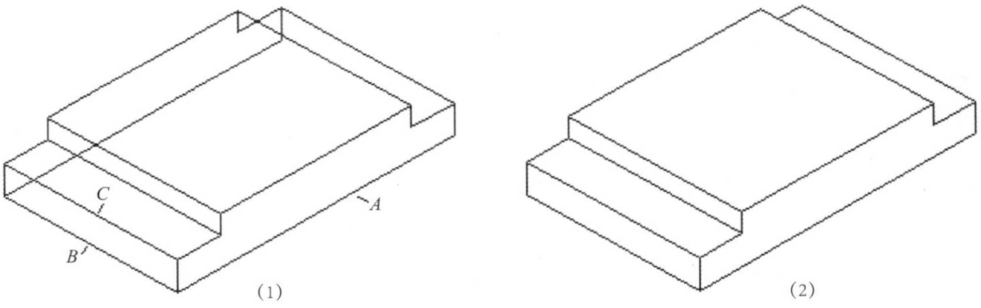

图7-18　复制对象及连线

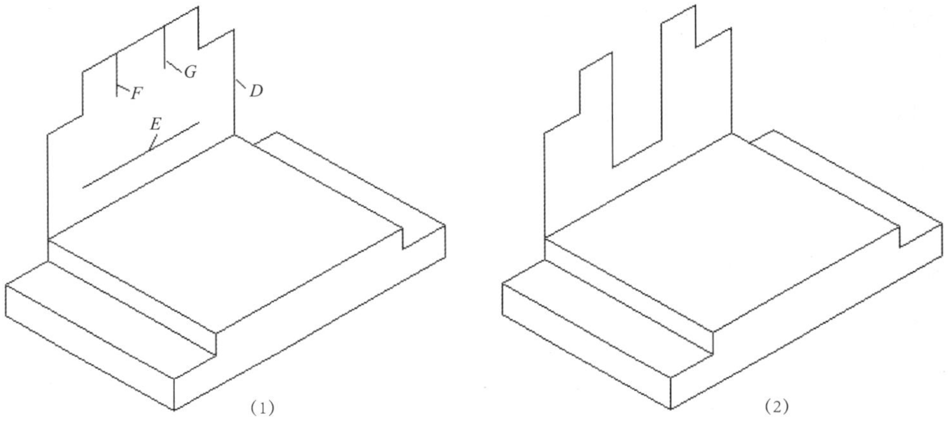

图7-19　绘制线框及画平行线

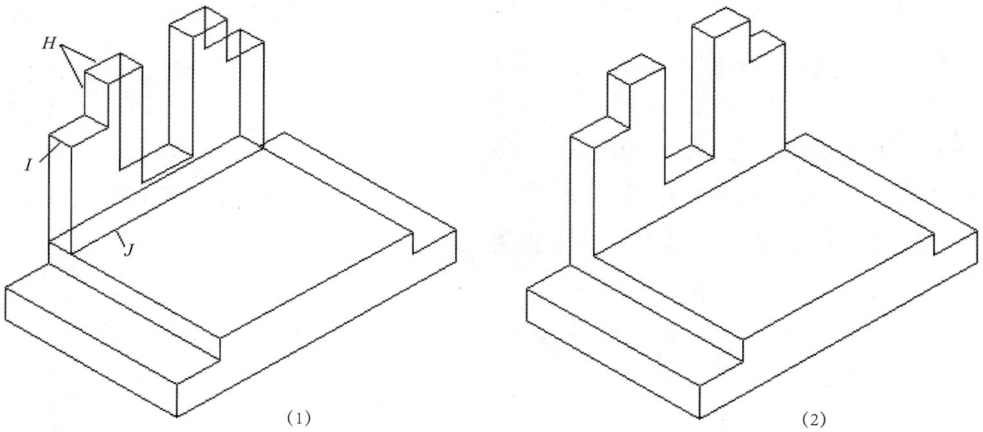

图7-20　复制对象、连线及修剪多余线条

【练习2】绘制如图7-21所示的轴测图。

1.创建新图形文件。

2.激活轴测投影模式，再打开极轴追踪、对象捕捉及自动追踪功能，指定极轴追踪角度增量为“30”，设定对象捕捉方式为【端点】、【交点】，设置沿所有极轴角进行自动追踪。

3.切换到右轴测面，用LINE命令绘制线框*A*，结果如图7-22所示。

4.沿150°方向复制线框*A*，复制距离为34，再用LINE命令连线*B*、*C*等，如图7-23（1）所示。修剪及删除多余线条，结果如图7-23（2）所示。

5.切换到顶轴测面，绘制椭圆*D*，并将其沿-90°方向复制，复制距离为4，如图7-24（1）所示。修剪多余线条，结果如图7-24（2）所示

6.绘制图形*E*，如图7-25（1）所示。沿-30°方向复制图形*E*，复制距离为6，再用LINE命令连线*F*、*G*等，然后修剪及删除多余线条，结果如图7-25（2）所示

7.用COPY命令形成平行线*J*、*K*等，如图7-26（1）所示。延伸及修剪多余线条，结果如图7-26（2）所示。

8.切换到右轴测面，绘制4个椭圆，如图7-27（1）所示。修剪多余线条，结果如图7-27（2）所示。

9.沿150°方向复制线框*L*，复制距离为6，如图7-28（1）所示。修剪及删除多余线条，结果如图7-28（2）所示。

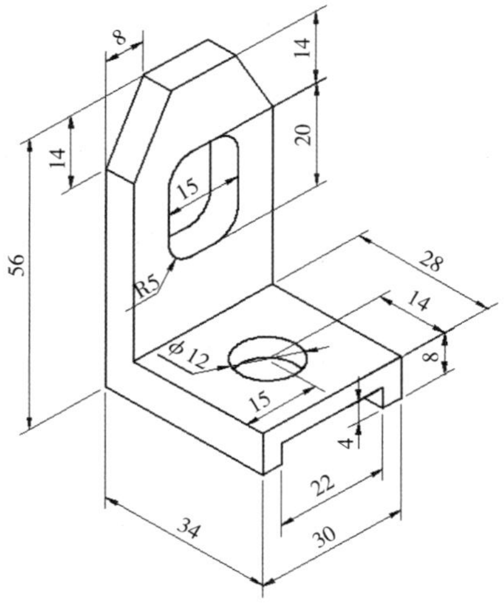

图7-21　绘制轴测图

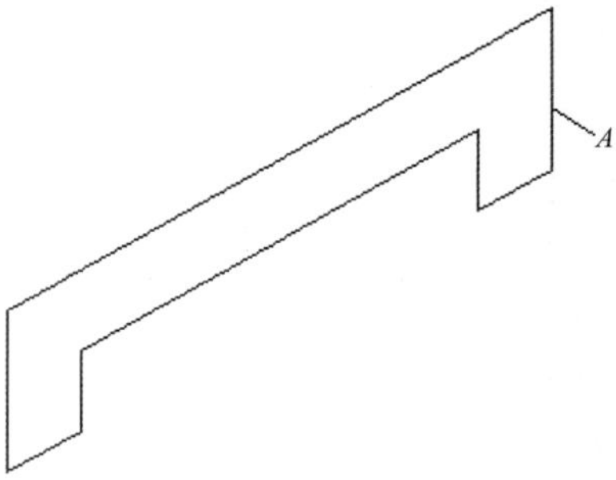

图7-22　绘制线框A

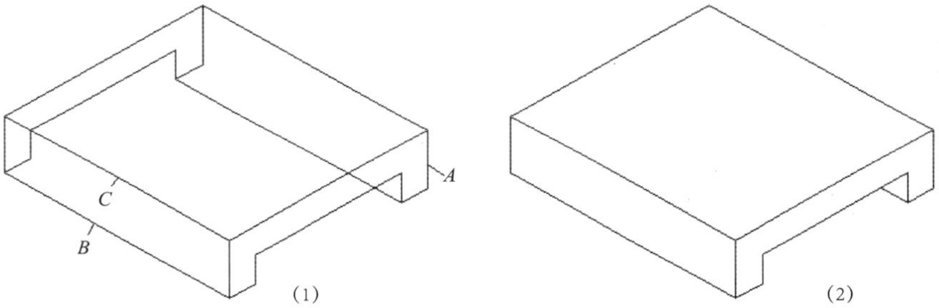

图7-23　复制对象及连线

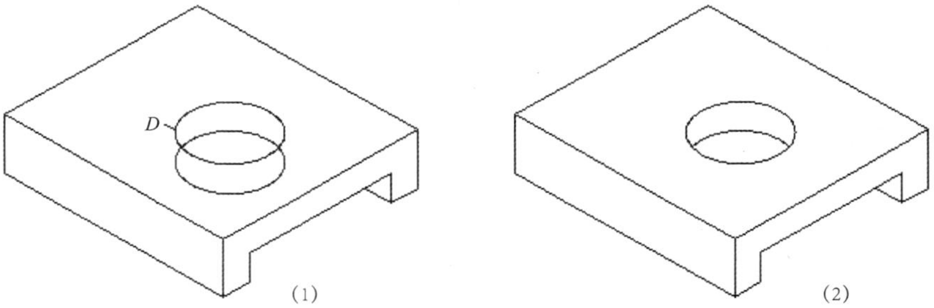

图7-24　绘制椭圆及修剪多余线条

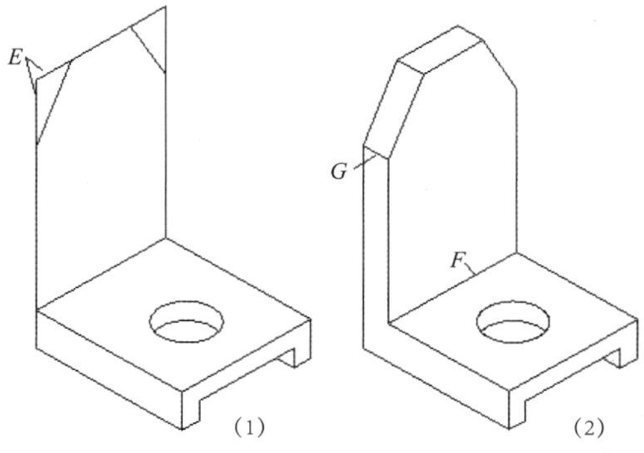

图7-25　复制对象、连线及修剪多余线条

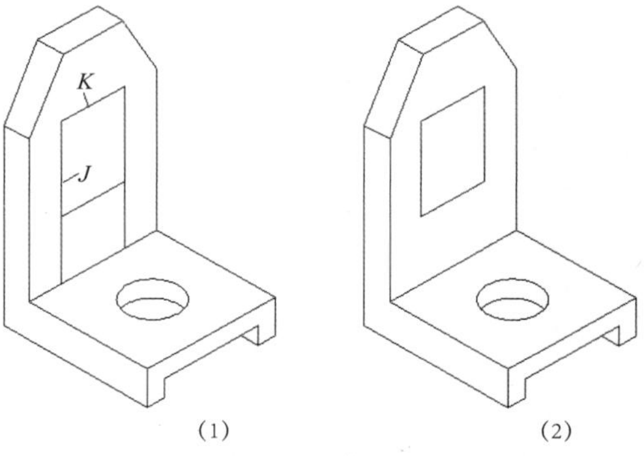

图7-26　形成平行线及修剪对象

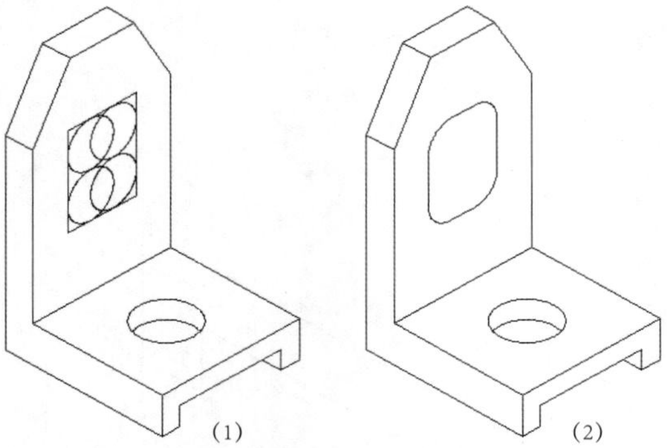

图7-27　绘制椭圆及修剪多余线条

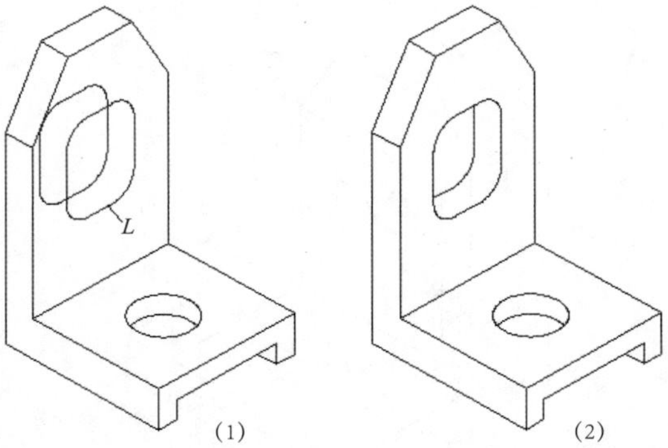

图7-28　复制对象及修剪线条

【习题】

1.用LINE、COPY、TRIM等命令绘制如图7-29所示的轴测图。

2.用LINE、COPY、TRIM等命令绘制如图7-30所示的轴测图。

3.绘制如图7-31所示的轴测图。

4.绘制如图7-32所示的轴测图。

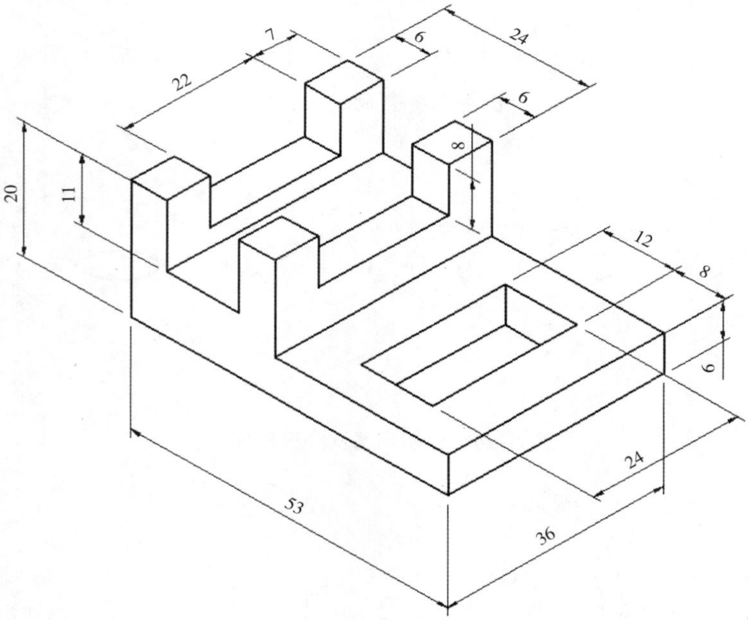

图7-29　使用LINE、COPY、TRIM等命令绘制轴测图（1）

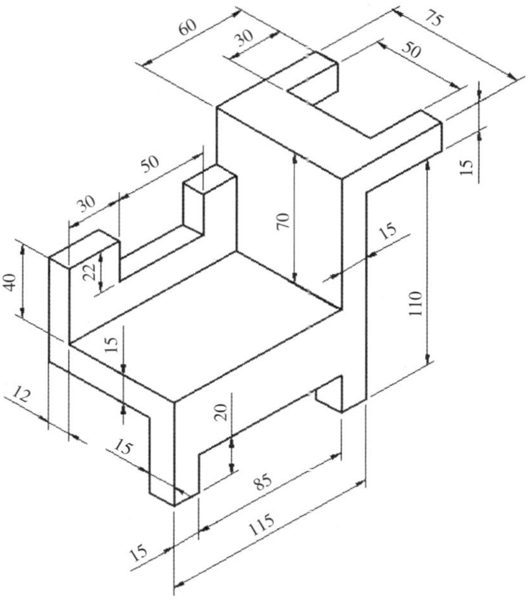

图7-30　使用LINE、COPY、TFIM等命令绘制轴测图（2）

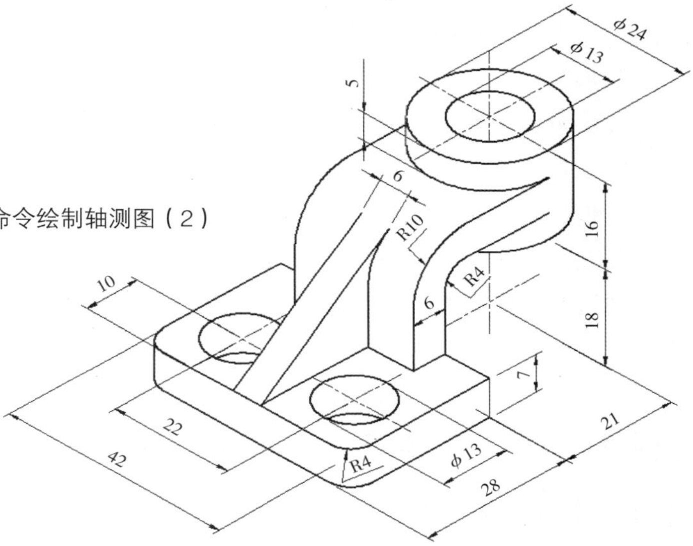

图7-31　绘制圆、圆弧等的轴测投影（1）

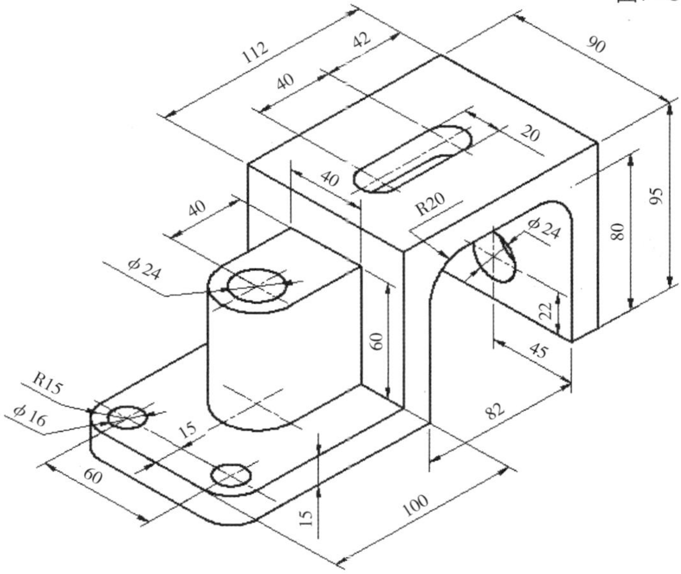

图7-32　绘制圆、圆弧等的轴测投影（2）

模块训练八　三维建模

【学习目标】

1. 观察三维模型。
2. 创建长方体、球体及圆柱体等基本立体。
3. 拉伸或旋转二维对象形成三维实体及曲面。
4. 通过扫掠及放样形成三维实体或曲面。
5. 阵列、旋转及镜像三维对象。
6. 拉伸、移动及旋转实体表面。
7. 使用用户坐标系。
8. 利用布尔运算构建复杂模型。

通过本模块的训练，使读者掌握创建及编辑三维模型的主要命令，了解利用布尔运算构建复杂模型的方法。

项目训练一　三维建模空间观察训练

【任务】利用标准视点观察三维模型（图8-1）

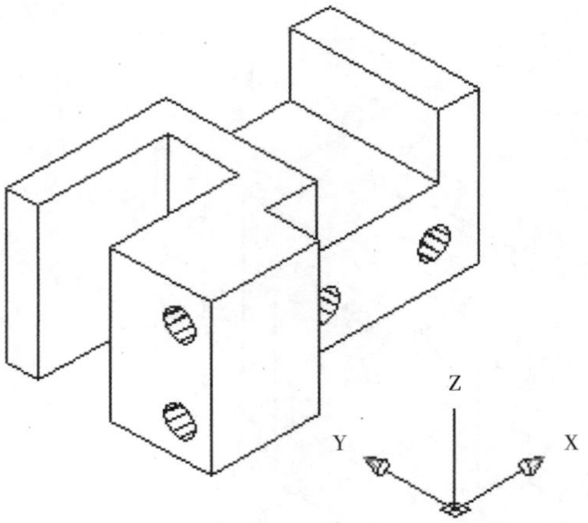

图8-1　利用标准视点观察模型

1. 单击状态栏上的按钮，弹出快捷菜单，选择【三维建模】命令，就切换至该空间。默认情况下，三维建模空间包含【三维建模】面板、【实体编辑】面板、【视图】面板、工具选项板等，如图8-2所示。

2.【视图】面板上的【视图控制】下拉列表中选择“前视”选项如图8-3所示，然后发出消隐命令HIDE，结果如图8-4所示，此图是三维模型的前视图。

3.在【视图控制】下拉列表中选择“左视”选项，然后发出消隐命令HIDE，结果如图8-5所示，此图是三维模型的左视图。

4.在【视图控制】下拉列表中选择“东南等轴测”选项，然后发出消隐命令HIDE，结果如图8-6所示，此图是三维模型的东南等轴测视图。

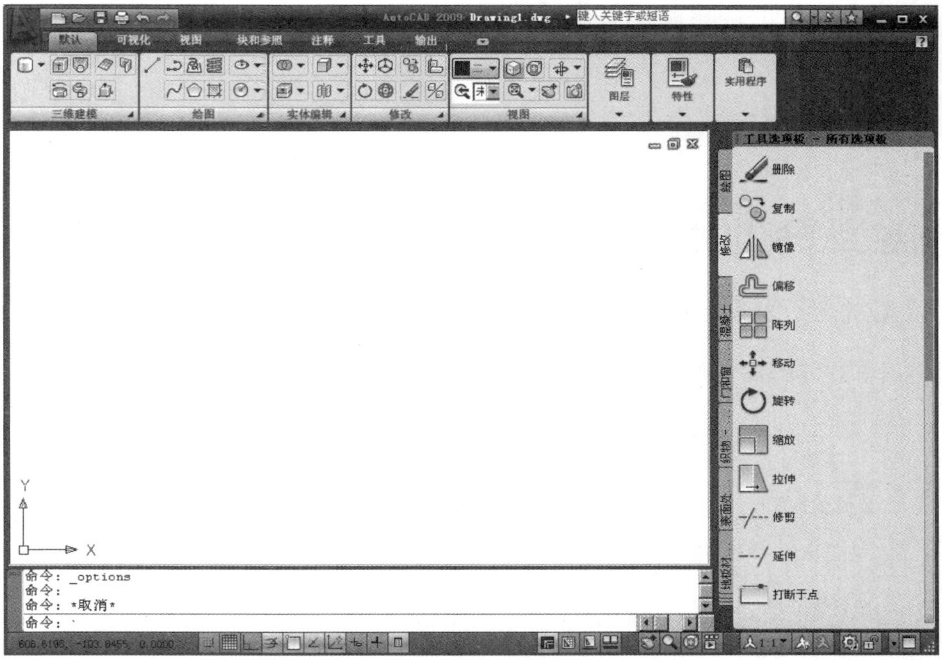

图8-2　三维建模空间

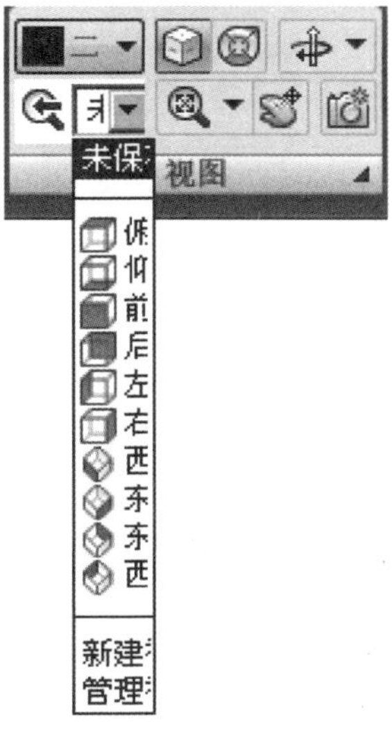

图8-3　标准视点图

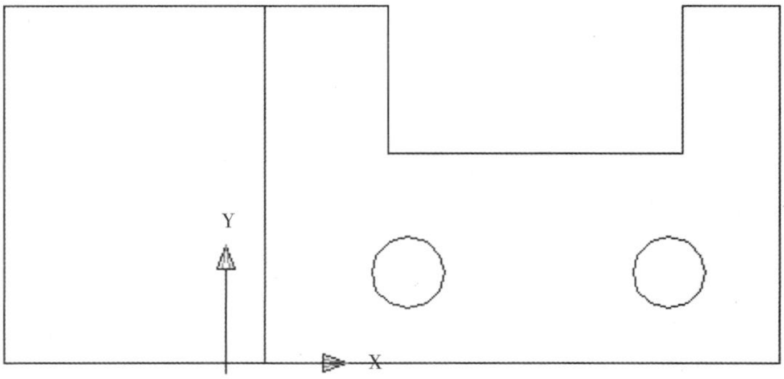

图8-4　前视图

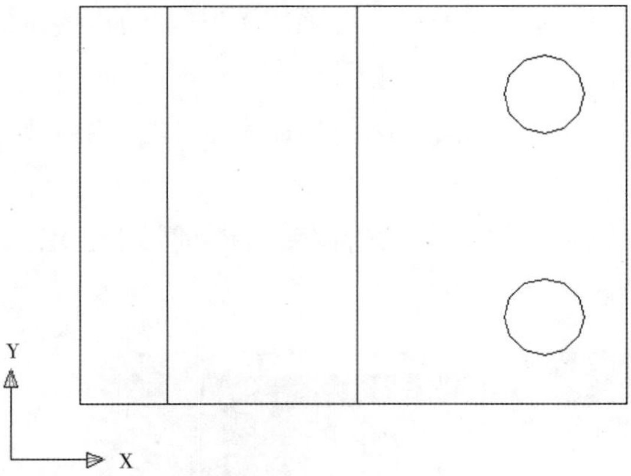

图8-5　左视图

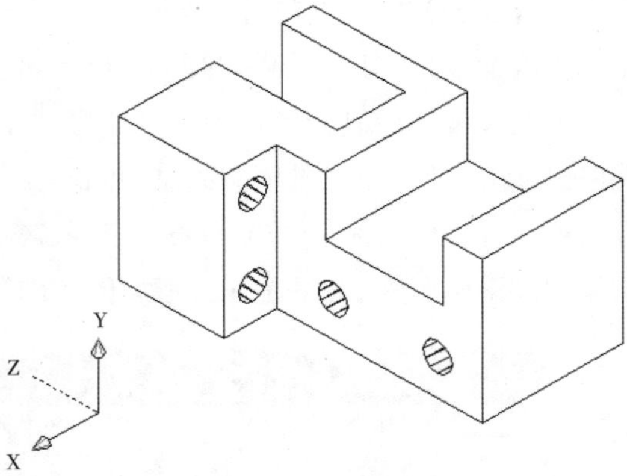

图8-6　东南等轴测视图

项目训练二　创建三维基本立体训练

【任务】创建长方体及圆柱体

创建基本立体的命令按钮见表8-1。

表8-1　创建基本立体的命令按钮

按钮	功能	输入参数
	创建长方体	指定长方体的一个角点，再输入另一角点的相对坐标
	创建球体	指定球心，输入球半径
	创建圆柱体	指定圆柱体底面的中心点，输入圆柱体半径及高度
	创建圆锥体及圆锥台	指定圆锥体底面的中心点，输入锥体底面半径及锥体高度指定圆锥台底面的中心点，输入锥台底面半径、顶面半径及锥台高度
	创建楔形体	指定楔形体的一个角点，再输入另一对角点的相对坐标
	创建圆环	指定圆环中心点，输入圆球体半径及圆管半径
	创建棱锥体及棱锥台	指定棱锥体底面边数及中心点，输入锥体底面半径及锥体高度指定棱锥台底面边数及中心点，输入棱锥台底面半径、顶面半径及棱锥台高度

1.进入三维建模工作空间。打开【视图】面板上的【视图控制】下拉列表，选择“东南等轴测”选项，切换到东南等轴测视图，再通过该面板上的【视觉样式】下拉列表设定当前模型的显示方式为“二维线框”。

2.单击【三维建模】面板上的按钮，AutoCAD提示:

命令: _box

指定第一个角点或 [中心（C）]:　　//指定长方体角点*A*，如图8-7（1）所示

指定其他角点或 [立方体（C）/长度（L）]: @100，200，300　　//输入另一角点*B*的相对坐标，如图8-7（1）所示

单击【三维建模】面板上的按钮，AutoCAD提示:

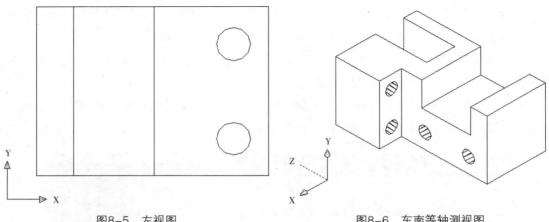

命令: _cylinder

指定底面的中心点或 [三点（3P）/两点（2P）/相切、相切、半径（T）/椭圆（E）]:

//指定圆柱体底圆中心，如图8-7（2）所示

指定底面半径或 [直径（D）] <80.0000>: 80　　//输入圆柱体半径

指定高度或 [两点（2P）/轴端点（A）] <300.0000>: 300　　//输入圆柱体高度

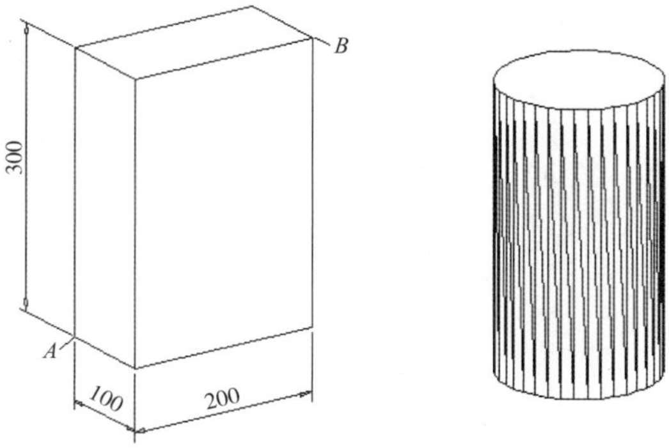

（1）　　（2）

图8–7　创建长方体及圆柱体

结果如图8–7所示。

3.改变实体表面网格线的密度。

命令: isolines

输入 ISOLINES 的新值 <4>: 40　　//设置实体表面网格线的数量

选择菜单命令【视图】/【重生成】，重新生成模型，实体表面网格线变得更加密集。

4.控制实体消隐后表面网格线的密度。启动HIDE命令，结果如图8–7所示。

命令: facetres

输入 FACETRES 的新值 <0.5000>: 5　　//设置实体消隐后的网格线密度

项目训练三　将二维对象拉伸成实体或曲面训练

【任务】练习EXTRUDE命令的使用

1.用EXTRUDE命令创建实体。

2.将图形A创建成面域，再用PEDIT命令将连续线B编辑成一条多段线，如图8–8（1）所示。

3.用EXTRUDE命令拉伸面域及多段线，形成实体和曲面。

单击【三维建模】面板上的按钮，启动EXTRUDE命令。结果如图8–8（2）所示。

命令: _extrude

选择要拉伸的对象: 找到 1 个　　//选择面域

选择要拉伸的对象:　　//按Enter键

指定拉伸的高度或 [方向（D）/路径（P）/倾斜角（T）] <262.2213>: 260　　//输入拉伸高度

命令:EXTRUDE　　//重复命令

选择要拉伸的对象: 找到 1 个　　//选择多段线

选择要拉伸的对象:　　//按Enter键

指定拉伸的高度或 [方向（D）/路径（P）/倾斜角（T）] <260.0000>: p　　//使用“路径（P）”选项

选择拉伸路径或 [倾斜角]:　　//选择样条曲线*C*

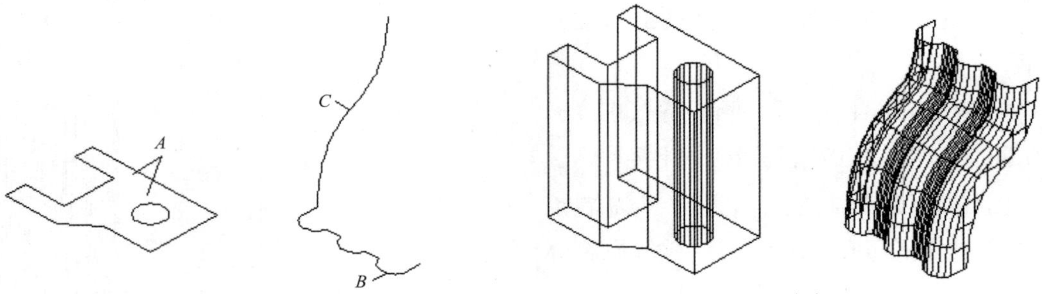

（1）　　（2）

图8-8　拉伸面域及多段线

要点提示　系统变量SURFU和SURFV用于控制曲面上素线的密度。选中曲面，启动PROPERTIES命令，该命令将列出这两个系统变量的值，修改它们，曲面上素线的数量就发生变化。

项目训练四　旋转二维对象形成实体或曲面训练

【任务】练习REVOLVE命令的使用

单击【三维建模】面板上的按钮，启动REVOLVE命令。

命令: _revolve

选择要旋转的对象: 找到 1　　//选择要旋转的对象，该对象是面域，如图8-9（1）所示。

选择要旋转的对象:　　//按Enter键

指定轴起点或根据以下选项之一定义轴 [对象（O）/X/Y/Z] <对象>:　　//捕捉端点*A*

指定轴端点:　　//捕捉端点*B*

指定旋转角度或 [起点角度（ST）] <360>: s　　//使用"起点角度（ST）"选项

指定起点角度 <0.0>: -30　　//输入回转起始角度

指定旋转角度 <360>: 210　　//输入回转角度

再启动HIDE命令，结果如图8-9（2）所示。

要点提示　若通过拾取两点指定旋转轴，则轴的正向是从第一点指向第二点，旋转角的正方向按右手螺旋法则确定。

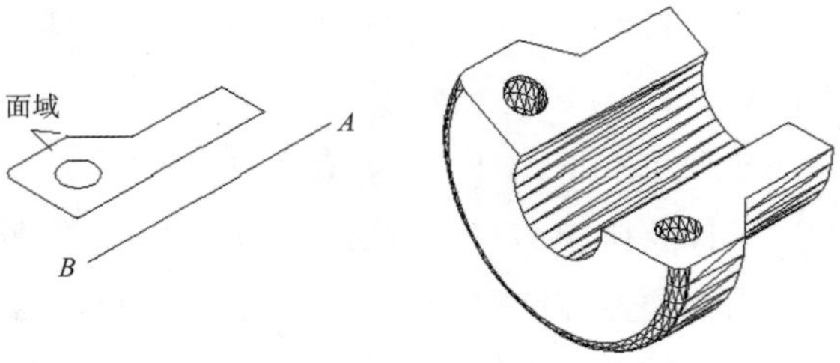

（1）　　（2）

图8-9　旋转面域形成实体

项目训练五 通过扫掠创建实体或曲面训练

【任务】练习SWEEP命令的使用

1.利用PEDIT命令将路径曲线*A*编辑成一条多段线。

2.用SWEEP命令将面域沿路径扫掠。单击【三维建模】面板上的按钮，启动SWEEP命令。

命令: _sweep

选择要扫掠的对象: 找到 1　　//选择轮廓面域，如图8-10（1）所示

选择要扫掠的对象:　　//按Enter键

选择扫掠路径或 [对齐（A）/基点（B）/比例（S）/扭曲（T）]: b　　//使用“基点（B）”选项

指定基点: end　　//捕捉*B*点

选择扫掠路径或 [对齐（A）/基点（B）/比例（S）/扭曲（T）]:　　//选择路径曲线*A*

再启动HIDE命令，结果如图8-10（2）所示。

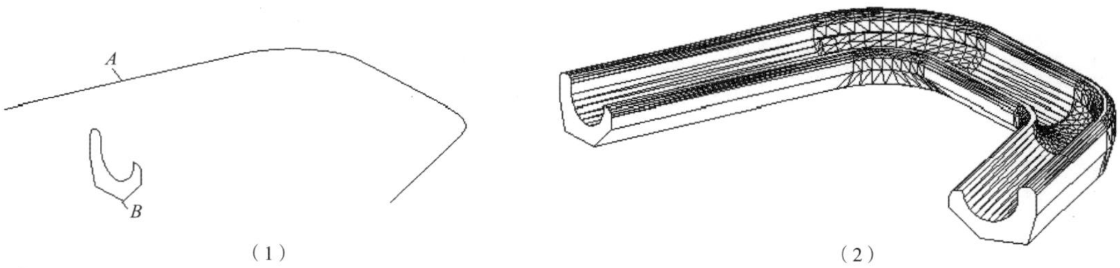

图8-10 将面域沿路径扫掠

项目训练六 通过放样创建实体或曲面训练

【任务】练习LOFT命令的使用

1.利用PEDIT命令将线条*A*、*D*、*E*编辑成多段线，如图8-11（1）所示。使用该命令时，应先将UCS的xy平面与连续线所在的平面对齐。

2.用LOFT命令在轮廓*B*、*C*间放样，路径曲线是*A*。单击【三维建模】面板上的按钮，启动LOFT命令。

命令: _loft

按放样次序选择横截面:总计 2 个　　//选择轮廓*B*、*C*，如图8-11（1）所示。

按放样次序选择横截面:　　//按Enter键

输入选项 [导向（G）/路径（P）/仅横截面（C）] <仅横截面>: P　　//使用“路径（P）”选项

选择路径曲线:　　//选择路径曲线*A*

结果如图8-11（3）所示。

3.用LOFT命令在轮廓*F*、*G*、*H*、*I*及*J*间放样，导向曲线是*D*、*E*，如图8-11（2）所示。结果如图8-11（4）所示。

命令: _loft

按放样次序选择横截面:总计 5 个　　//选择轮廓*F*、*G*、*H*、*I*及*J*

按放样次序选择横截面:　　//按Enter键

输入选项 [导向（G）/路径（P）/仅横截面（C）] <仅横截面>: G　　//使用“导向（G）”选项

选择导向曲线: 总计 2 个　　//选择导向曲线*D*、*E*

选择导向曲线:　　//按Enter键

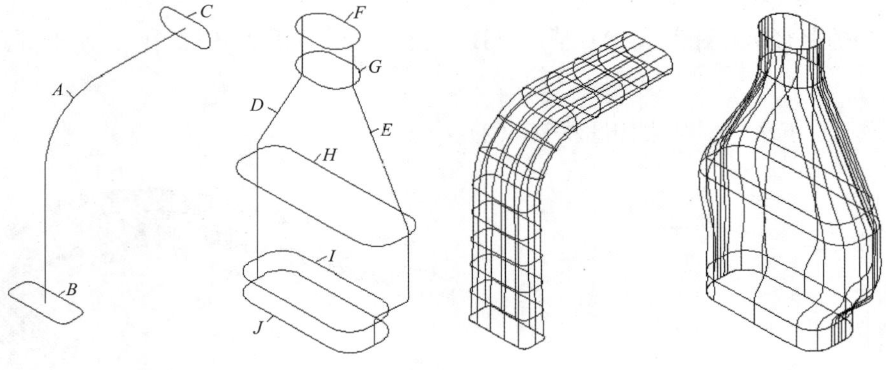

（1）　　（2）　　（3）　　（4）

图8-11　利用放样生成实体

项目训练七　利用平面或曲面切割实体训练

【任务】练习SLICE命令的使用

用SLICE命令切割实体。

单击【实体编辑】面板上的按钮，启动SLICE命令。

命令: _slice

选择要剖切的对象: 找到 1 个　　//选择实体，如图8-12（1）所示。

选择要剖切的对象:　　//按Enter键

指定切面的起点或 [平面对象（O）/曲面（S）/Z 轴（Z）/视图（V）/XY/YZ/ZX/三点（3）] <三点>:　　//按Enter键，利用3点定义剖切平面

指定平面上的第一个点: end于　　//捕捉端点*A*

指定平面上的第二个点: mid于　　//捕捉中点*B*

指定平面上的第三个点: mid于　　//捕捉中点*C*

在所需的侧面上指定点或 [保留两个侧面（B）] <保留两个侧面>:　　//在要保留的那边单击一点

命令:SLICE　　//重复命令

选择要剖切的对象: 找到 1 个　　//选择实体

选择要剖切的对象:　　//按Enter键

指定切面的起点或 [平面对象（O）/曲面（S）/Z 轴（Z）/视图（V）/XY/YZ/ZX/三点（3）] <三点>: s　　//使用"曲面（S）"选项

选择曲面:　　//选择曲面

选择要保留的实体或 [保留两个侧面（B）] <保留两个侧面>:　　//在要保留的那边单击一点

结果如图8–12（2）所示。

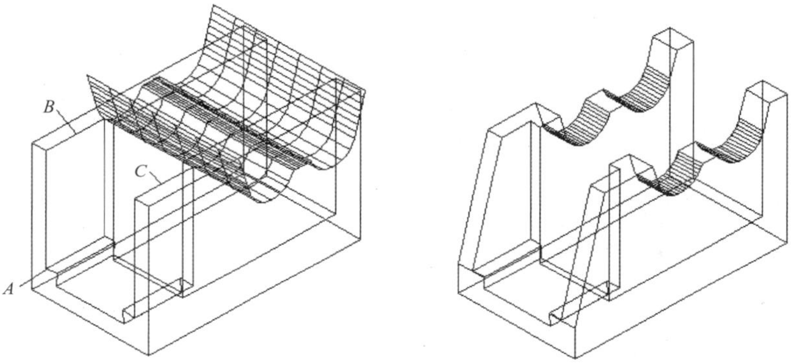

（1）　　　　（2）

图8–12　切割实体

项目训练八　螺旋线及弹簧训练

【任务】练习HELIX命令的使用

1.用HELIX命令绘制螺旋线。单击【三维建模】面板上的按钮，启动HELIX命令，结果如图8–13（1）所示。

命令: _Helix

指定底面的中心点:　　//指定螺旋线底面中心点

指定底面半径或 [直径（D）] <40.0000>: 40　　//输入螺旋线半径值

指定顶面半径或 [直径（D）] <40.0000>:　　//按Enter键

指定螺旋高度或 [轴端点（A）/圈数（T）/圈高（H）/扭曲（W）] <100.0000>: h　　//使用"圈高（H）"选项

指定圈间距 <20.0000>: 20　　//输入螺距

指定螺旋高度或 [轴端点（A）/圈数（T）/圈高（H）/扭曲（W）] <100.0000>: 100　　//输入螺旋线高度

2.用SWEEP命令将圆沿螺旋线扫掠形成弹簧，再启动HIDE命令，结果如图8-13（2）所示。

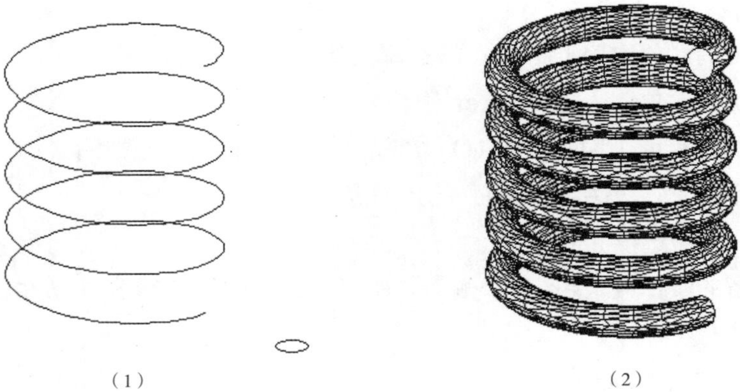

（1）　　　　　　　　（2）

图8-13　创建弹簧

项目训练九　3D移动训练

【任务】练习3DMOVE命令的使用

1.单击【修改】面板上的按钮，启动3DMOVE命令，将对象A由基点B移动到第二点C，再通过输入距离的方式移动对象D，移动距离为“40，-50”，如图8-14（1）所示，结果如图8-14（2）所示。

2.重复命令，选择对象E，按Enter键，AutoCAD显示附着在鼠标指针上的移动工具，该工具3个轴的方向与当前坐标轴的方向一致，如图8-15（1）所示。

3.移动鼠标指针到F点，并捕捉该点，移动工具就被放置在此点处，如图8-15（1）所示。

4.移动鼠标指针到G轴上，停留一会儿，显示出移动辅助线，然后单击鼠标左键确认，物体的移动方向被约束到与轴的方向一致。

5.若将鼠标指针移动到两轴间的短线处，停住直至两条短线变成黄色，则表明移动被限制在两条短线构成的平面内。

6.移动方向确定后，输入移动距离50，结果如图8-15（2）所示。用户也可通过单击一点移动对象。

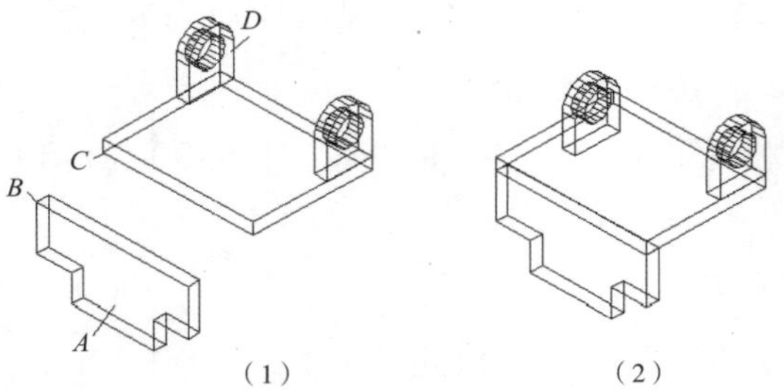

（1）　　　　（2）

图8-14　移动对象

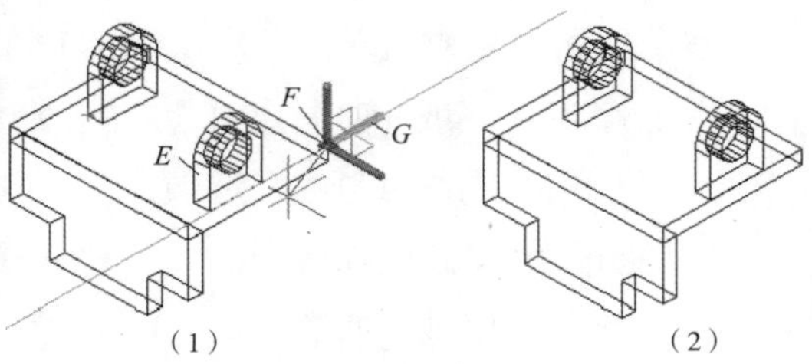

（1）　　　　（2）

图8-15　移动对象E

项目训练十　3D旋转训练

【任务】练习3DROTATE命令的使用

1.单击【修改】面板上的按钮，启动3DROTATE命令。选择要旋转的对象，按Enter键，AutoCAD显示附着在鼠标指针上的旋转工具，如图8-16（1）所示，该工具包含表示旋转方向的3个辅助圆。

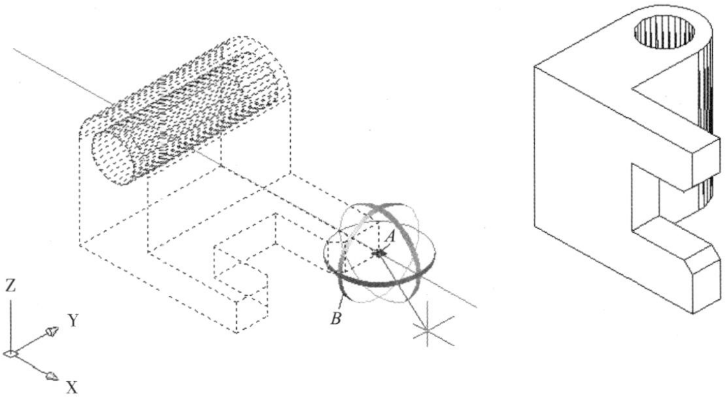

（1）　　（2）

图8-16　旋转对象

2.移动鼠标指针到A点处，并捕捉该点，旋转工具就被放置在此点，如图8-16（1）所示。

3.将鼠标指针移动到圆B处，然后停住鼠标指针直至圆变为黄色，同时出现以圆为回转方向的回转轴，单击鼠标左键确认。回转轴与当前坐标系的坐标轴是平行的，且轴的正方向与坐标轴正向一致。

4.输入回转角度值“-90”，结果如图8-16（2）所示。角度正方向按右手螺旋法则确定，也可单击一点指定回转起点，然后再单击一点指定回转终点。

使用3DROTATE命令时，回转轴与当前坐标系的坐标轴是平行的。若想指定某条线段为旋转轴，应先将UCS坐标系与线段对齐，然后把旋转工具放置在线段端点处，这样，就能使旋转轴与线段重合。

项目训练十一　3D阵列训练

【任务】练习3DARRAY命令的使用

1.用3DARRAY命令创建矩形及环形阵列。

2.单击【修改】面板上的按钮，启动3DARRAY命令。

命令: _3darray

选择对象: 找到 1 个　　//选择要阵列的对象，如图8-17所示

选择对象:　　//按Enter键

输入阵列类型 [矩形（R）/环形（P）] <矩形>:　　//指定矩形阵列

输入行数 （---） <1>: 2　　//输入行数，行的方向平行于X轴

输入列数 （|||） <1>: 3　　//输入列数，列的方向平行于Y轴

输入层数 （...） <1>: 3　　//指定层数，层数表示沿Z轴方向的分布数目

指定行间距 （---）: 50　　//输入行间距，如果输入负值，阵列方向将沿X轴反方向

指定列间距 （|||）: 80　　//输入列间距，如果输入负值，阵列方向将沿Y轴反方向

指定层间距 （...）: 120　　//输入层间距，如果输入负值，阵列方向将沿Z轴反方向

启动HIDE命令，结果如图8-17所示。

3.如果选择“环形（P）”选项，就能建立环形阵列，AutoCAD 提示:

输入阵列中的项目数目: 6 //输入环形阵列的数目

指定要填充的角度 （+=逆时针， -=顺时针） <360>:　　//按Enter键

//输入环行阵列的角度值，可以输入正值或负值，角度正方向由右手螺旋法则确定

旋转阵列对象? [是（Y）/否（N）]<是>:　　//按Enter键，则阵列的同时还旋转对象

指定阵列的中心点:　　//指定旋转轴的第一点*A*，如图8-18所示

指定旋转轴上的第二点:　　//指定旋转轴的第二点*B*

启动HIDE命令，结果如图8-18所示。

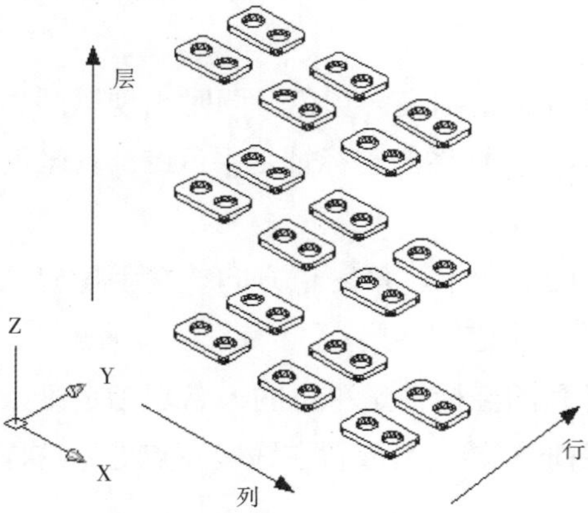

图8–17　三维阵列

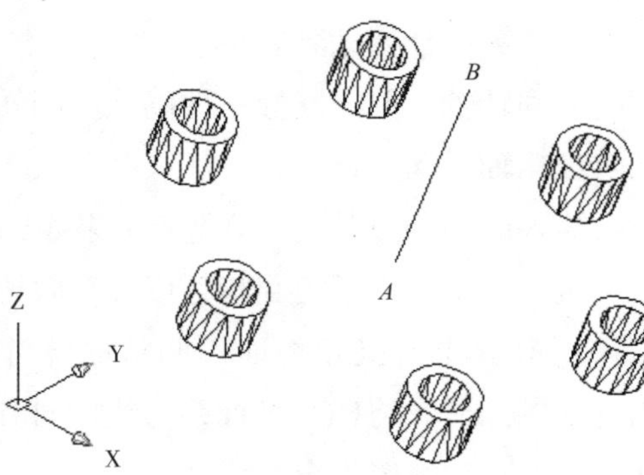

图8–18　环形阵列

项目训练十二　3D镜像训练

【任务】练习MIRROR3D命令的使用

1.用MIRROR3D命令创建对象的三维镜像。

2.单击【修改】面板上的按钮，启动MIRROR3D命令。结果如图8–19（2）所示。

命令: _mirror3d

选择对象: 找到 1 个　　//选择要镜像的对象

选择对象:　　//按Enter键

指定镜像平面 （三点） 的第一个点或[对象（O）/最近的（L）/Z轴（Z）/视图（V）/XY

平面（XY）/YZ平面（YZ）/ZX平面（ZX）/三点（3）]<三点>:　　//利用3点指定镜像平面，捕捉第一点*A*，如图8-19（1）所示

在镜像平面上指定第二点:　　//捕捉第二点*B*

在镜像平面上指定第三点:　　//捕捉第三点*C*

是否删除源对象？[是（Y）/否（N）] <否>:　　//按Enter键不删除源对象

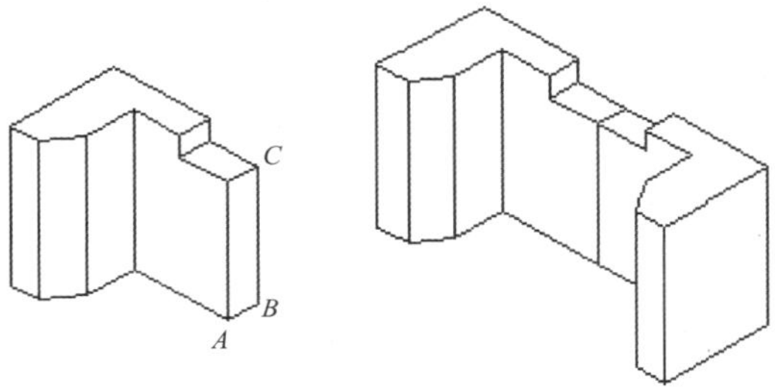

（1）　　（2）

图8-19　镜像对象

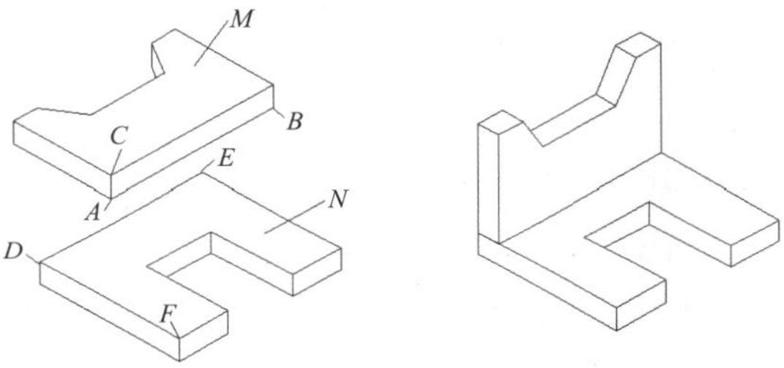

（1）　　（2）

图8-20　三维对齐

项目训练十三　3D对齐训练

【任务】练习3DALIGN命令的使用

1.用3DALIGN命令对齐3D对象。

2.单击【修改】面板上的按钮，启动3DALIGN命令。结果如图8-20（2）所示。

命令: _3dalign

选择对象: 找到 1 个　　//选择要对齐的对象

选择对象:　　//按Enter键

指定基点或 [复制（C）]:　　//捕捉源对象上的第一点*A*，如图8-20（1）所示

指定第二个点或 [继续（C）] <C>:　　//捕捉源对象上的第二点*B*

指定第三个点或 [继续（C）] <C>:　　//捕捉源对象上的第三点*C*

指定第一个目标点:　　//捕捉目标对象上的第一点*D*

指定第二个目标点或 [退出（X）] <X>:　　//捕捉目标对象上的第二点*E*

指定第三个目标点或 [退出（X）] <X>:　　//捕捉目标对象上的第三点*F*

项目训练十四　3D倒圆角及斜角训练

【任务】在3D空间中使用FILLET、CHAMFER命令

用FILLET、CHAMFER命令给3D对象倒圆角及倒角。结果如图8-21（2）所示。

命令: _fillet

选择第一个对象或 [放弃（U）/多段线（P）/半径（R）/修剪（T）/多个（M）]:　　//选择棱边*A*，如图8-21（1）所示

输入圆角半径 <10.0000>: 15　　//输入圆角半径

选择边或 [链（C）/半径（R）]:　　//选择棱边*B*

选择边或 [链（C）/半径（R）]:　　//选择棱边*C*

选择边或 [链（C）/半径（R）]:　　//按Enter键结束

命令: _chamfer

选择第一条直线或 [放弃（U）/多段线（P）/距离（D）/角度（A）/修剪（T）/方式（E）/多个（M）]:　　//选择棱边*E*，如图8-21（1）所示

基面选择:　　//平面*D*高亮显示，该面是倒角基面

输入曲面选择选项 [下一个（N）/当前（OK）] <当前>:　　//按Enter键

指定基面的倒角距离 <15.0000>: 10　　//输入基面内的倒角距离

指定其他曲面的倒角距离 <10.0000>: 30　　//输入另一平面内的倒角距离

选择边或[环（L）]:　　//选择棱边*E*

选择边或[环（L）]:　　//选择棱边*F*

选择边或[环（L）]:　　//选择棱边*G*

选择边或[环（L）]:　　//选择棱边*H*

选择边或[环（L）]:　　//按Enter键结束

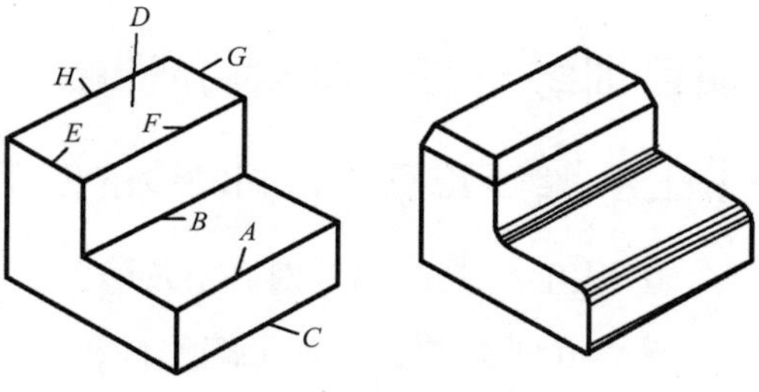

（1）　　（2）

图8-21　倒圆角及斜角

项目训练十五　编辑实体的表面训练

【任务1】拉伸面

1.利用SOLIDEDIT命令拉伸实体表面。

2.单击【实体编辑】面板上的按钮，AutoCAD主要提示:

命令: _solidedit

选择面或 [放弃（U）/删除（R）]: 找到一个面。　　//选择实体表面*A*，如图8-22（1）所示

选指定拉伸高度或 [路径（P）]: 50　　//输入拉伸的距离

指定拉伸的倾斜角度 <0>: 5　　//指定拉伸的锥角，结果如图8-22（2）所示

择面或 [放弃（U）/删除（R）/全部（ALL）]:　　//按Enter键，结果如图8-22（4）所示

要点提示

用户可用PEDIT命令的“合并（J）”选项将当前坐标系平面内的连续几段线条连接成多段线，这样就可以将其定义为拉伸路径了。

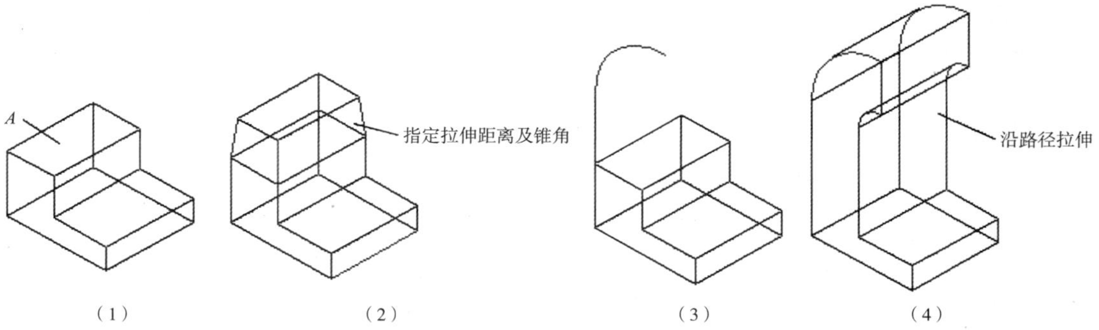

图8-22　拉伸实体表面

【任务2】旋转面

1.利用SOLIDEDIT命令旋转实体表面。

2.单击【实体编辑】面板上的按钮，AutoCAD主要提示：

命令: _solidedit

选择面或 [放弃（U）/删除（R）]: 找到一个面。　　//选择表面A

选择面或 [放弃（U）/删除（R）/全部（ALL）]:　　//按Enter键

指定轴点或 [经过对象的轴（A）/视图（V）/X 轴（X）/Y 轴（Y）/Z 轴（Z）] <两点>:　　//捕捉旋转轴上的第一点D，如图8-23（1）所示

在旋转轴上指定第二个点:　　//捕捉旋转轴上的第二点E

指定旋转角度或 [参照（R）]: -30　　//输入旋转角度

结果如图8-23（2）所示。

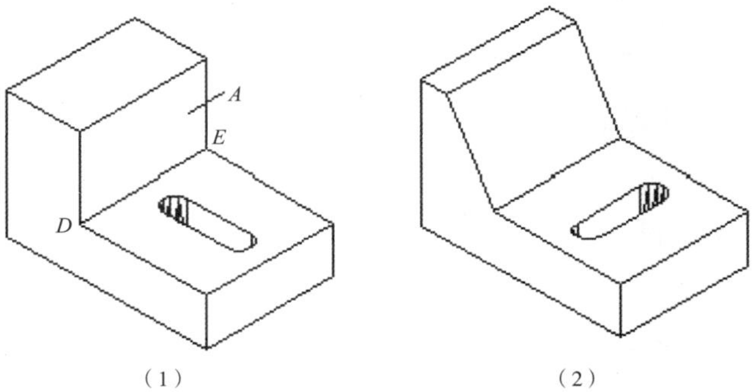

图8-23　旋转面

【任务3】压印

1.单击【实体编辑】面板上的按钮，AutoCAD主要提示：

选择三维实体:　　//选择实体模型

选择要压印的对象:　　//选择圆A，如图8-24（1）所示

是否删除源对象? <N>: y　　//删除圆A

选择要压印的对象:　　//按Enter键

2.单击　按钮，AutoCAD主要提示：

选择面或 [放弃（U）/删除（R）]: 找到一个面。　　//选择表面B，如图8-24（2）

所示

选择面或 [放弃（U）/删除（R）/全部（ALL）]:　　//按Enter键

指定拉伸高度或 [路径（P）]: 10　　//输入拉伸高度

指定拉伸的倾斜角度 <0>:　　//按Enter键

结果如图8-24（3）所示。

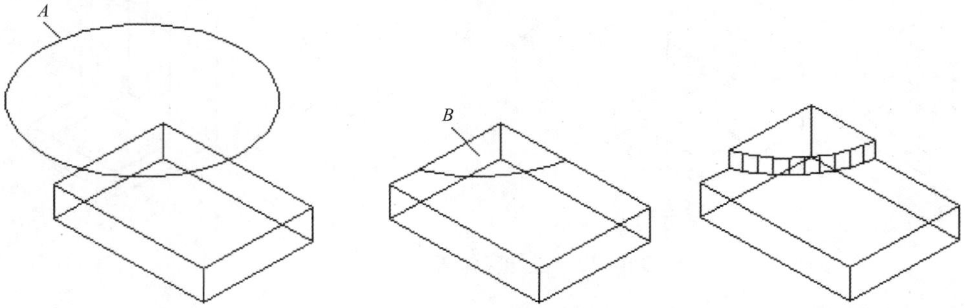

（1）　　（2）　　（3）

图8-24　压印

【任务4】抽壳

1.利用SOLIDEDIT命令创建一个薄壳体。

2.单击【实体编辑】面板上的按钮，AutoCAD主要提示:

选择三维实体:　　//选择要抽壳的对象

删除面或 [放弃（U）/添加（A）/全部（ALL）]: 找到一个面，已删除 1 个　　//选择要删除的表面*A*，如图8-25（1）所示

删除面或 [放弃（U）/添加（A）/全部（ALL）]:　　//按Enter键

输入抽壳偏移距离: 10　　//输入壳体厚度

结果如图8-25（2）所示。

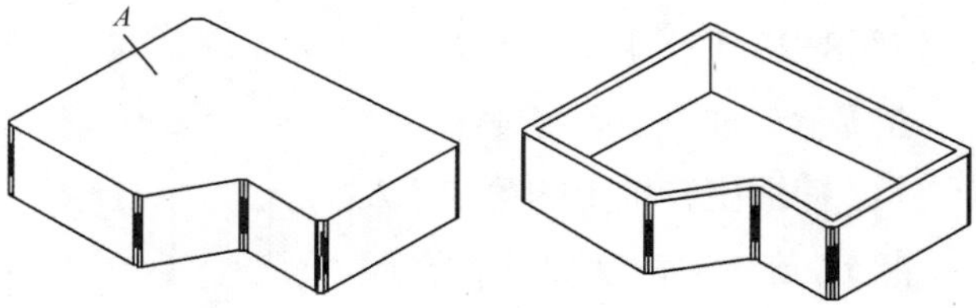

（1）　　（2）

图8-25　抽壳

项目训练十六　用户坐标系训练

【任务】在三维空间中创建坐标系

1.改变坐标原点。键入UCS命令，AutoCAD提示:

命令: ucs

指定 UCS 的原点或 [面（F）/命名（NA）/对象（OB）/上一个（P）/视图（V）/世界（W）/X/Y/Z/Z 轴（ZA）] <世界>:　　//捕捉*A*点，如图8-26所示。

指定 X 轴上的点或 <接受>:　　//按Enter键

结果如图8–26所示。

2.将UCS坐标系绕X轴旋转90°。结果如图8–27所示。

命令:UCS

指定 UCS 的原点或 [面（F）/命名（NA）/对象（OB）/上一个（P）/视图（V）/世界（W）/X/Y/Z/Z 轴（ZA）] <世界>: x　　//使用“X”选项

指定绕 X 轴的旋转角度 <90>: 90　　//输入旋转角度

3.利用3点定义新坐标系。结果如图8–28所示。

命令:UCS

指定 UCS 的原点或 [面（F）/命名（NA）/对象（OB）/上一个（P）/视图（V）/世界（W）/X/Y/Z/Z 轴（ZA）] <世界>: end于　　//捕捉*B*点，如图8–28所示

在正 X 轴范围上指定点: end于　　//捕捉*C*点

在 UCS XY 平面的正 Y 轴范围上指定点: end于　　//捕捉*D*点

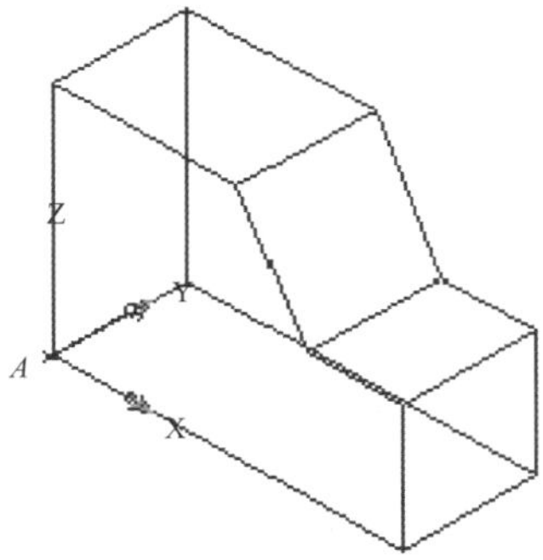

图8–26　改变坐标原点

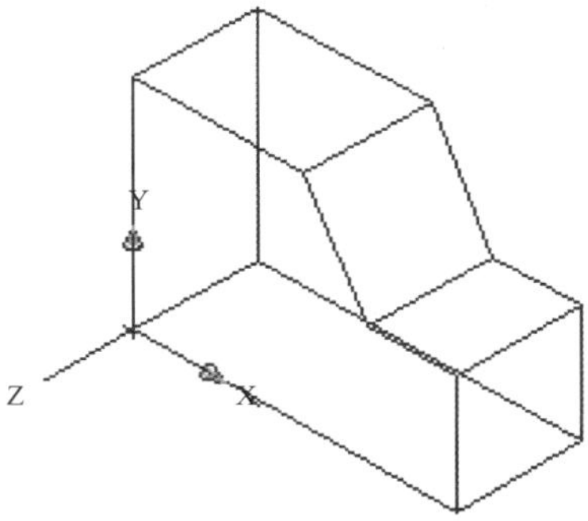

图8–27　将坐标系绕X轴旋转

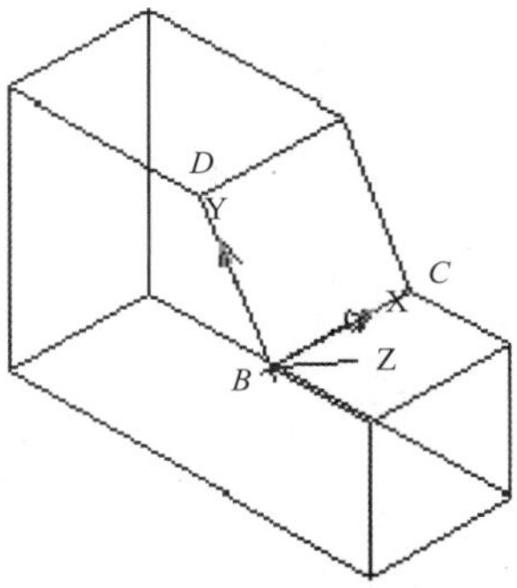

图8–28　利用3点定义新坐标系

项目训练十七　利用布尔运算构建复杂实体模型训练

【任务1】并集操作

1.用UNION命令进行并运算。

2.单击【实体编辑】面板上的按钮或键入UNION命令，AutoCAD提示:

命令: _union

选择对象: 找到 2 个　　//选择圆柱体及长方体，如图8–29（1）所示

选择对象:　　//按Enter键

结果如图8–29（2）所示。

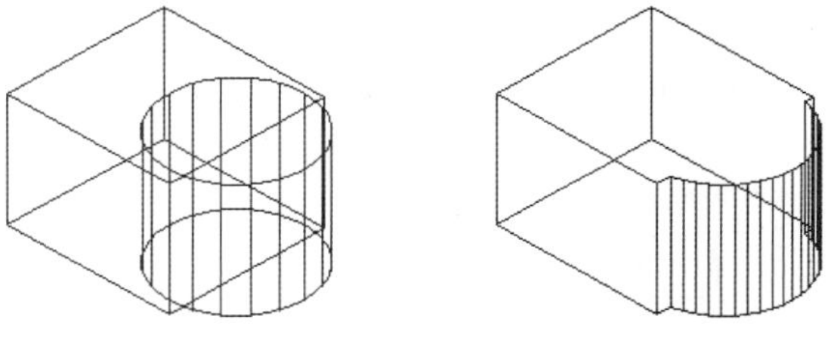

（1）　　（2）

图8–29　并集操作

【任务2】差集操作

1.用SUBTRACT命令进行差运算。

2.单击【实体编辑】面板上的按钮或键入SUBTRACT命令，AutoCAD提示：

命令: _subtract

选择对象: 找到 1 个　　//选择长方体，如图8-30（1）所示

选择对象:　　//按Enter键

选择对象: 找到 1 个　　//选择圆柱体

选择对象:　　//按Enter键

结果如图8-30（2）所示。

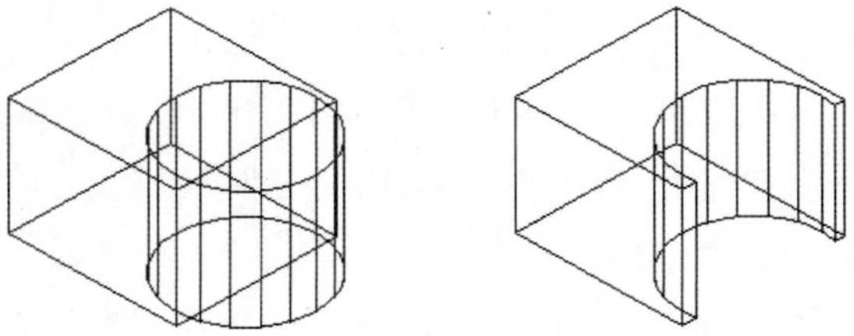

（1）　（2）

图8-30　差集操作

【任务3】交集操作

1.用INTERSECT命令进行交运算。

2.单击【实体编辑】面板上的按钮或键入INTERSECT命令，AutoCAD提示：

命令: _intersect

选择对象:　　//选择圆柱体和长方体，如图8-31（1）所示

选择对象:　　//按Enter键

结果如图8-31（2）所示。

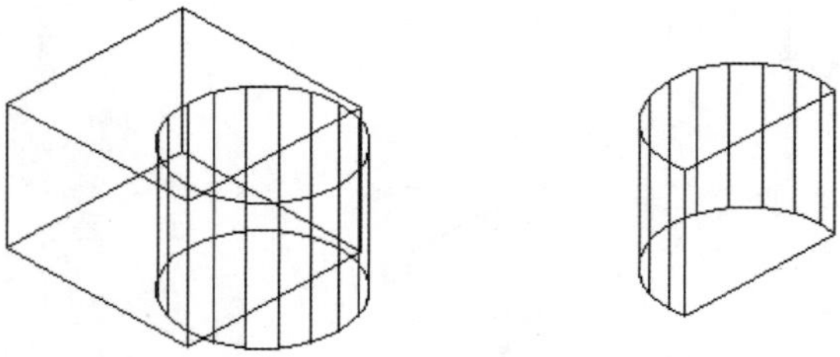

（1）　（2）

图8-31　交集操作

【任务4】绘制实体模型

绘制图8-32所示支撑架的实体模型，通过此例子演示三维建模的过程 。

1.创建一个新图形。

2.选择菜单命令【视图】/【三维视图】/【东南等轴测】，切换到东南等轴测视图。在XY平面绘制底板的轮廓形状，并将其创建成面域，结果如图8-33所示。

3.拉伸面域，形成底板的实体模型，结果如图8-34所示。

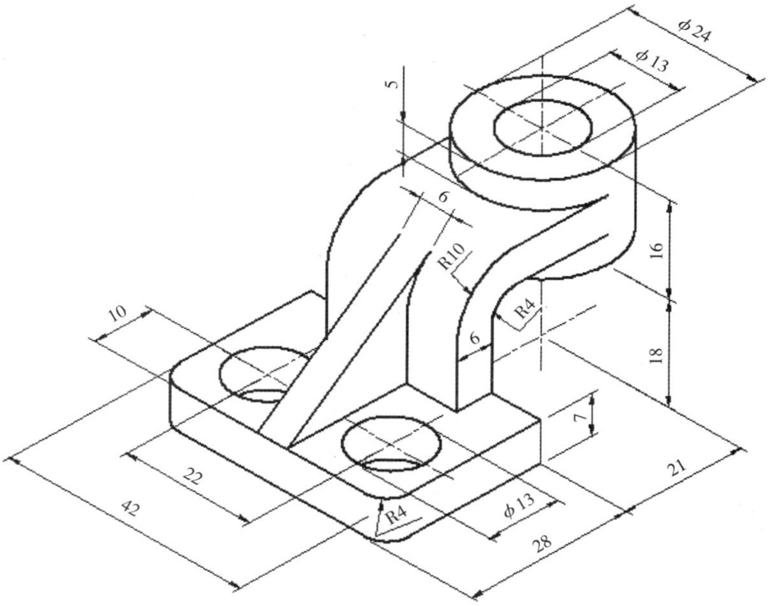

图8-32　支撑架实体模型

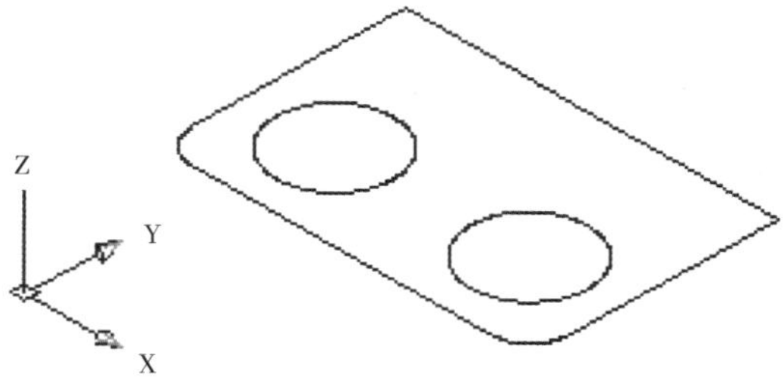

图8-33　创建面域

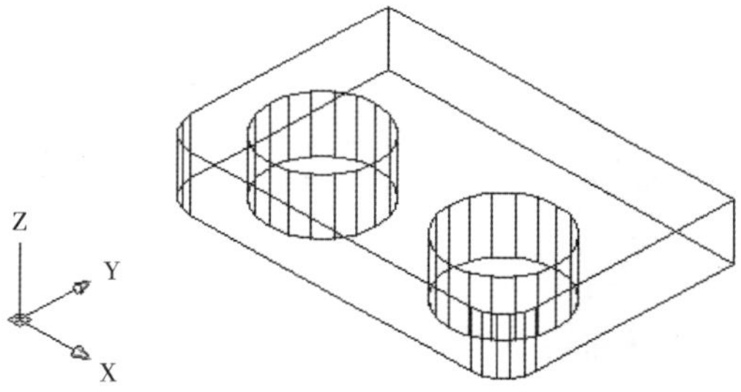

图8-34　拉伸面域

4.建立新的用户坐标系，在新XY平面内绘制弯板及三角形筋板的二维轮廓，并将其创建成面域，结果如图8-35所示。

5.拉伸面域A、B，形成弯板及筋板的实体模型，结果如图8-36所示。

6.用MOVE命令将弯板及筋板移动到正确的位置，结果如图8-37所示。

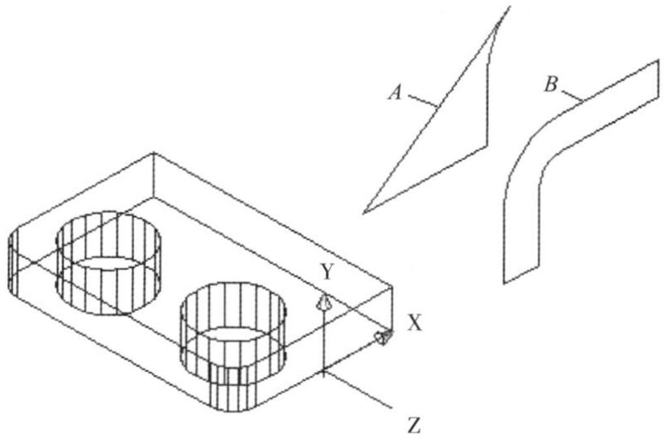

图8-35　新建坐标系及创建面域

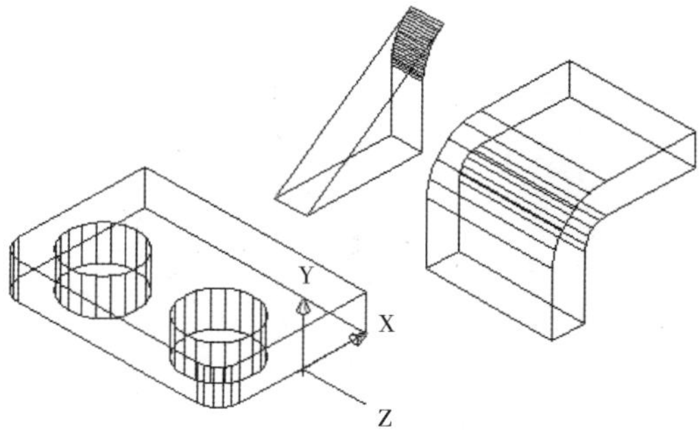

图8-36　拉伸面域

7.建立新的用户坐标系，如图8-38（1）所示，再绘制两个圆柱体，结果如图8-38（2）所示。

8.合并底板、弯板、筋板及大圆柱体，使其成为单一实体，然后从该实体中去除小圆柱体，结果如图8-39所示。

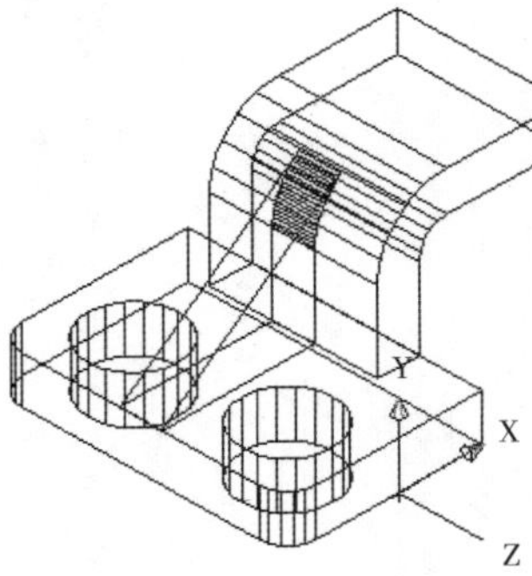

图8-37　移动对象

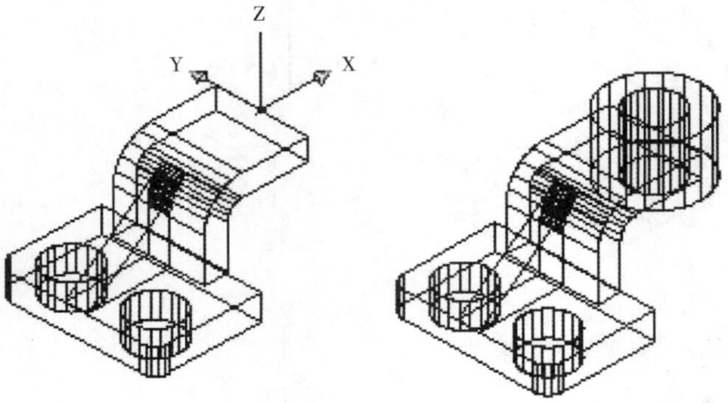

（1）　　（2）

图8-38　新建坐标系

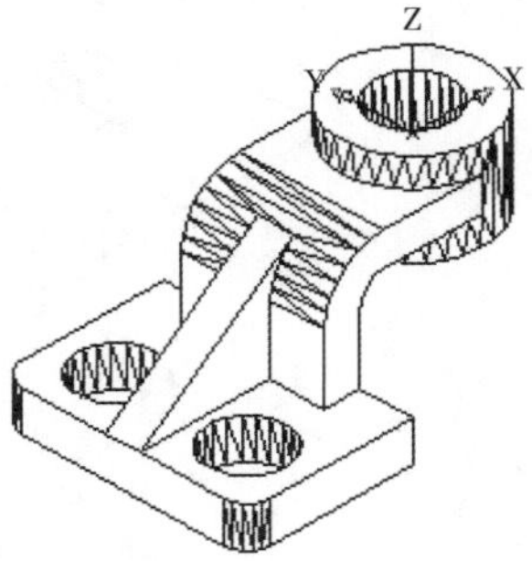

图8-39　执行并运算

【综合练习】

【练习1】绘制立体实体模型。

绘制图8-40所示的实体模型，主要作图步骤如图8-41所示。

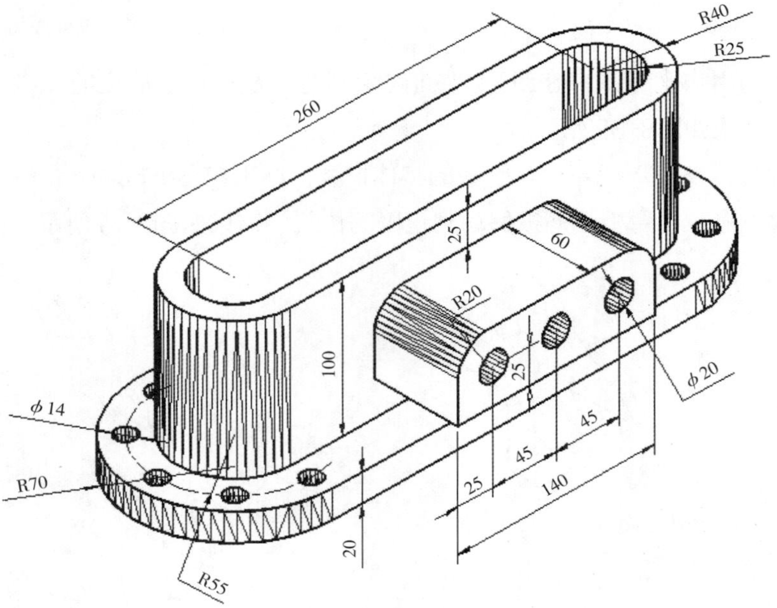

图8-40　创建实体模型

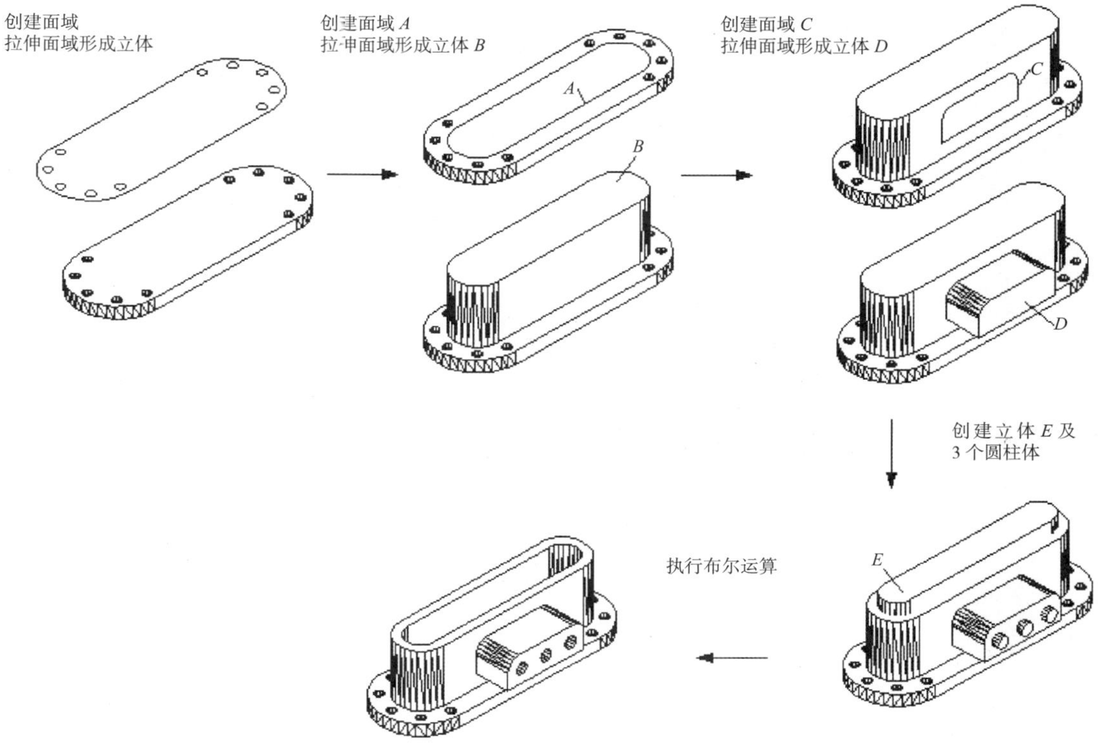

图8-41　主要作图步骤

【练习2】绘制实体模型。

绘制图8-42所示的实体模型，主要作图步骤如图8-43所示。

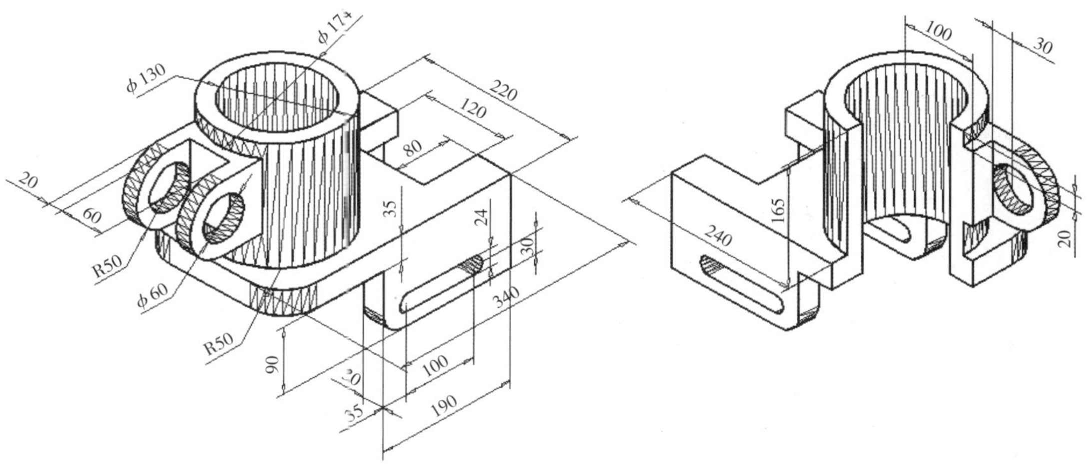

图8-42　创建实体模型

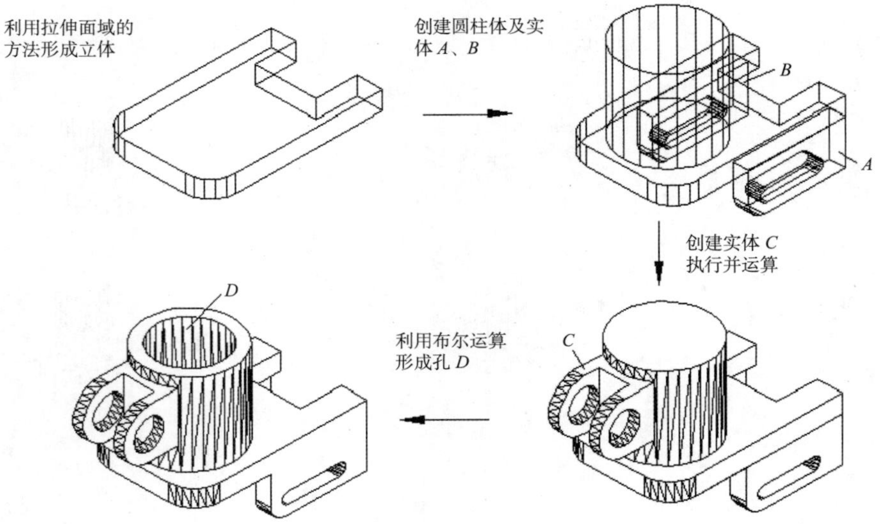

图8-43　主要作图步骤

【习题】

1.绘制图8-44所示的实心体模型。
2.绘制图8-45所示的实心体模型。
3.绘制图8-46所示的实心体模型。
4.绘制图8-47所示的实心体模型。
5.绘制图8-48所示的实心体模型。

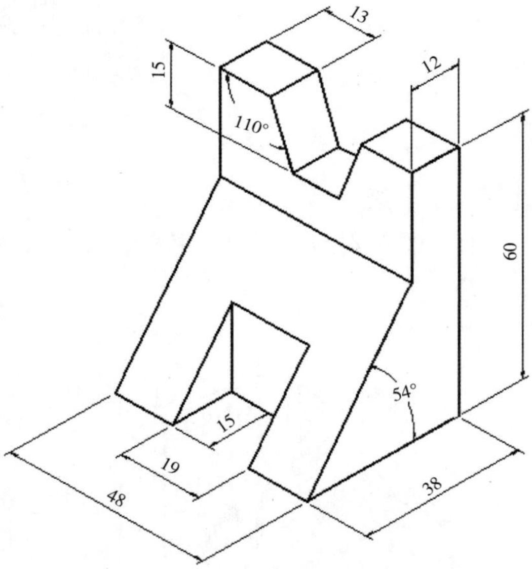

图8-44　创建实体模型（1）

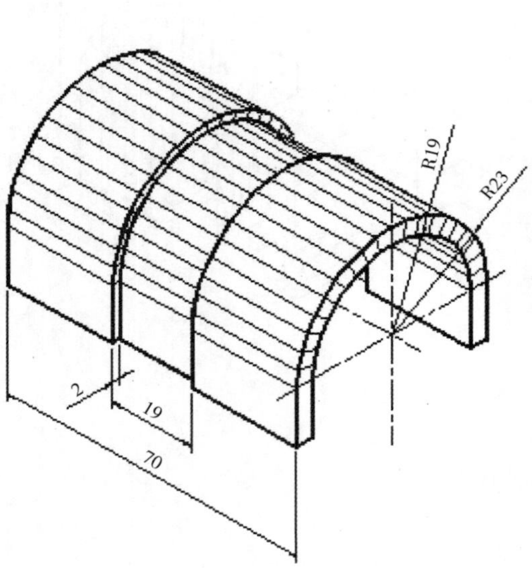

图8-45　创建实体模型（2）

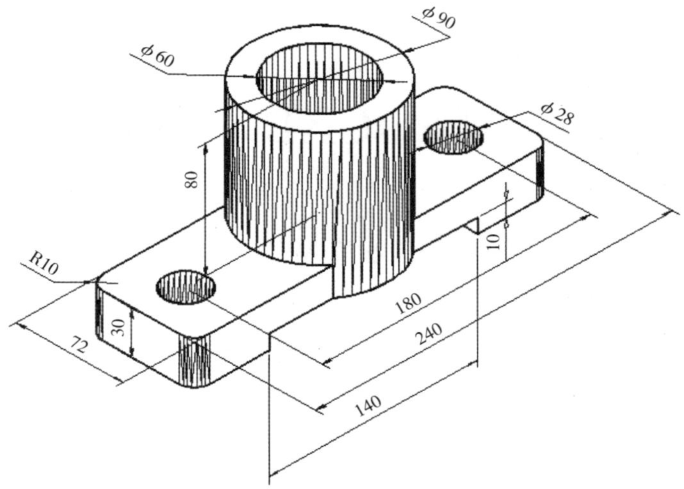

图8-46　创建实体模型（3）

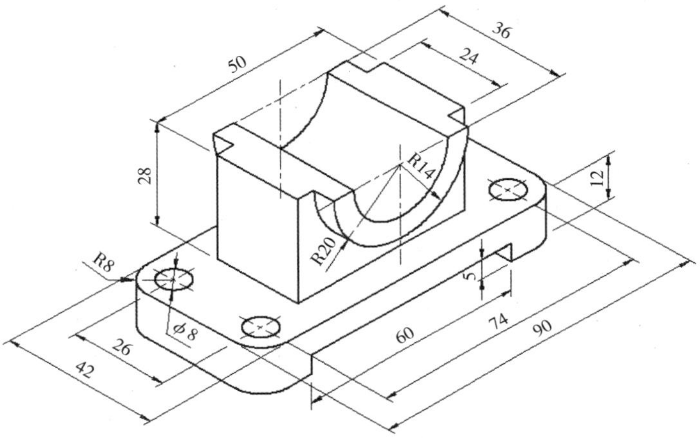

图8-47　创建实体模型（4）

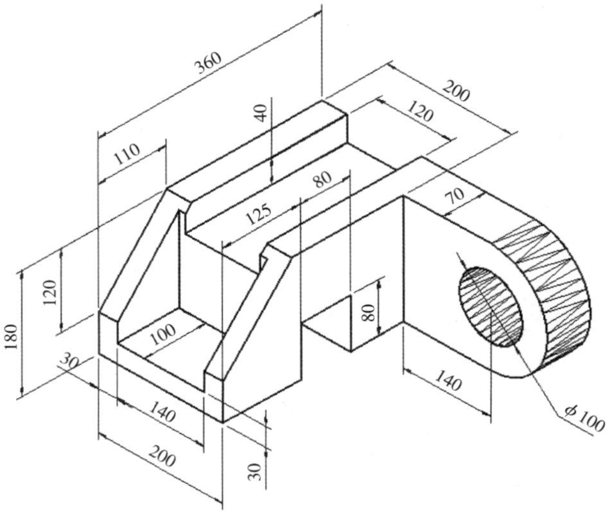

图8-48　创建实体模型（5）

模块训练九　AutoCAD证书考试练习题

为满足读者参加绘图员考试的需要，本模块根据劳动部职业技能证书考试的要求安排了一定数量的练习题，使学生可以在考前对所学AutoCAD知识进行综合演练。

【任务1】作图练习

1.绘制如图9-1所示几何图案。

2.绘制如图9-2所示几何图案，图中填充对象为“ANSI38”。

3.绘制如图9-3所示几何图案。

4. 绘制如图9-4所示几何图案。

5.用LINE、CIRCLE、OFFSET、ARRAY等命令绘制图如图9-5所示平面图形。

6.用LINE、CIRCLE、OFFSET、MIRROR等命令绘制如图9-6所示平面图形。

7.用LINE、CIRCLE、OFFSET、ARRAY等命令绘制如图9-7所示平面图形。

8.用LINE、CIRCLE、COPY等命令绘制如图9-8所示平面图形。

9.用LINE、CIRCLE、TRIM等命令绘制如图9-9所示平面图形。

10.用LINE、CIRCLE、TRIM等命令绘制如图9-10所示平面图形 。

11.用LINE、CIRCLE、TRIM等命令绘制如图9-11所示平面图形。

12.用LINE、CIRCLE、TRIM、ARRAY等命令绘制如图9-12所示图形 。

13.根据图9-13主视图、俯视图画出左视图。

14.根据图9-14所示主视图、左视图画出俯视图。

15.根据图9-15所示主视图、左视图画出俯视图 。

16.根据图9-16已有视图将主视图改画成全剖视图。

17.根据图9-17已有视图将左视图改画成全剖视图。

18.根据图9-18已有视图将主视图改画成半剖视图。

19.根据图9-19所示轴测图及视图轮廓绘制三视图。

20.根据图9-20所示轴测图及视图轮廓绘制三视图。

21.根据图9-21所示轴测图绘制三视图。

22.根据图9-22所示轴测图及视图轮廓绘制三视图。

23.根据图9-23所示轴测图及视图轮廓绘制三视图。

24.根据图9-24所示轴测图绘制三视图。

25.根据图9-25所示轴测图绘制三视图。

26.根据图9-26所示轴测图绘制三视图。

27.根据图9-27所示轴测图绘制三视图。
28.绘制图9-28连接轴套零件图。
29.绘制图9-29传动丝杠零件图。
30.绘制图9-30端盖零件图。
31.绘制图9-31带轮零件图。
32.绘制图9-32支承架零件图。
33.绘制图9-33所示拨叉零件图。
34.绘制图9-34箱体零件图。
35.绘制图9-35尾架零件图。

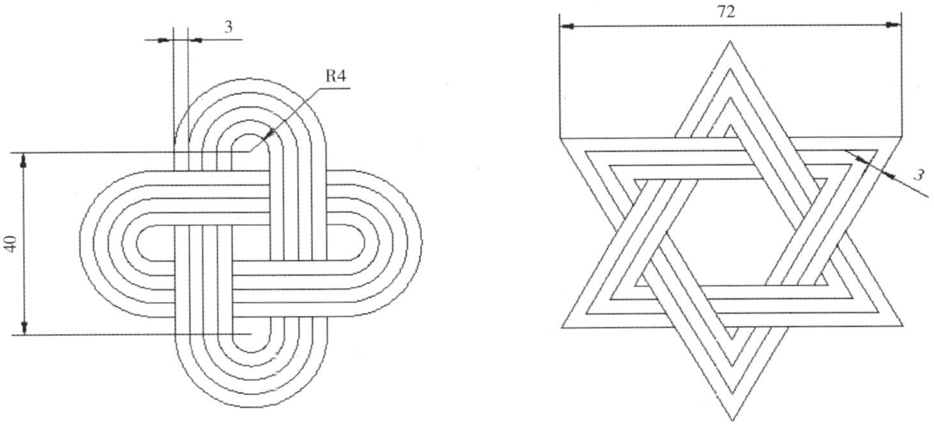

图9-1　绘制几何图案（1）

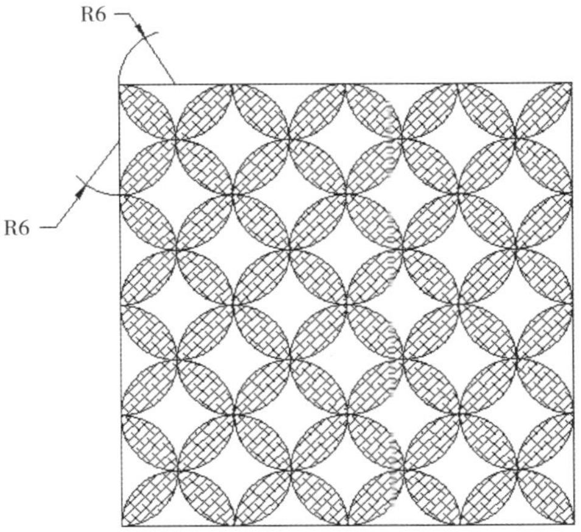

图9-2　绘制几何图案（2）

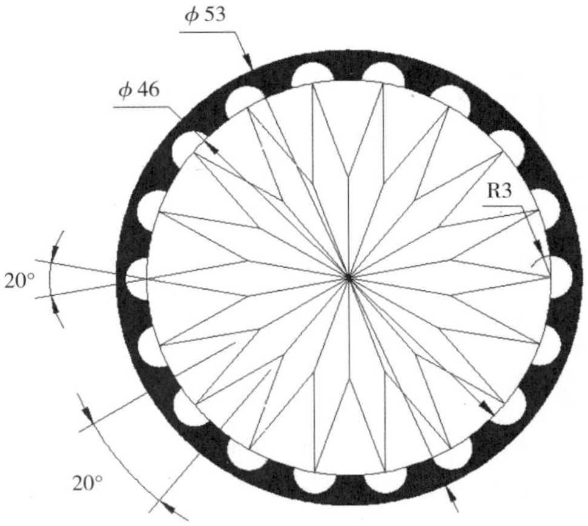

图9-3　绘制几何图案（3）

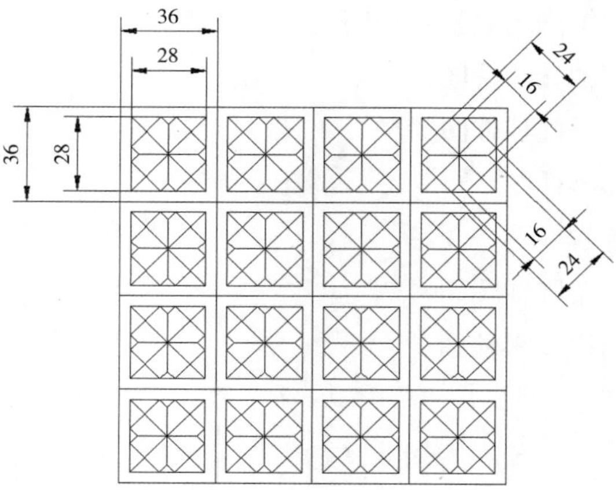

图9-4　绘制几何图案（4）

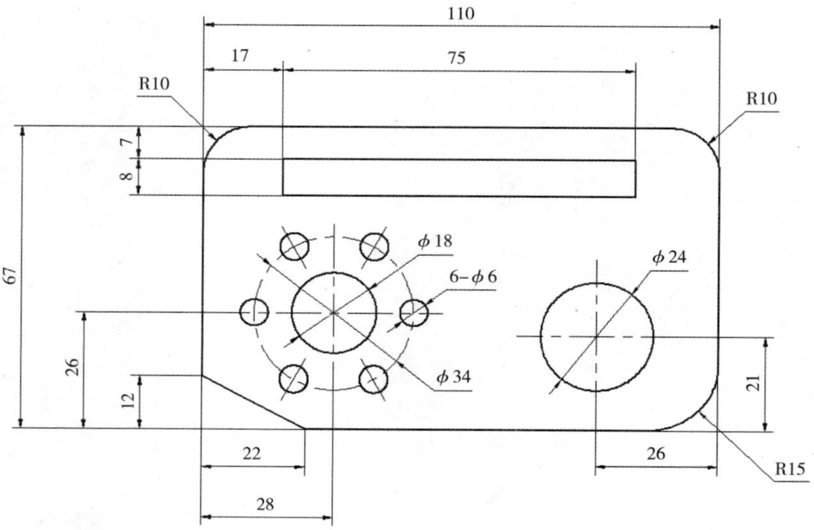

图9-5　平面绘图综合练习（1）

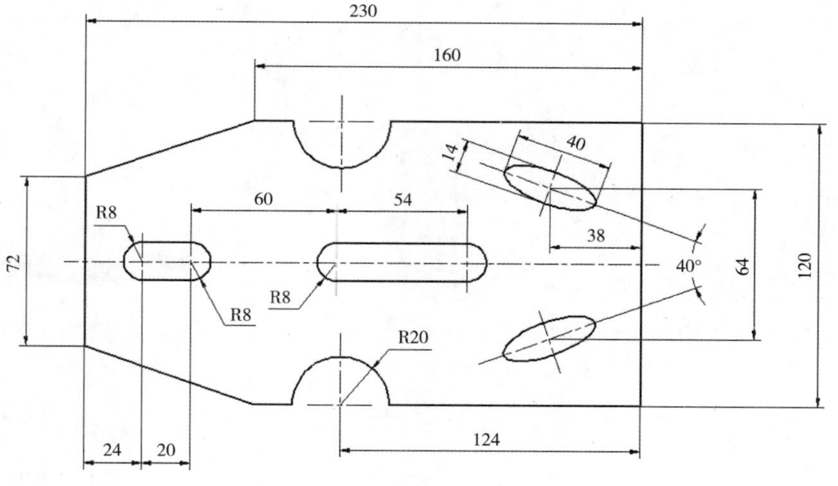

图9-6　平面绘图综合练习（2）

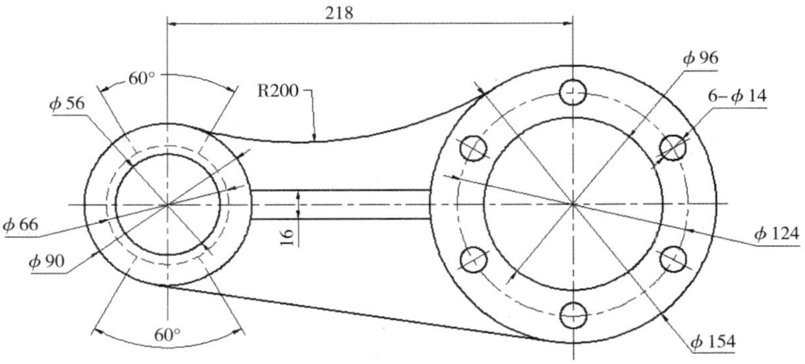

图9-7　平面绘图综合练习（3）

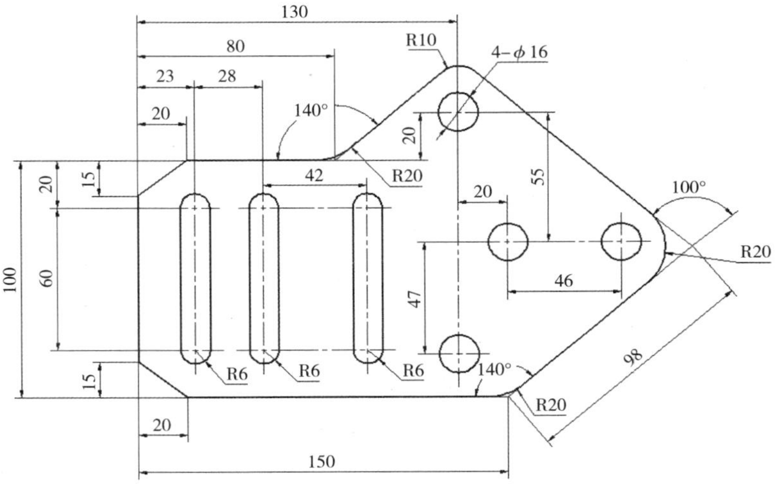

图9-8　平面绘图综合练习（4）

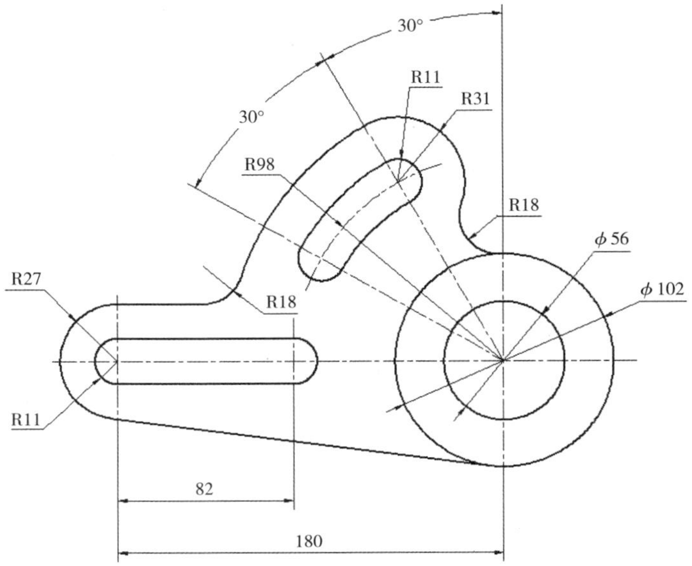

图9-9　平面绘图综合练习（5）

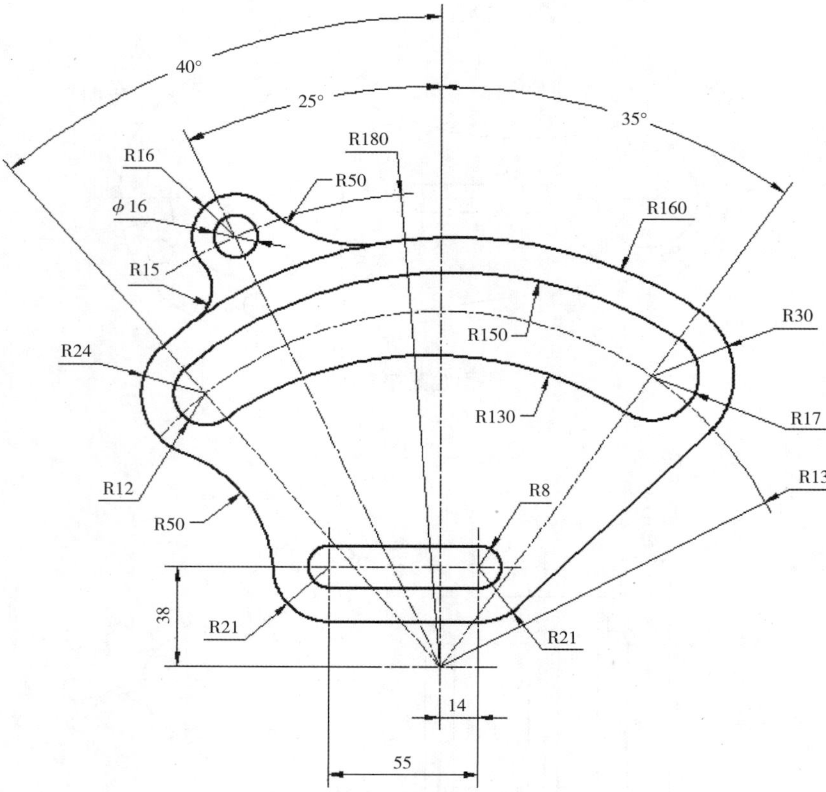

图9-10　平面绘图综合练习（6）

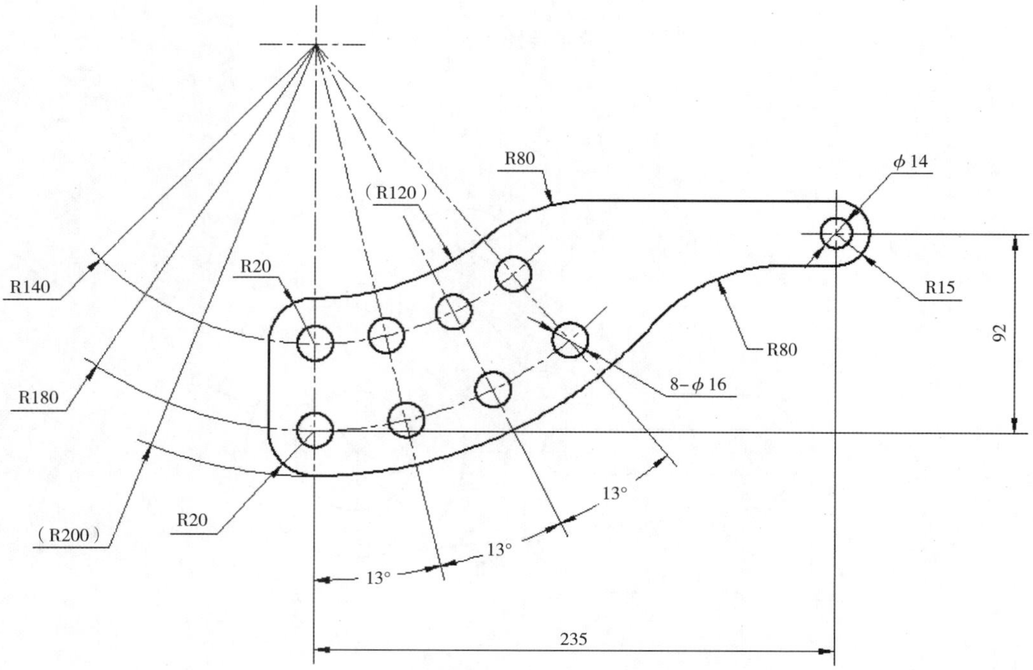

图9-11　平面绘图综合练习（7）

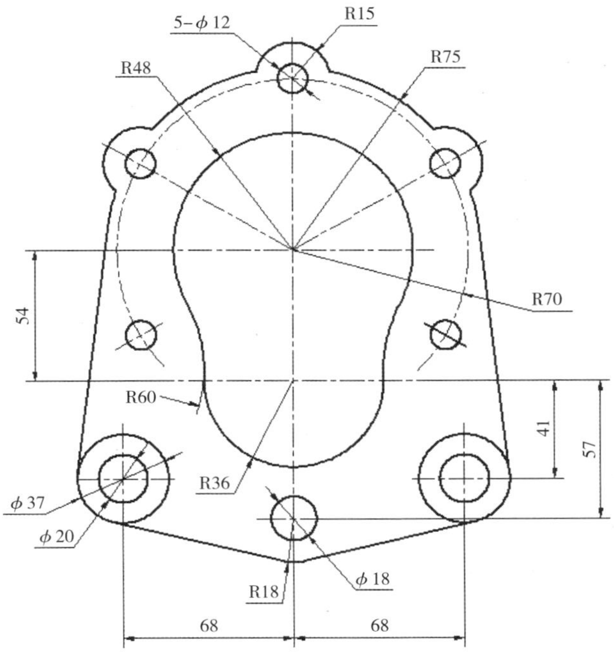

图9-12　平面绘图综合练习（8）

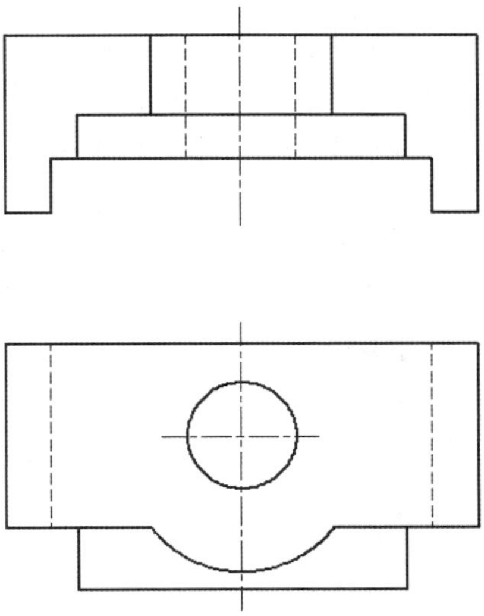

图9-13　补画左视图

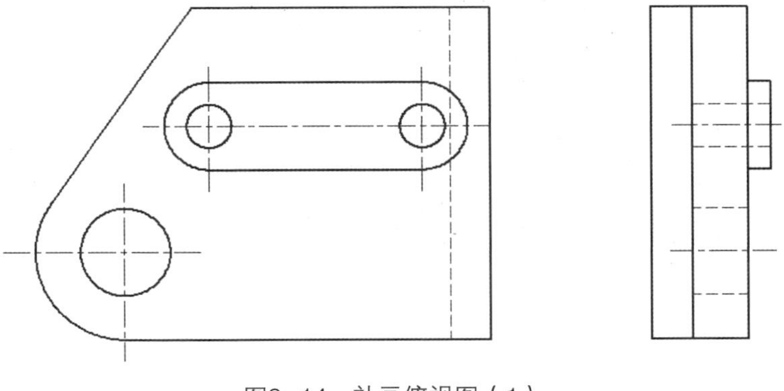

图9-14　补画俯视图（1）

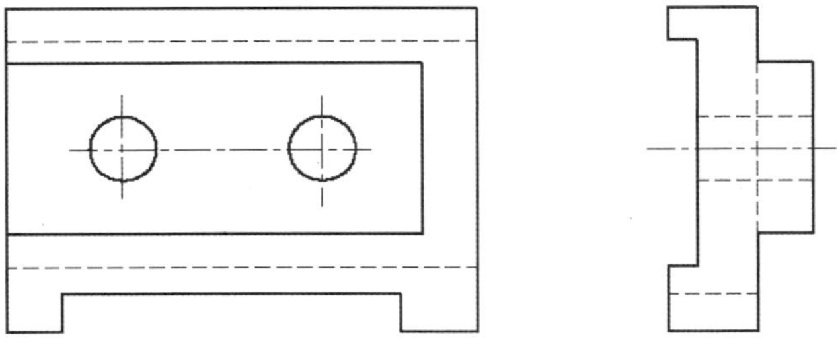

图9-15　补画俯视图（2）

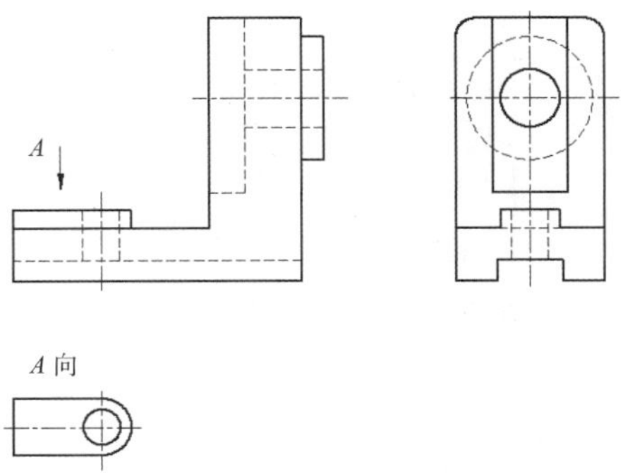

图9-16　将主视图改画成全剖视图

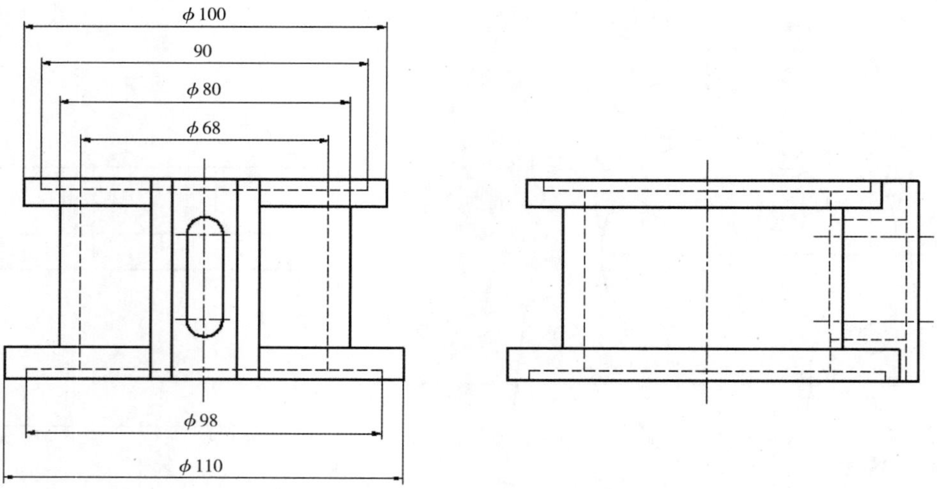

图9-17　将左视图改画成全剖视图

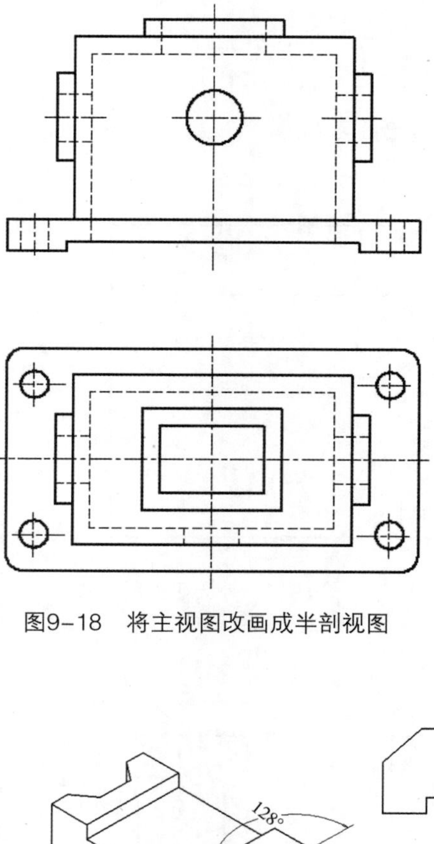

图9-18　将主视图改画成半剖视图

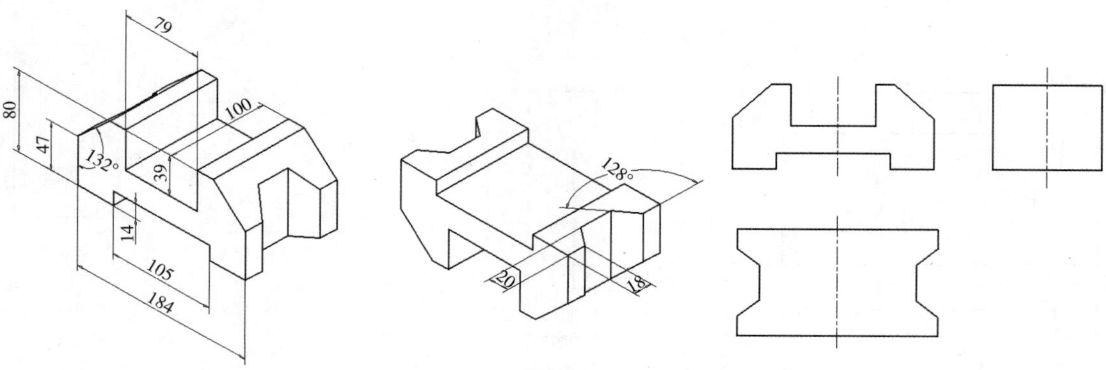

图9-19　绘制三视图（1）

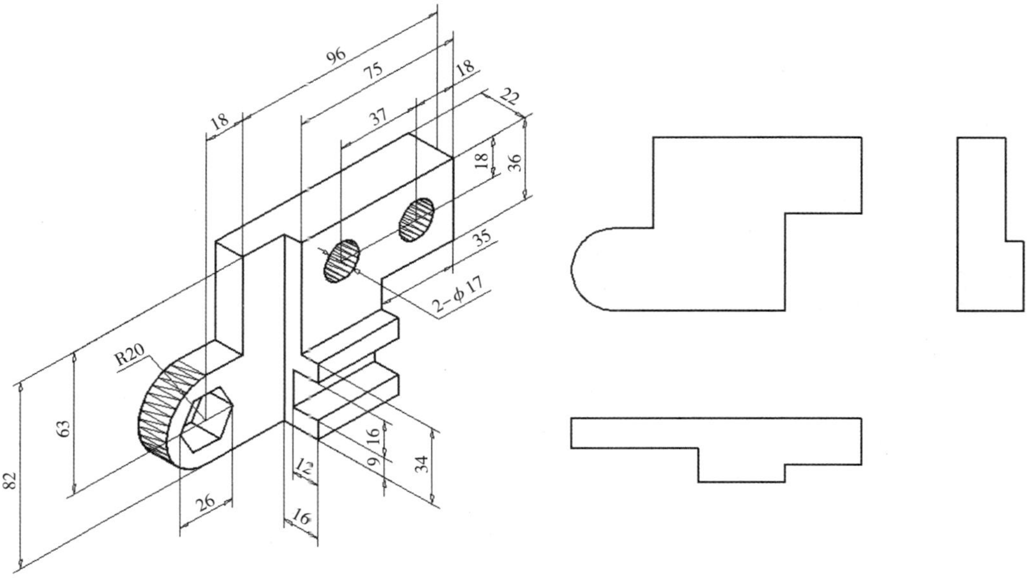

图9-20　绘制三视图（2）

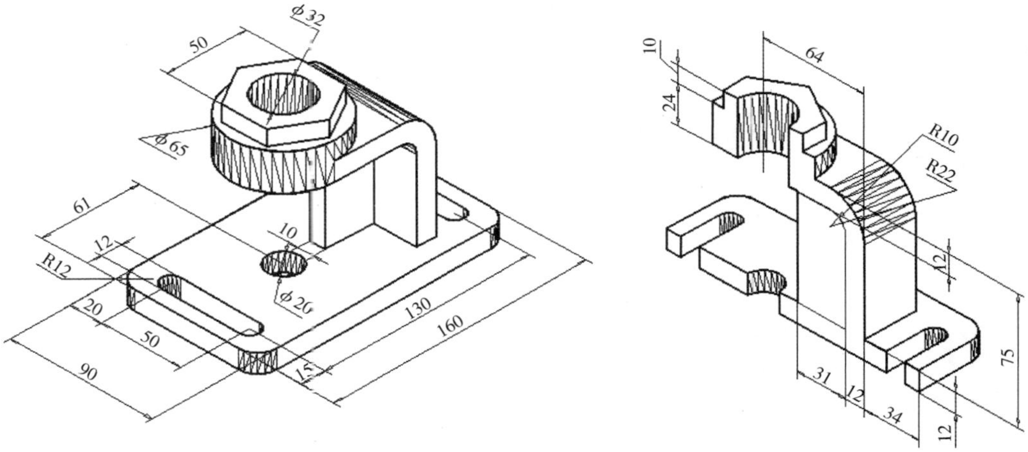

图9-21　绘制三视图（3）

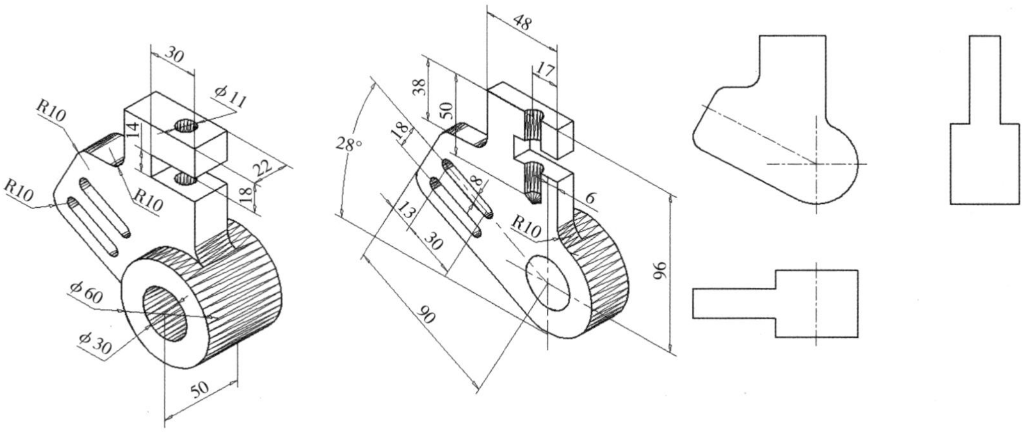

图9-22　绘制三视图（4）

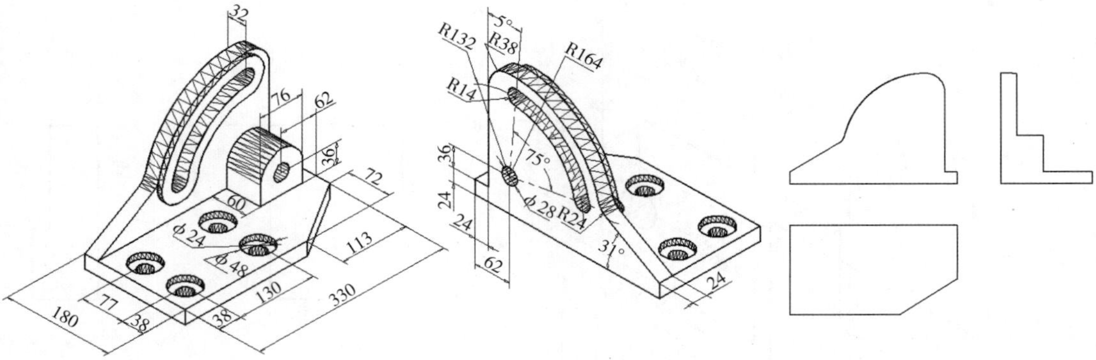

图9-23　绘制三视图（5）

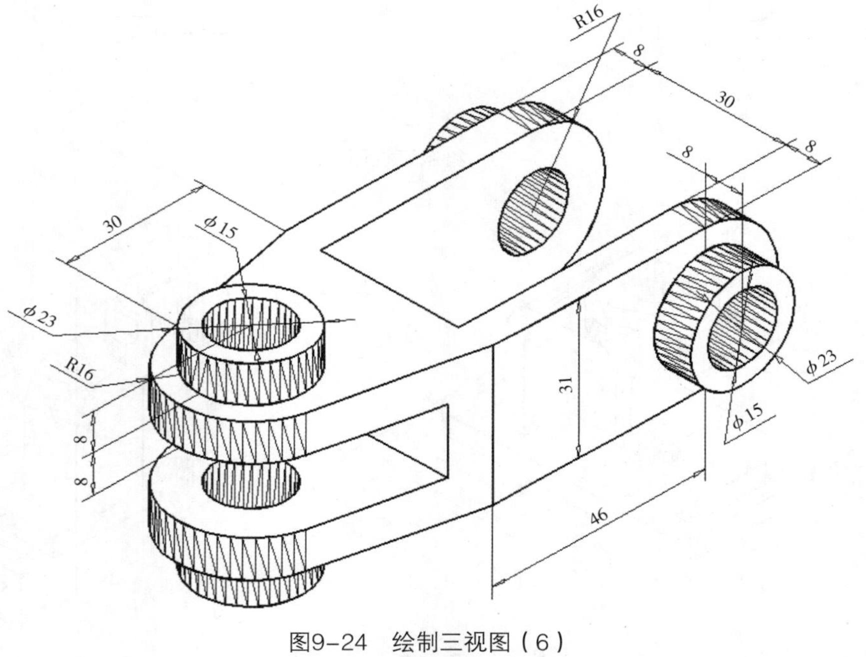

图9-24　绘制三视图（6）

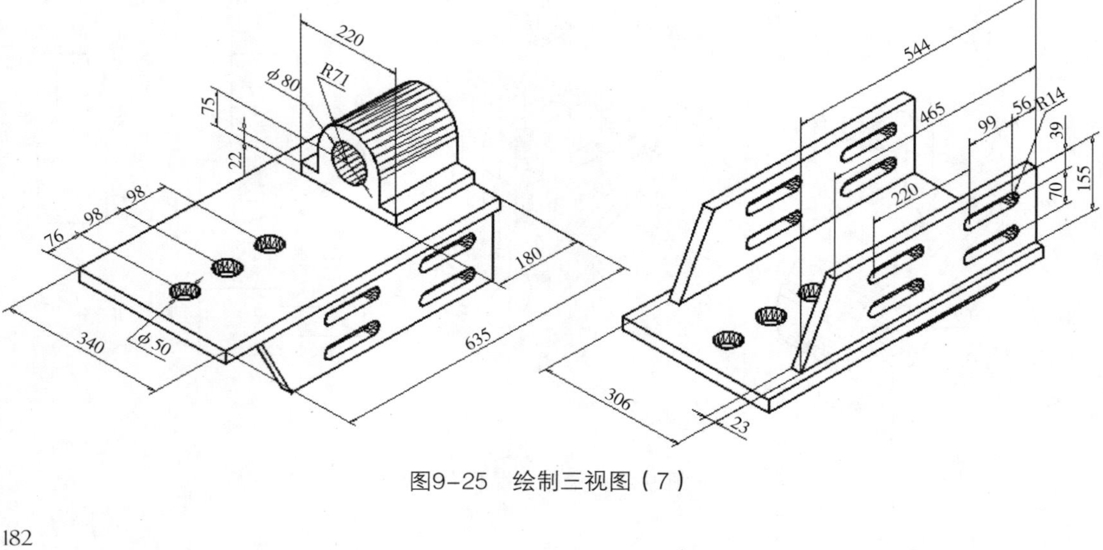

图9-25　绘制三视图（7）

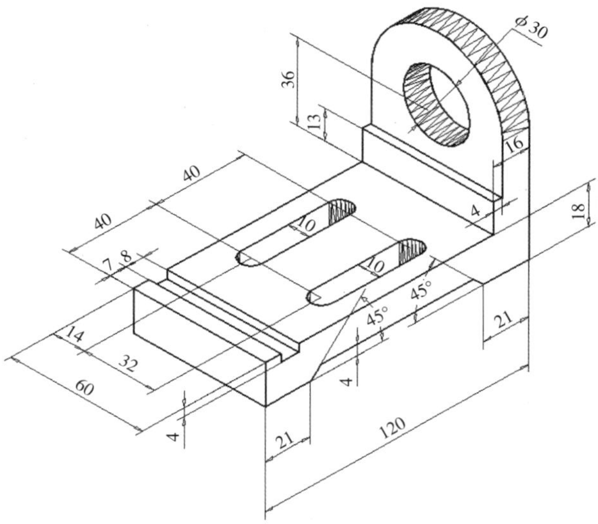

图9-26　绘制三视图（8）

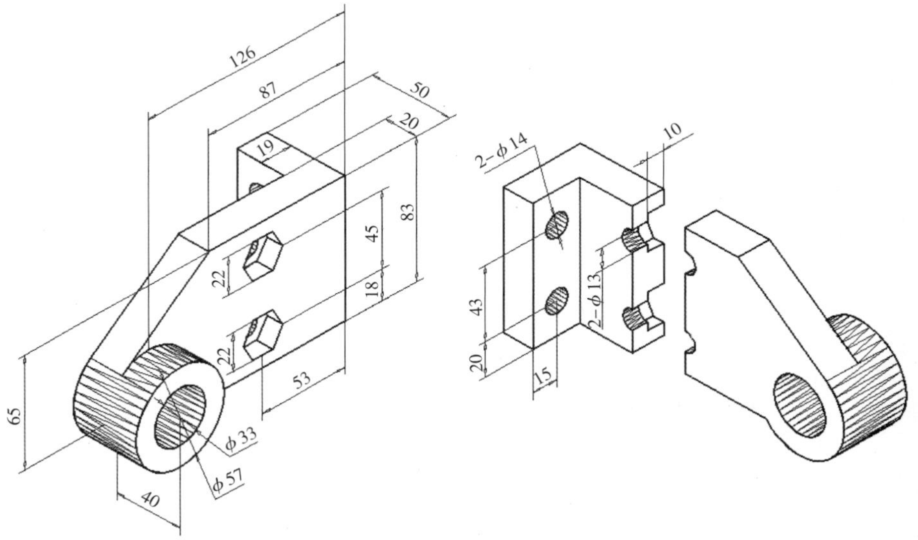

图9-27　绘制三视图（9）

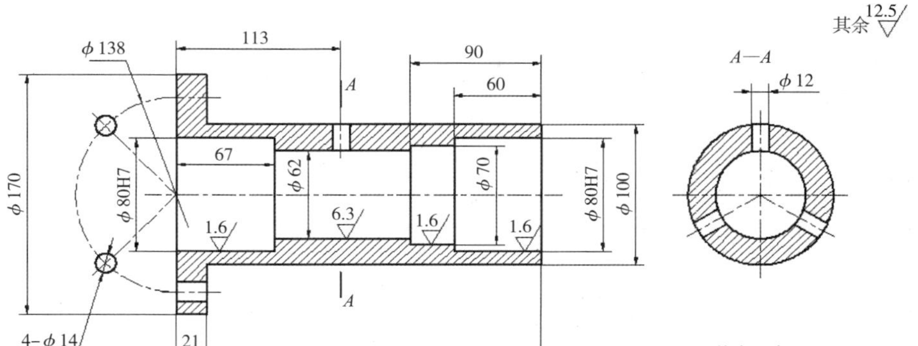

技术要求：
1. 锐边倒钝。
2. 调质处理 230~250HB。

图9-28　绘制连接轴套零件图

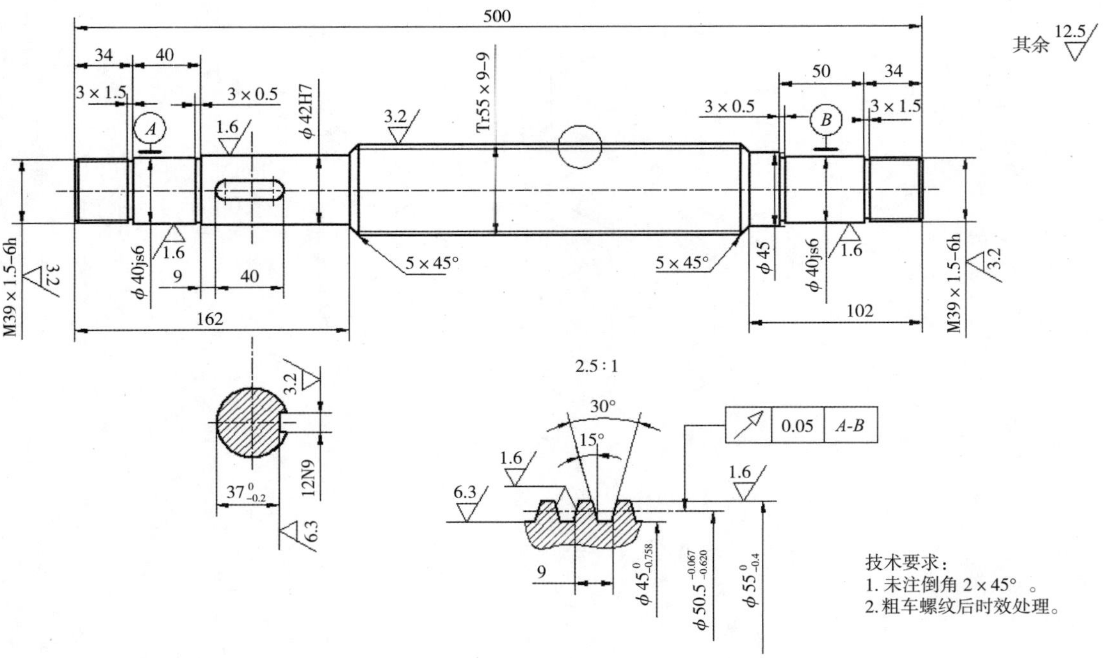

图9-29　绘制传动丝杠零件图

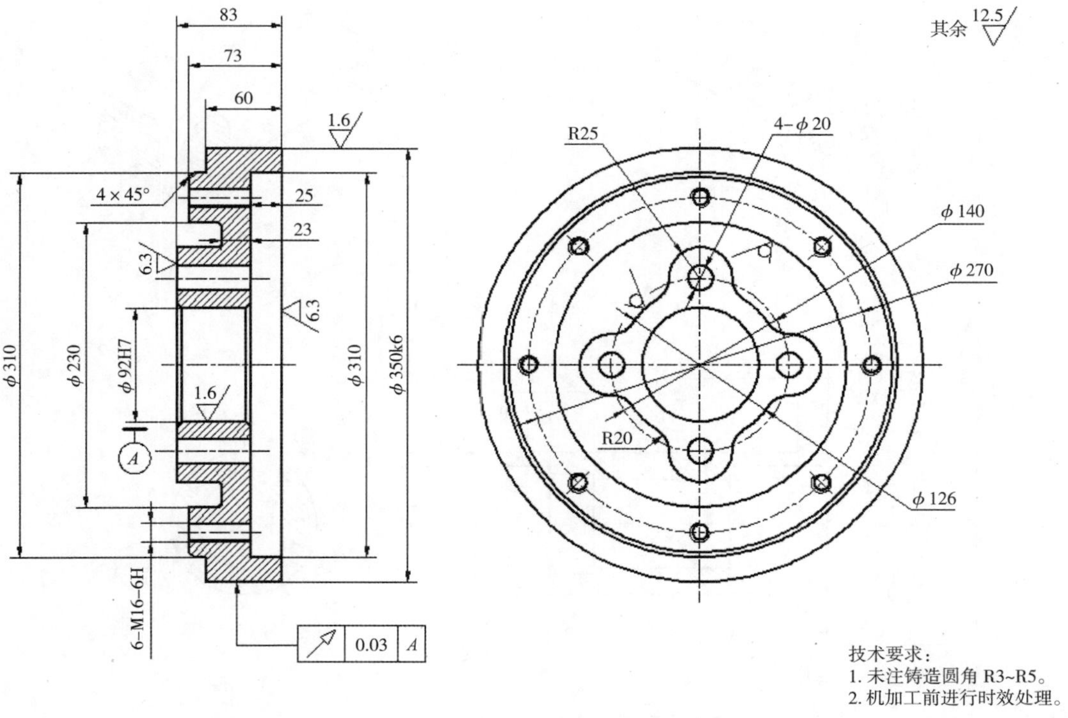

图9-30　绘制端盖零件图

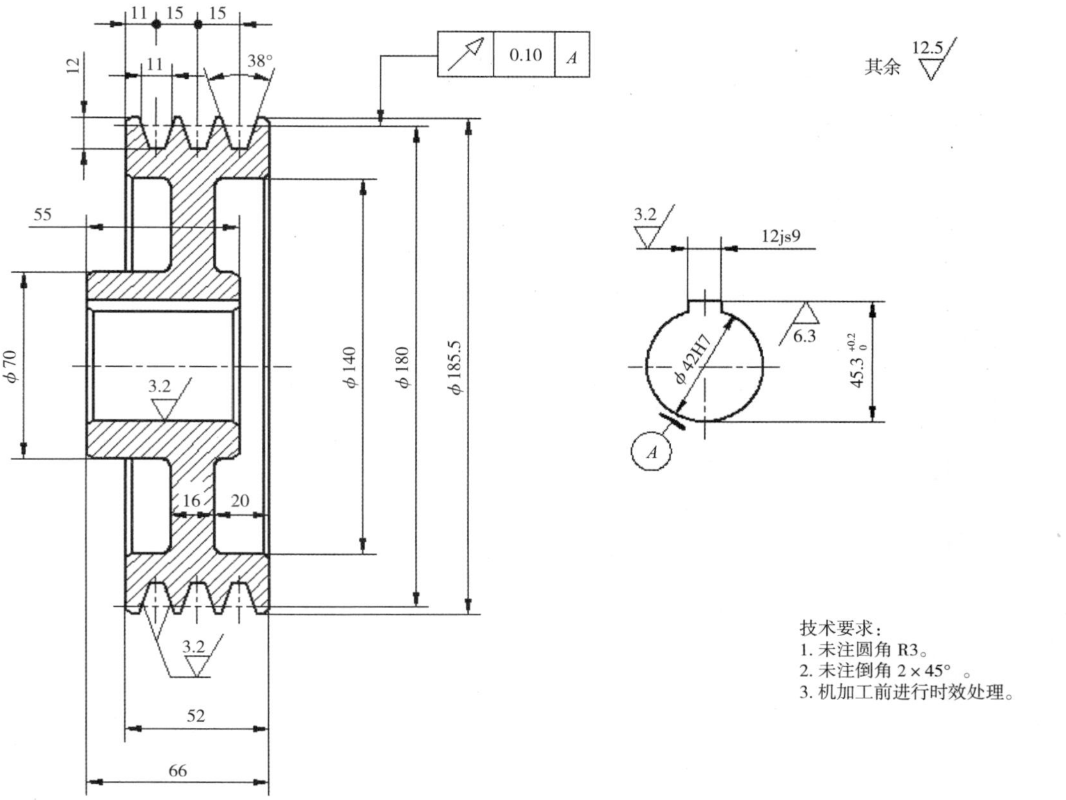

技术要求：
1. 未注圆角 R3。
2. 未注倒角 2 × 45°　。
3. 机加工前进行时效处理。

图9-31　绘制带轮零件图

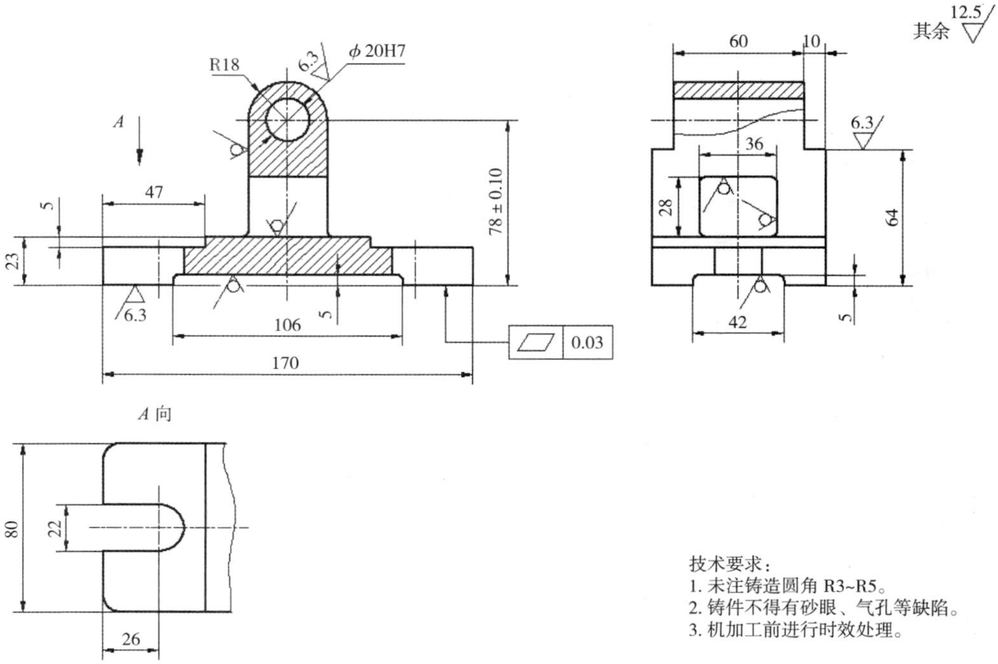

技术要求：
1. 未注铸造圆角 R3~R5。
2. 铸件不得有砂眼、气孔等缺陷。
3. 机加工前进行时效处理。

图9-32　绘制支承架零件图

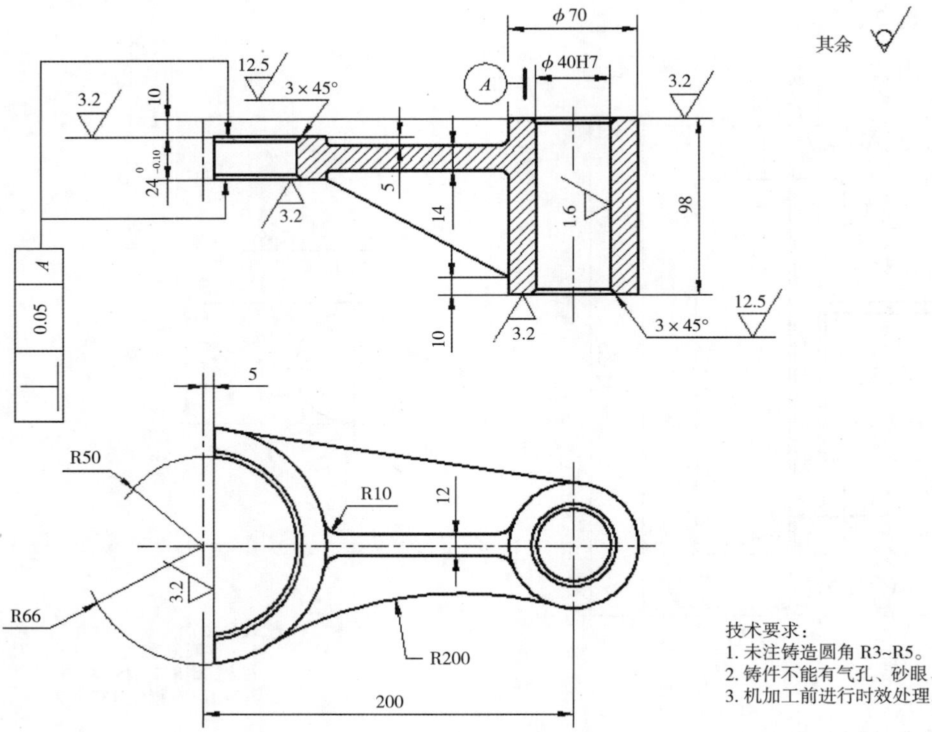

技术要求：
1. 未注铸造圆角 R3~R5。
2. 铸件不能有气孔、砂眼、夹渣等缺陷。
3. 机加工前进行时效处理。

图9-33　绘制拨叉零件图

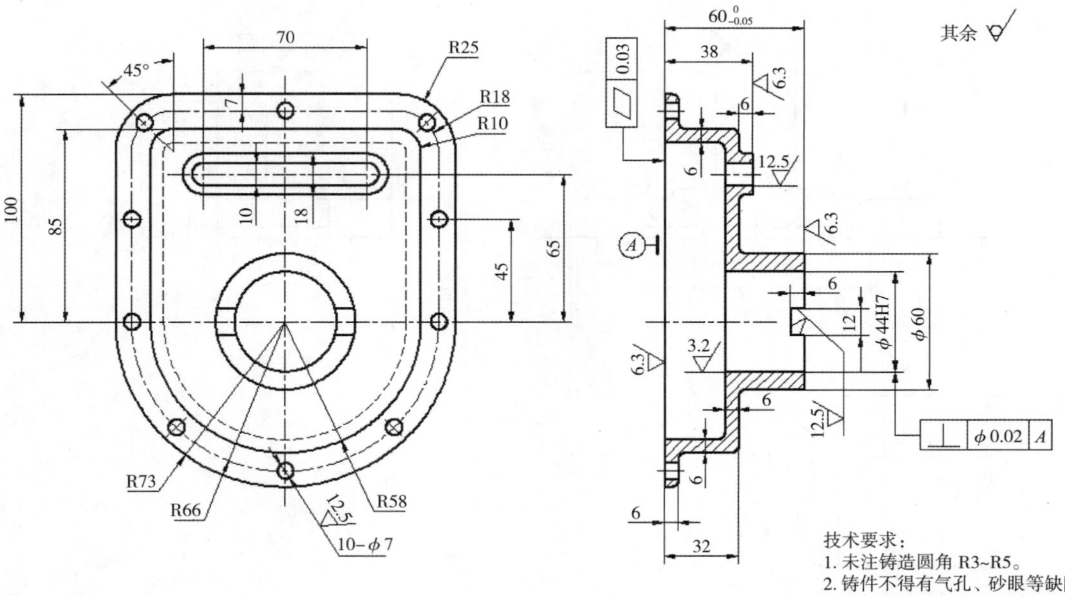

技术要求：
1. 未注铸造圆角 R3~R5。
2. 铸件不得有气孔、砂眼等缺陷。
3. 粗加工后进行人工时效处理。

图9-34　绘制箱体零件图

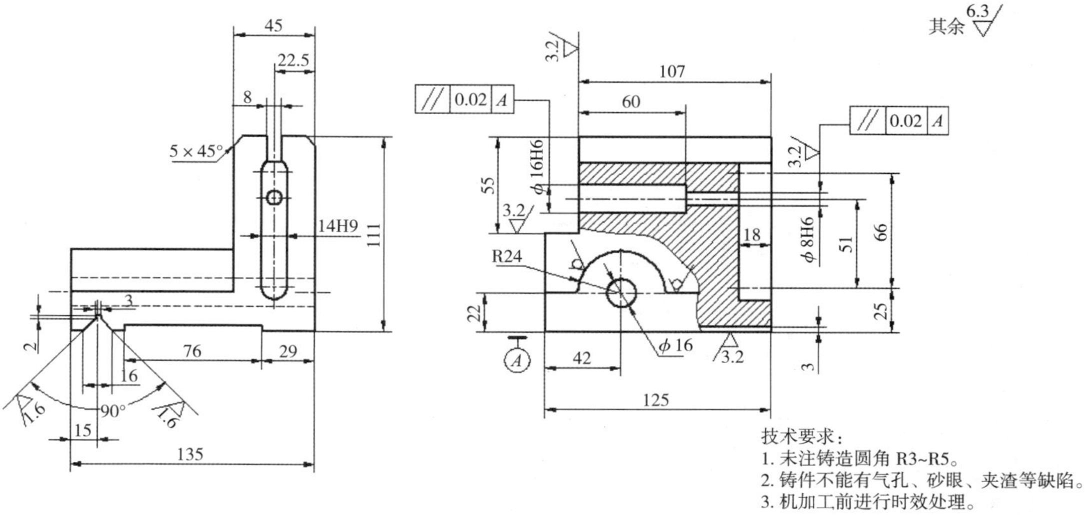

图9-35 绘制尾架零件图

【任务2】AutoCAD模拟测试题（一）

（共100分，时间120分钟）

1.填空题（共20分，每题2分）

（1）根据图S-1的尺寸，按从左向右的顺序写出各点相对于前一点的坐标。

*A*点：________ *B*点：________ *C*点：________ *D*点：________

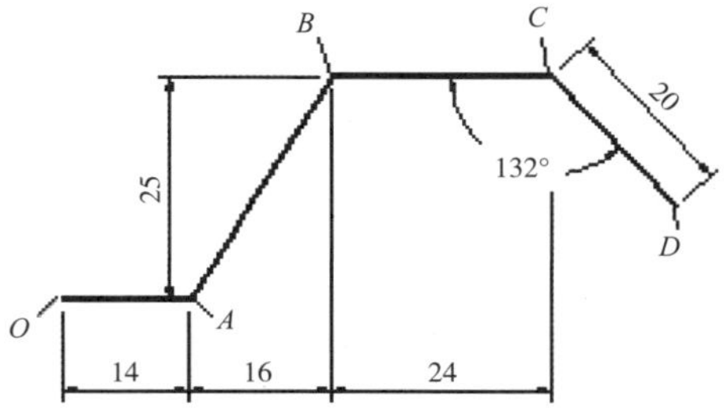

图S-1

（2）写出下列各类点的捕捉代号。

端点：_______ 交点：_______ 圆心：_______ 切点：_______ 象限点：_______

（3）在横线上填写必要的参数以完成图S-2中*BC*、*CD*、*DB*直线的绘制。

命令: _line 指定第一点: from //使用正交偏移捕捉

基点: int于 //捕捉交点*A*

<偏移>: ______

指定下一点或 [放弃（U）]: ______

指定下一点或 [放弃（U）]: ______

指定下一点或 [闭合（C）/放弃（U）]：______

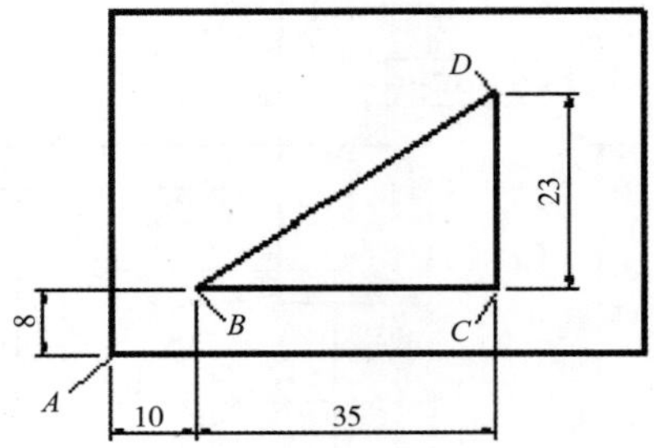

图S-2

（4）CIRCLE命令的选项有“三点（3P）/两点（2P）/ 切点、切点、半径（T）”，试写出绘制图S-3中圆*A*、*B*所用选项。

画圆*A*的选项：______　　　　　　画圆*B*的选项：______

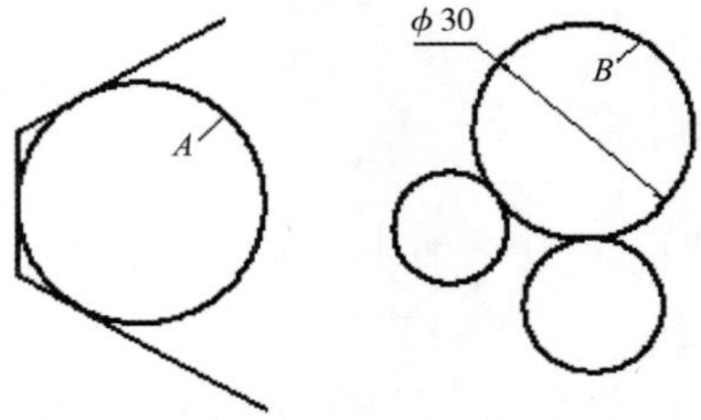

图S-3

（5）将矩形*A*复制到*B*处，如图S-4所示，试在横线上填写所需的参数。

命令: _copy

选择对象: 找到 1 个　　//选择矩形*A*

选择对象:　　//按Enter键

指定基点或 [位移（D）/模式（O）] <位移>：______

指定第二个点或 <使用第一个点作为位移>:　　//按Enter键结束

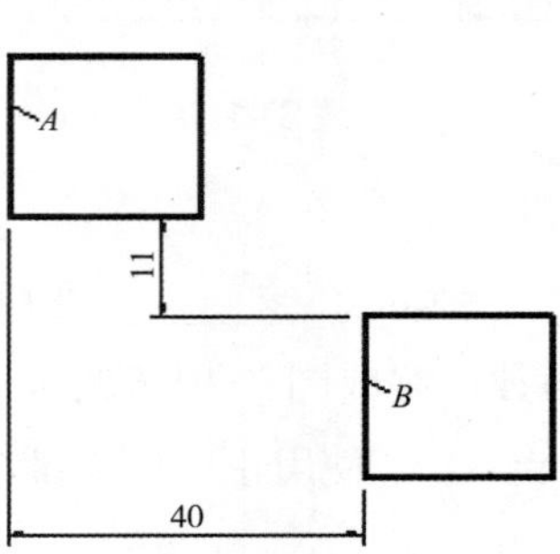

图S-4

（6）圆*A*的矩形阵列如图S-5所示，试在横线上填写阵列参数。

行数：______　　　　　　　　　　列数：______

行间距：______　　　　　　　　　　列间距：______

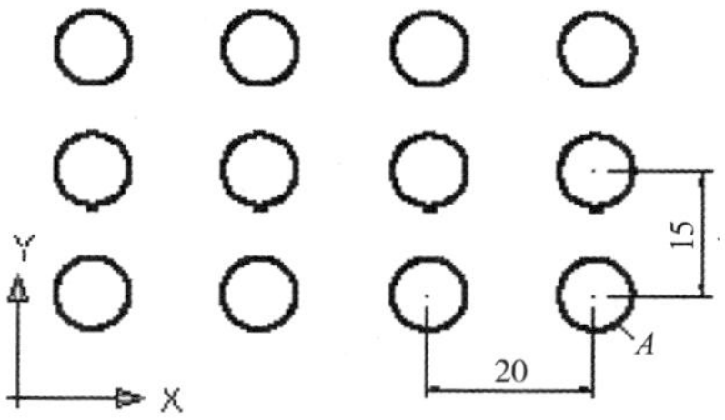

图S–5

（7）圆*A*的环形阵列如图S–6所示，试在横线上填写阵列参数。

阵列角度：______　　　　　　　　　　阵列数目：______

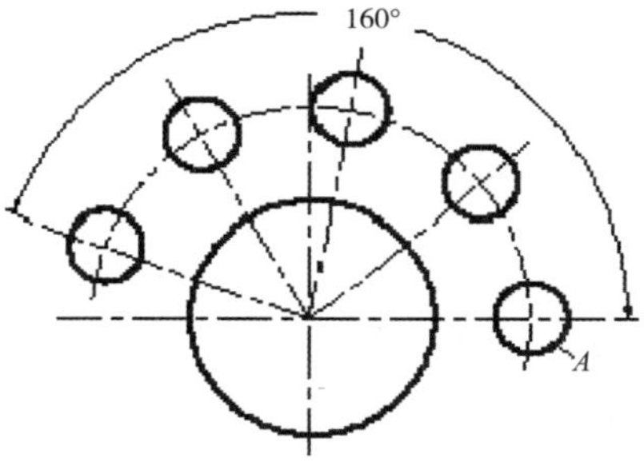

图S–6

（8）绘制图S–7所示的椭圆，试在横线上填写所需的参数。

命令: _ellipse

指定椭圆的轴端点或 [圆弧（A）/中心点（C）]: nea到　　//捕捉*A*点

指定轴的另一个端点：______

指定另一条半轴长度或 [旋转（R）]：______

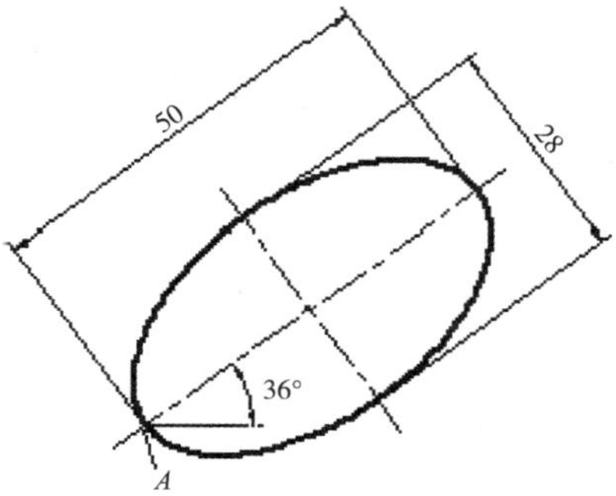

图S–7

（9）绘制图S–8所示的多边形，试在横线上填写所需的参数。

命令: _polygon 输入边的数目 <6>：______

指定正多边形的中心点或 [边（E）]: cen于　　//捕捉圆心*A*

输入选项 [内接于圆（I）/外切于圆（C）] <I>:　　//按Enter键

指定圆的半径：______

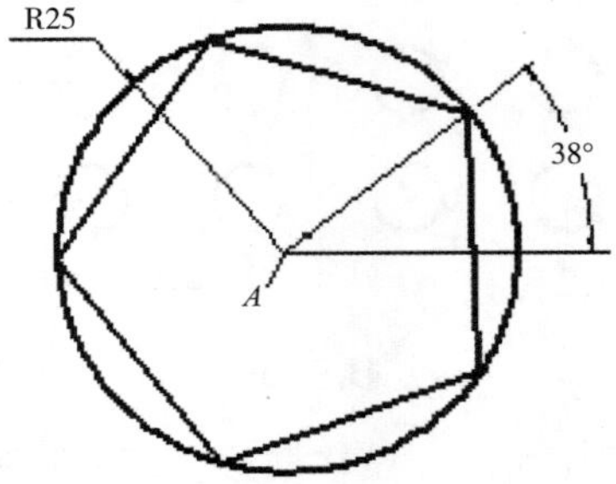

图S–8

（10）创建图S–9所示填充图案时，设定*A*、*B*图案的角度分别为______ 、______ 。

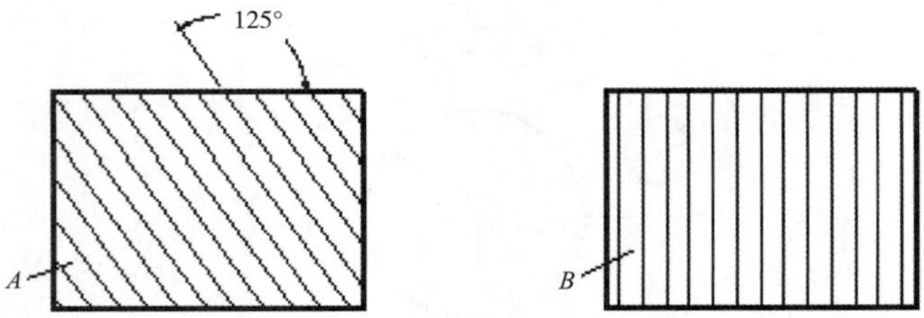

图S–9

2.选择题（共10分，每题1分）

（1）修剪线条的命令是：

（a）FILLET　（b）TRIM　（c）LINE　（d）OFFSET

（2）捕捉垂足的代号是：

（a）PAR　（b）NEA　（c）INT　（d）PER

（3）已知*A*点相对于*B*点的坐标，若用LINE命令从*A*点开始画线，需用以下哪种捕捉方式拾取A点？

（a）EXT　（b）FROM　（c）PAR　（d）NOD

（4）画平行线的命令是：

（a）MIRROR　（b）XLINE　（c）OFFSET　（d）FILLET

（5）绘制工程图中的断裂线，用以下哪个命令？

（a）XLINE　（b）CHAMFER　（c）SPLINE　（d）ARRAY

（6）使用以下哪个命令可以一次调整多条直线的长度？

（a）DDEDIT　（b）BREAK　（c）EXTEND　（d）LENGTHEN

（7）BREAK命令用于：

（a）延伸对象　（b）修剪对象　（c）打断对象　（d）对齐对象

（8）要使第二打断点与第一打断点重合，则第二打断点的输入方式为：

(a) @0, 1　(b) @　(c) @1, 0　(d) @1<90

(9) 图层上的对象可见，但不能被编辑，则该图层被:

(a) 锁定　(b) 关闭　(c) 未设置　(d) 冻结

(10) 调整标注文字的位置，可用:

(a) ALIGN命令　(b) 关键点编辑方式　(c) BREAK命令　(d) MOVE命令

3.绘制图S-10所示的图形。(10分)

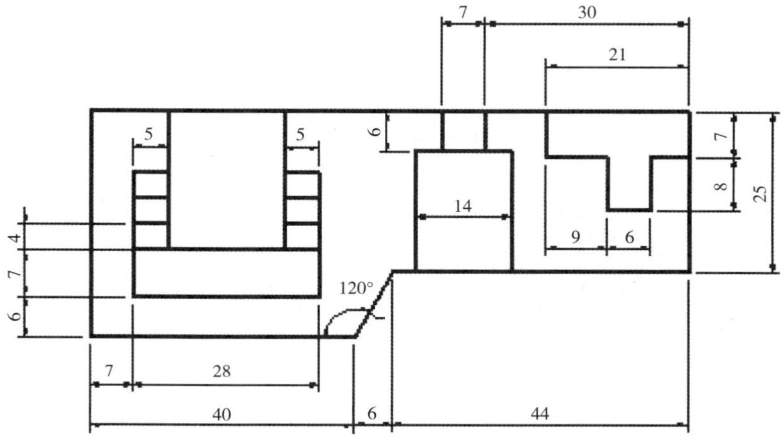

图S-10

4.绘制图S-11所示的图形。(10分)

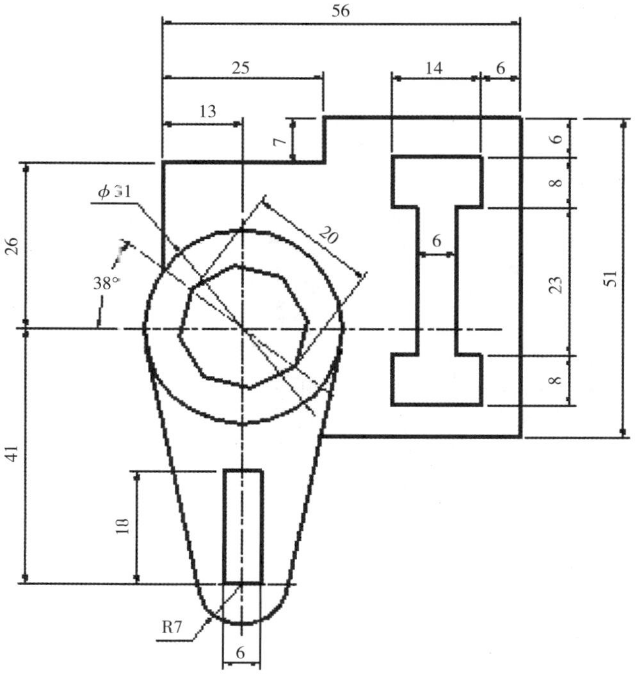

图S-11

5.绘制图S-12所示的图形。（15分）

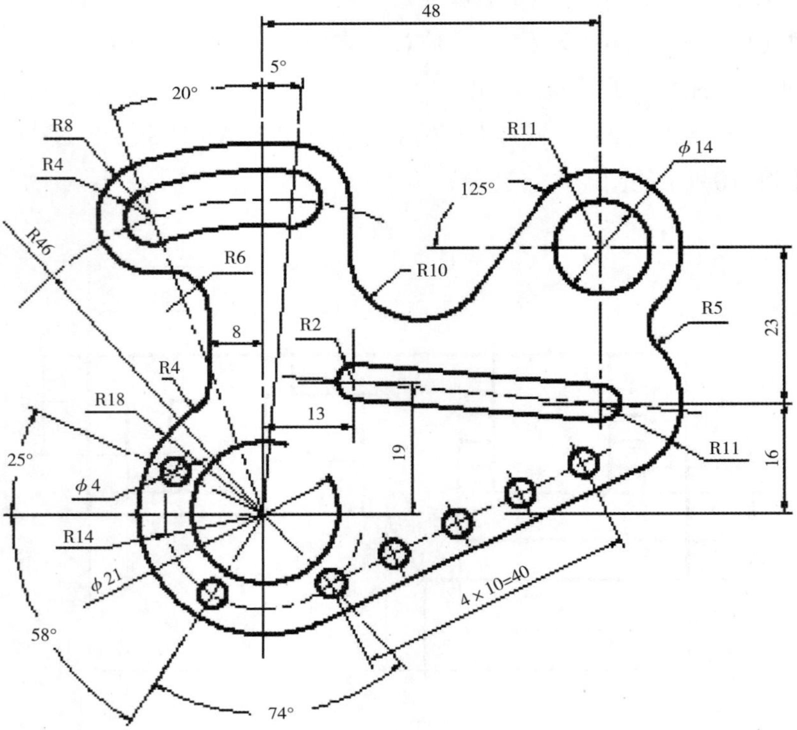

图S-12

6.根据轴测图绘制视图及剖视图，如图S-13所示。主视图采用旋转剖方式绘制。（15分）

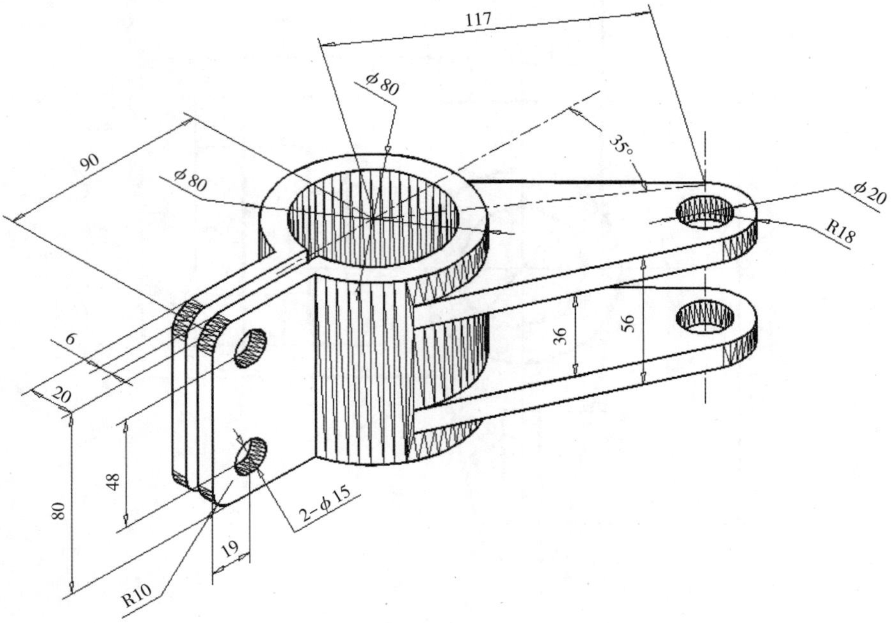

图S-13

7.绘制密封盘零件图，并标注尺寸。如图S-14所示。图幅选用A3，绘图比例为1：2，尺寸文字字高为3.5，技术要求中的文字字高分别为5和3.5。中文字体采用“gbcbig.shx”，西文字体采用“gbeitc.shx”。（20分）

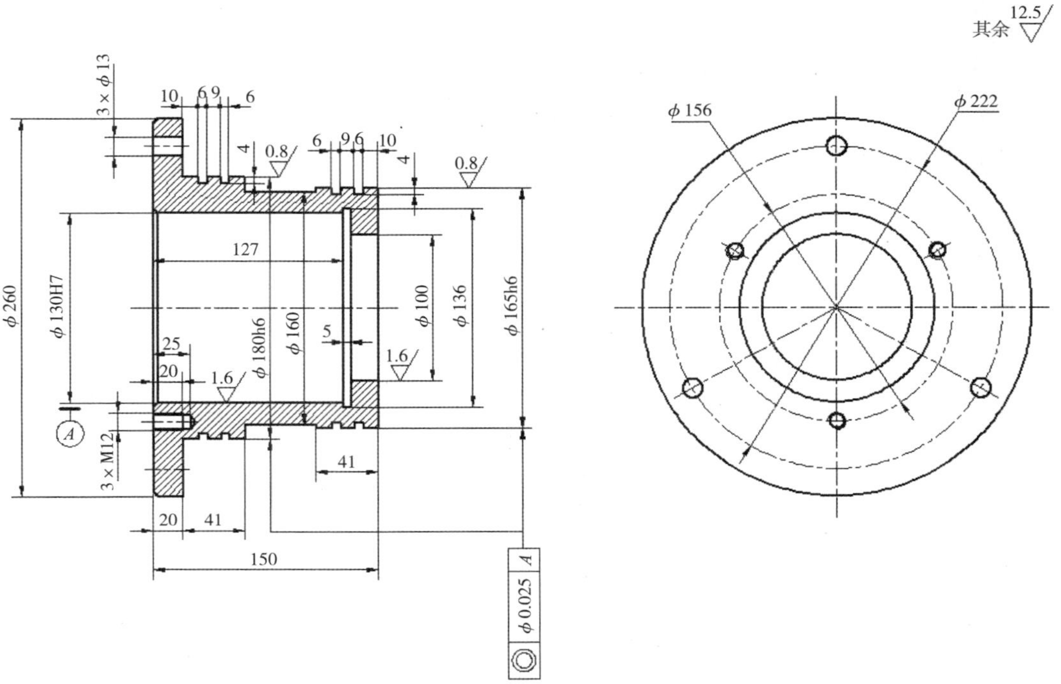

图S-14

【任务3】AutoCAD模拟测试题（二）

（共100分，时间120分钟）

1.填空题（共20分，每题2分）

（1）根据图S-1的尺寸，按顺时针方向写出各点相对于前一点的坐标。

*A*点：________　*B*点：________　*C*点：________　*D*点：________

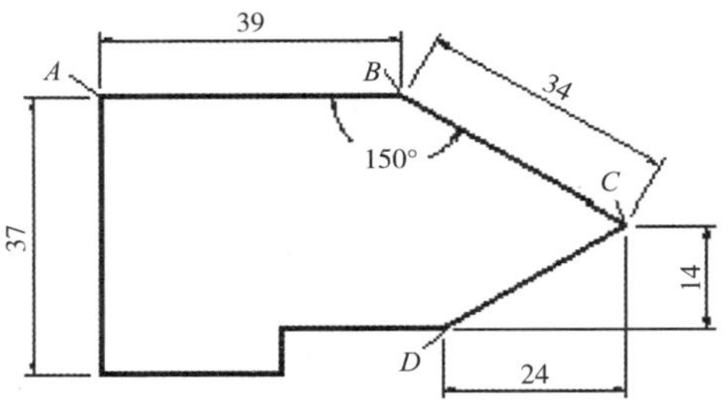

图S-1

（2）在横线上填写必要的参数以完成图S-2中直线*BC*、*DE*、*EF*的绘制。

命令: _line 指定第一点: from　　//使用正交偏移捕捉

基点: int于　　//捕捉交点*A*

<偏移>: ______

指定下一点或 [放弃（U）]: ______

指定下一点或 [放弃（U）]: @42，0

指定下一点或 [闭合（C）/放弃（U）]: ______

指定下一点或 [闭合（C）/放弃（U）]: ______

指定下一点或 [闭合（C）/放弃（U）]: c　　//使线框闭合

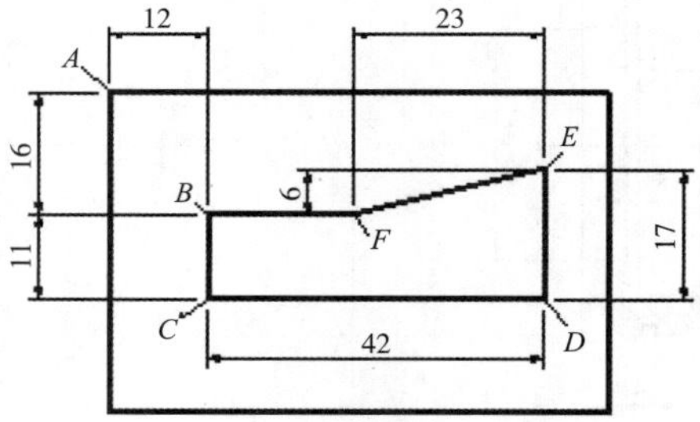

图S-2

（3）写出图S-3中各点的捕捉代号。

*A*点: ________ *B*点: ________ *C*点: ________ *D*点: ________

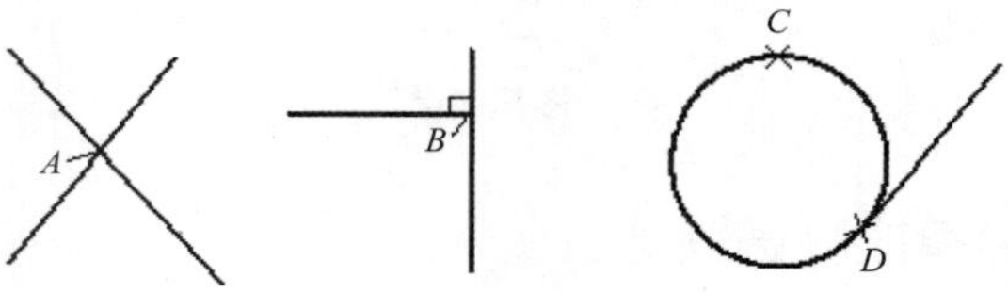

图S-3

（4）将圆*A*复制到*B*处，如图S-4所示，试在横线上填写所需的参数。

命令: _copy

选择对象: 找到 1 个　　//选择圆*A*

选择对象:　　//按Enter键

指定基点或 [位移（D）/模式（O）] <位移>: ______

指定第二个点或 <使用第一个点作为位移>:　　//按Enter键结束

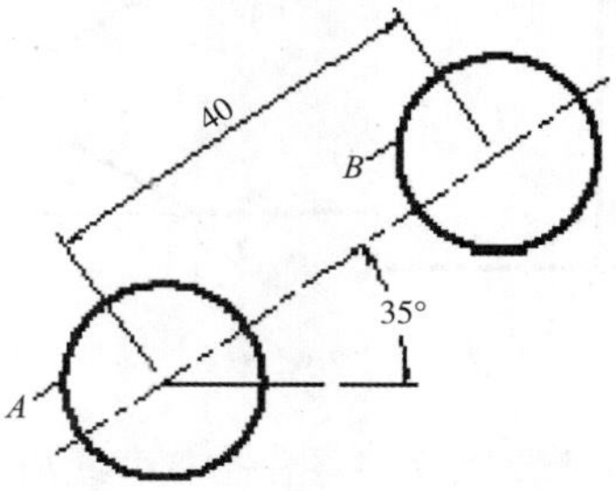

图S-4

（5）圆A的矩形阵列如图S-5所示，试在横线上填写阵列参数。

行数：______　　　　列数：______

行间距：______　　　　列间距：______

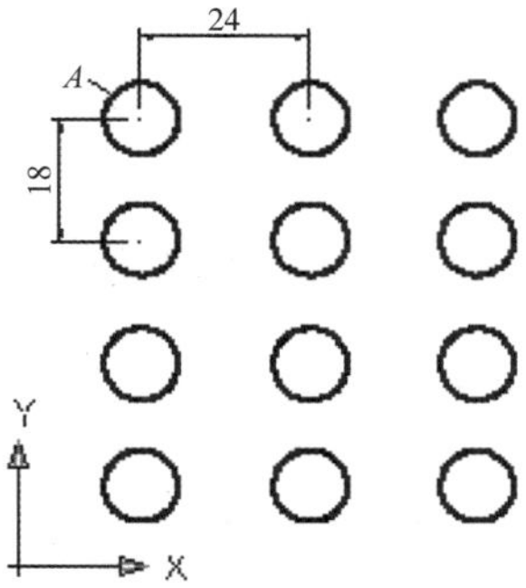

图S-5

（6）圆A的环形阵列如图S-6所示，试在横线上填写阵列参数。

阵列角度：______　　　　阵列数目：______

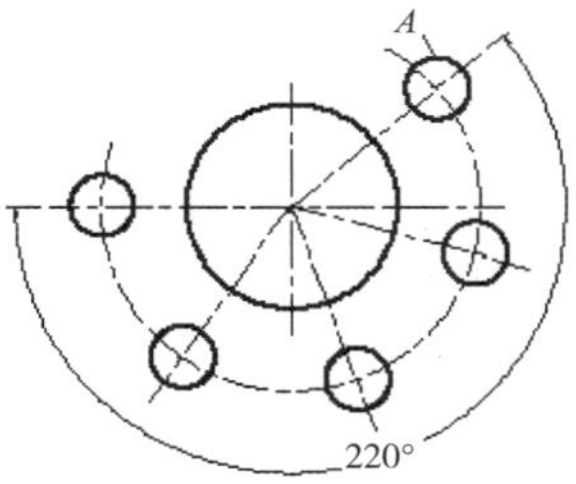

图S-6

（7）将圆A旋转到新位置B，如图S-7所示，试在横线上填写所需的参数。

命令: _rotate

选择对象: 找到 1 个　　//选择圆A

选择对象:　　//按Enter键

指定基点: ______

指定旋转角度，或 [复制（C）/参照（R）] <0>: r //使用“参照（R）”选项

指定参照角 <0>: ______

指定第二点: ______

指定新角度或 [点（P）] <0>: ______

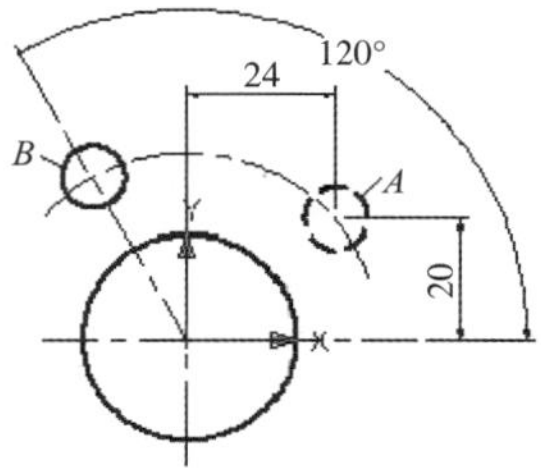

图S-7

（8）绘制图S–8所示的矩形*B*，试在横线上填写所需的参数。

命令: _rectang

指定第一个角点或 [倒角（C）/标高（E）/圆角（F）/厚度（T）/宽度（W）]: from

//使用正交偏移捕捉

基点: int于　　//捕捉交点*A*

<偏移>: ______

指定另一个角点或 [面积（A）/尺寸（D）/旋转（R）]: ______

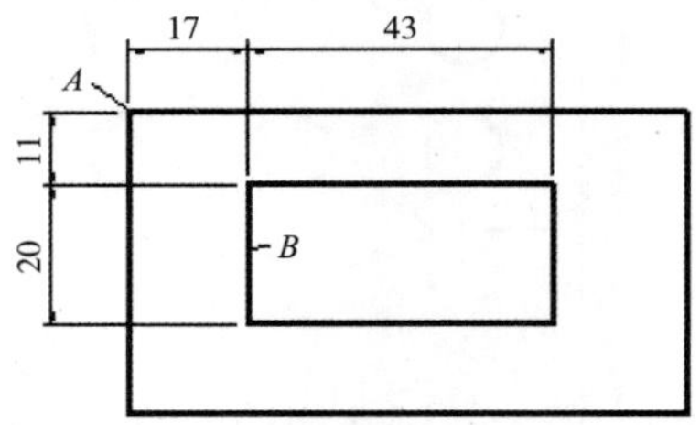

图S–8

（9）绘制图S–9所示的多边形，试在横线上填写所需的参数。

命令: _polygon 输入边的数目 <4>: 6　　//输入多边形的边数

指定正多边形的中心点或 [边（E）]:　　//捕捉*A*点

输入选项 [内接于圆（I）/外切于圆（C）] <I>: ______

指定圆的半径: ______

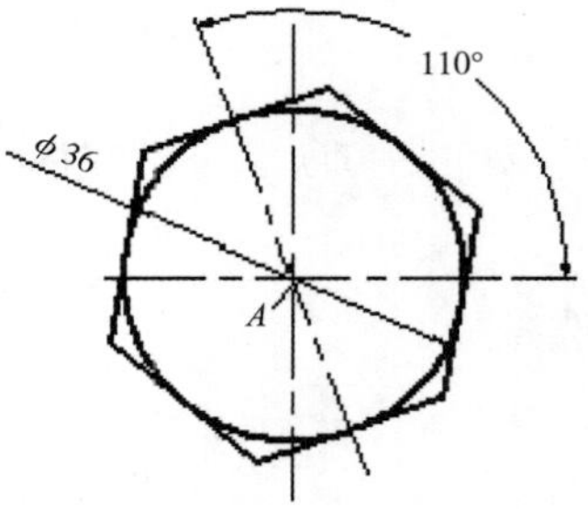

图S–9

（10）写出单行文字中特殊符号对应的代码。

文字上划线: ______　　　　文字下划线: ______

直径符号: ______　　　　正负公差符号: ______

2.选择题（共10分，每题1分）

（1）使用“两点（2P）”选项画圆时，两点间的距离等于:

（a）圆周长　（b）半径　（c）直径　（d）弦长

（2）以下哪一个捕捉代号用于拾取离光标位置最近的点?

（a）PAR　（b）NOD　（c）QUA　（d）NEA

（3）POLYGON命令创建的正多边形，边数最大值为：

（a）128　（b）256　（c）1024　（d）32

（4）使用下面哪个命令可以删除对象的一部分？

（a）BREAK　（b）XLINE　（c）ERASE　（d）FILLET

（5）镜像对象的命令是：

（a）LENGTHEN　（b）MIRROR　（c）MLINE　（d）OFFSET

（6）缺省情况下，ANSI31剖面线与X轴的夹角等于：

（a）60°　（b）0°　（c）45°　（d）30°

（7）已指定移动的基点，若输入第二点的相对坐标为@60<-50，则对象移动的距离和方向为：

（a）60，−50°　（b）60，50°　（c）50，60°　（d）−60，50°

（8）拉伸对象的命令是：

（a）ALIGN　（b）EXTEND　（c）STRETCH　（d）EXPLODE

（9）创建面域的命令是：

（a）AREA　（b）SUBTRACT　（c）UNION　（d）REGION

（10）要同时得到直线的长度及与X轴的夹角，可用：

（a）DISTANCE命令　（b）LIST命令

（c）DIMLINEAR命令　（d）PLINE命令

3.绘制图S−10所示的图形。（10分）

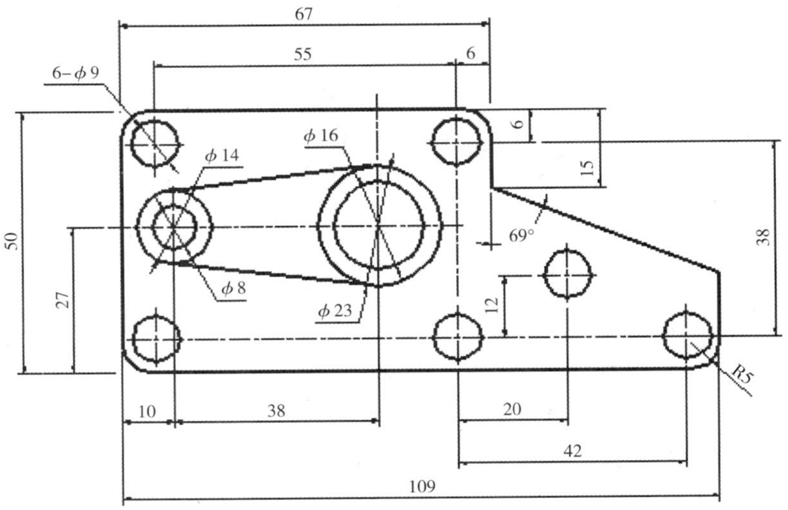

图S−10

4.绘制图S-11所示的图形。（10分）

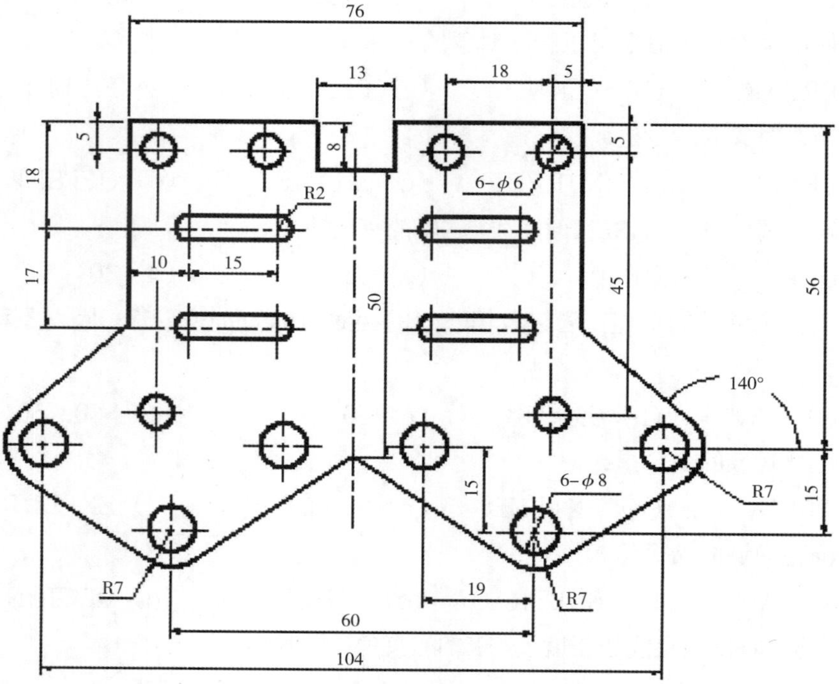

图S-11

5.绘制图S-12所示的图形。（15分）

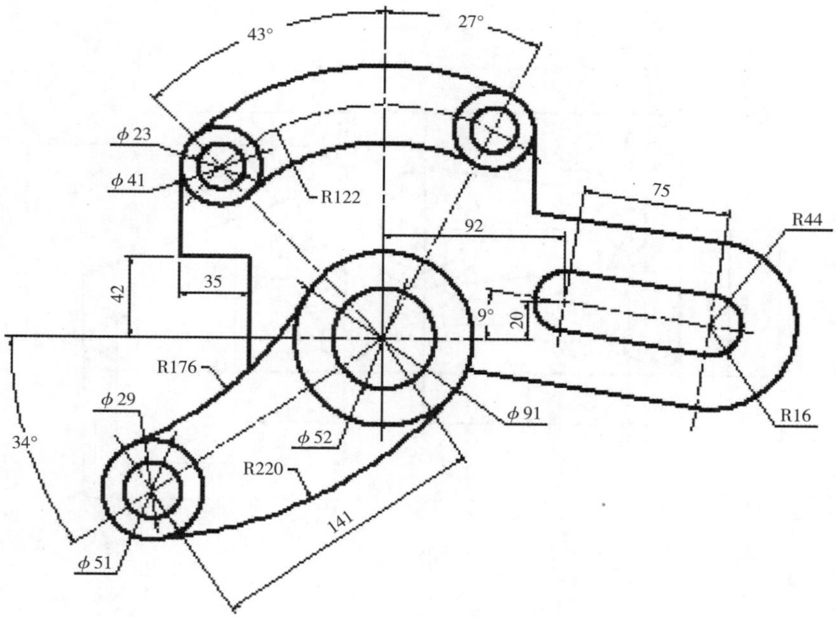

图S-12

6.根据轴测图绘制剖视图，如图S-13所示。主视图及俯视图都采用半剖方式绘制。（15分）

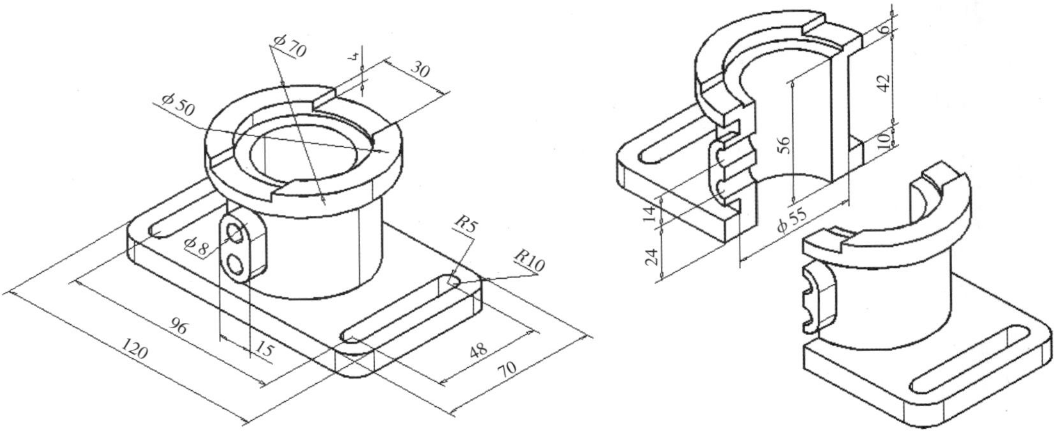

图S-13

7.绘制定位套零件图，并标注尺寸。如图S-14所示。图幅选用A3，绘图比例为1：2，尺寸文字字高为3.5，技术要求中的文字字高分别为5和3.5。中文字体采用“gbcbig.shx”，西文字体采用“gbeitc.shx”。（20分）

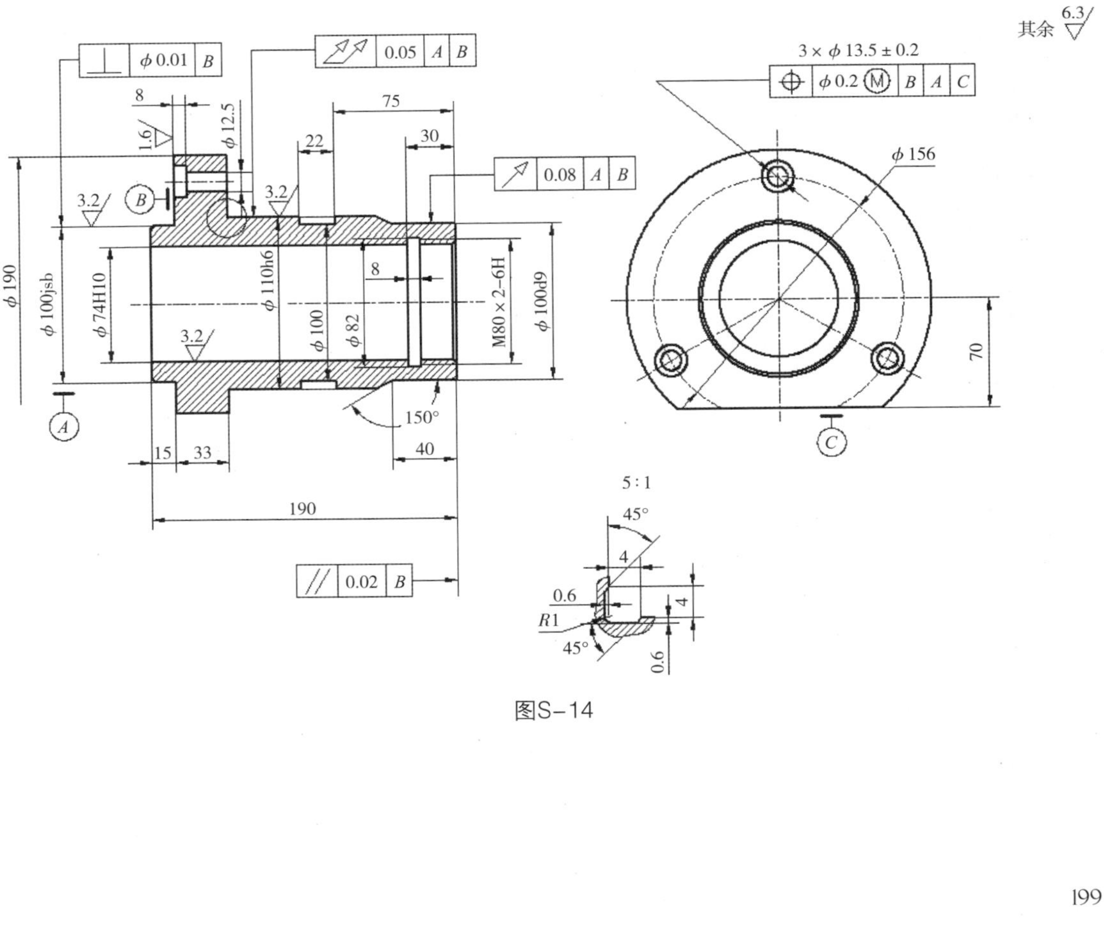

图S-14

【任务4】AutoCAD模拟测试题（一）答案

（共100分，时间120分钟）

1.填空题（共20分，每题2分）

（1）根据图S–1的尺寸，按从左向右的顺序写出各点相对于前一点的坐标。

*A*点：<u>@14，0</u> *B*点：<u>@16，25</u> *C*点：<u>@24，0</u> *D*点：<u>@20<–48</u>

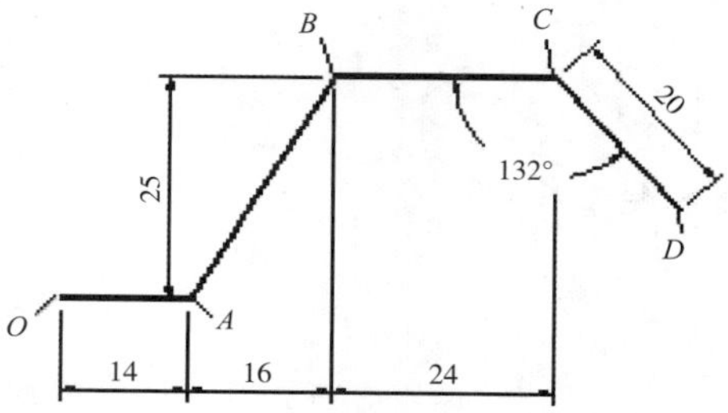

图S–1

（2）写出下列各类点的捕捉代号。

端点：<u>END</u> 交点：<u>INT</u> 圆心：<u>CEN</u> 切点：<u>TAN</u>

象限点：<u>QUA</u>

（3）在横线上填写必要的参数以完成图S–2中*AB*、*BC*直线的绘制。

命令: _line 指定第一点: from　　//使用正交偏移捕捉

基点: int于　　//捕捉交点*A*

<偏移>: <u>@10，8</u>

指定下一点或 [放弃（U）]: <u>@35，0</u>

指定下一点或 [放弃（U）]: <u>@0，23</u>

指定下一点或 [闭合（C）/放弃（U）]: <u>C</u>

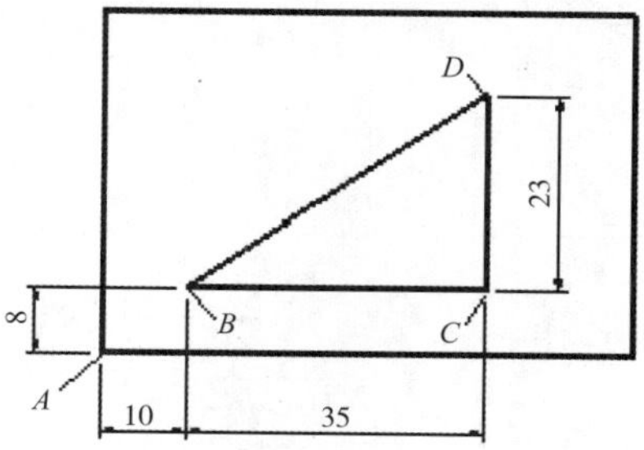

图S–2

（4）CIRCLE命令的选项有“三点（3P）/两点（2P）/ 切点、切点、半径（T）”，试写出绘制图S–3中圆*A*、*B*所用选项。

画圆*A*的选项：<u>三点（3P）</u>　　画圆*B*的选项：<u>相切、相切、半径（T）</u>

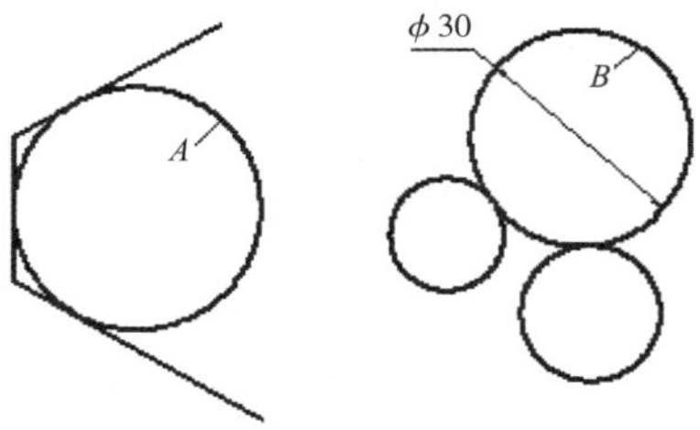

图S-3

（5）将矩形A复制到B处，如图S-4所示，试在横线上填写所需的参数。

命令: _copy

选择对象: 找到 1 个　　//选择矩形A

选择对象:　　//按Enter键

指定基点或 [位移（D）/模式（O）] <位移>: 40，-11

指定第二个点或 <使用第一个点作为位移>:　　//按Enter键结束

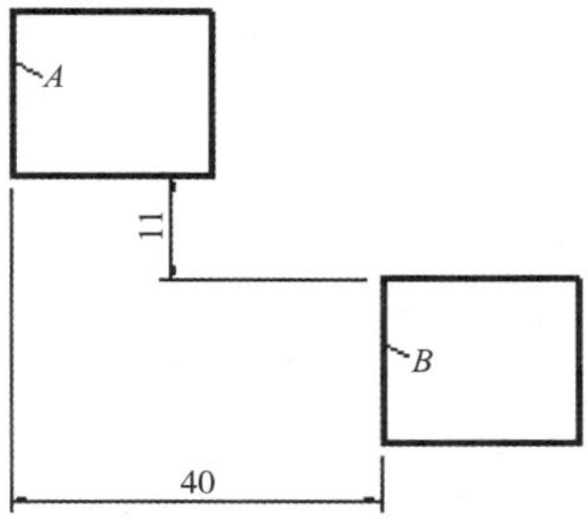

图S-4

（6）圆A的矩形阵列如图S-5所示，试在横线上填写阵列参数。

行数：3　　列数：4

行间距：15　　列间距：-20

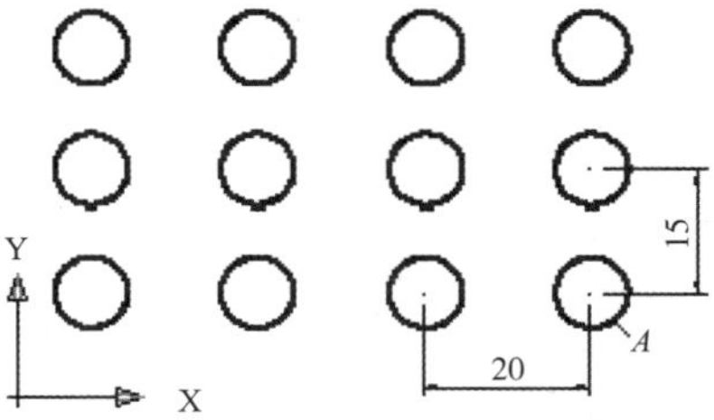

图S-5

（7）圆A的环形阵列如图S-6所示，试在横线上填写阵列参数。

阵列角度：160　　阵列数目：5

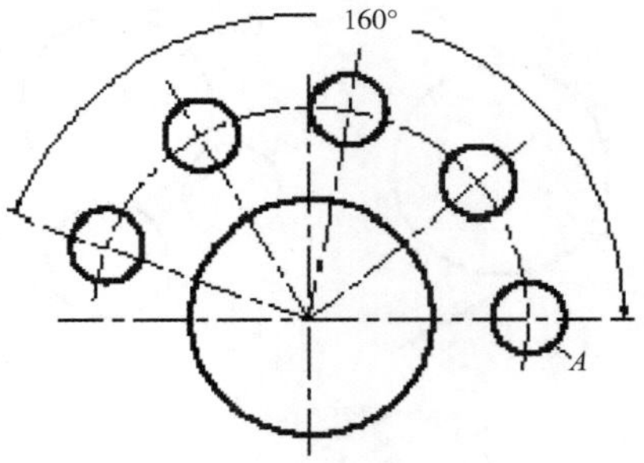

图S-6

（8）绘制图S-7所示的椭圆，试在横线上填写所需的参数。

命令: _ellipse

指定椭圆的轴端点或 [圆弧（A）/中心点（C）]: nea到　　//捕捉*A*点

指定轴的另一个端点: @50<36

指定另一条半轴长度或 [旋转（R）]: 14

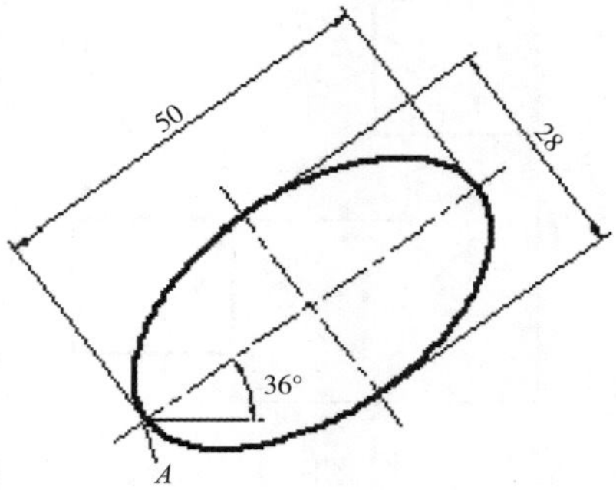

图S-7

（9）绘制图S-8所示的多边形，试在横线上填写所需的参数。

命令: _polygon 输入边的数目 <6>: 5

指定正多边形的中心点或 [边（E）]: cen于　　//捕捉圆心*A*

输入选项 [内接于圆（I）/外切于圆（C）] <I>:　　//按Enter键

指定圆的半径: @25<38

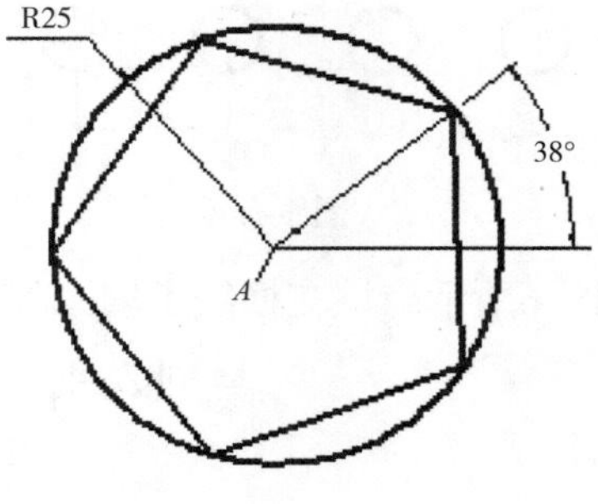

图S-8

（10）创建图S-8所示填充图案时，设定*A*、*B*图案的角度分别为<u>　80°　</u>、<u>　45°　</u>。

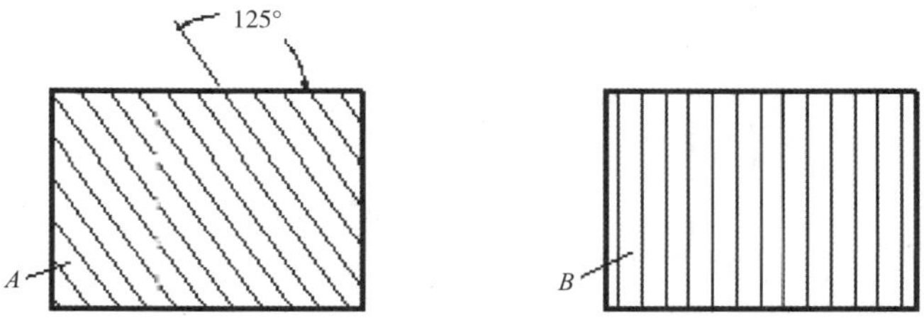

图S-9

2.选择题（共10分，每题1分）

（1）b　（2）d　（3）b　（4）c　（5）c　（6）d　（7）c　（8）b　（9）a　（10）b

6.根据轴测图绘制视图及剖视图。

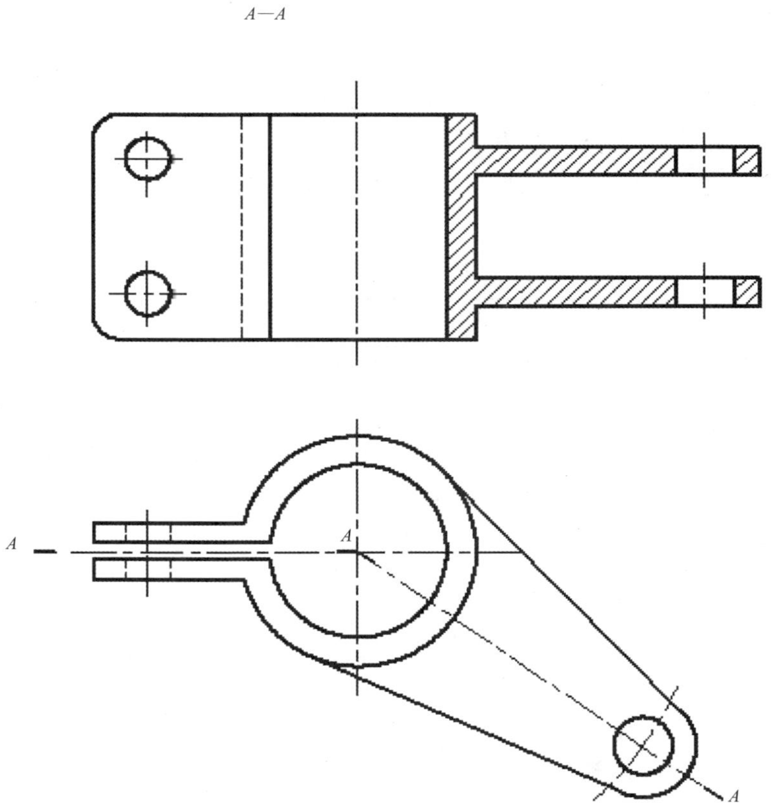

【任务5】AutoCAD模拟测试题（二）答案

（共100分，时间120分钟）

1.填空题（共20分，每题2分）

（1）根据图S-1的尺寸，按顺时针方向写出各点相对于前一点的坐标。

*A*点：<u>　@0，37B　</u>　*B*点：<u>　@39，0　</u>　*C*点：<u>　@34<-30　</u>　*D*点：<u>　@-24，-14　</u>

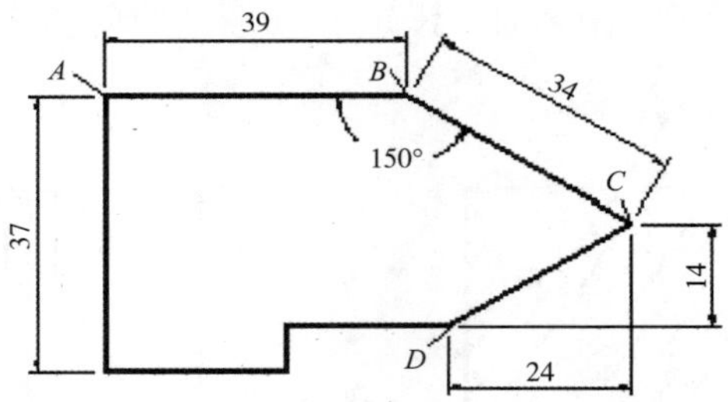

图S-1

（2）在横线上填写必要的参数以完成图S-2中直线*BC*、*DE*、*EF*的绘制。

命令: _line 指定第一点: from　　//使用正交偏移捕捉

基点: int于　　//捕捉交点*A*

<偏移>: @12，-16

指定下一点或 [放弃（U）]: @0，-11

指定下一点或 [放弃（U）]: @42，0

指定下一点或 [闭合（C）/放弃（U）]: @0，17

指定下一点或 [闭合（C）/放弃（U）]: @-23，-6

指定下一点或 [闭合（C）/放弃（U）]: c　　//使线框闭合

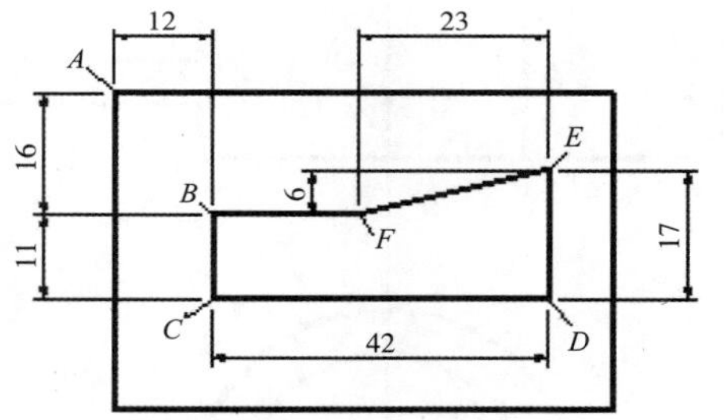

图S-2

（3）写出图S-3中各点的捕捉代号。

*A*点: INT　*B*点: PER　*C*点: QUA　*D*点: TAN

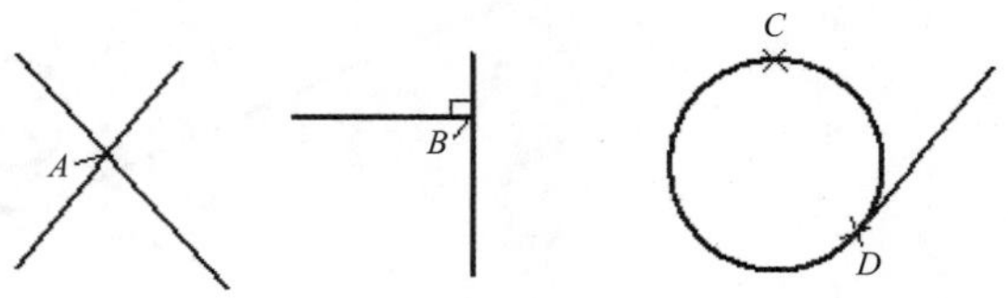

图S-3

（4）将圆*A*复制到*B*处，如图S-4所示，试在横线上填写所需的参数。

命令: _copy

选择对象: 找到 1 个　　//选择圆*A*

选择对象:　　//按Enter键

指定基点或 [位移（D）/模式（O）] <位移>: 40<35

指定第二个点或 <使用第一个点作为位移>: //按Enter键结束

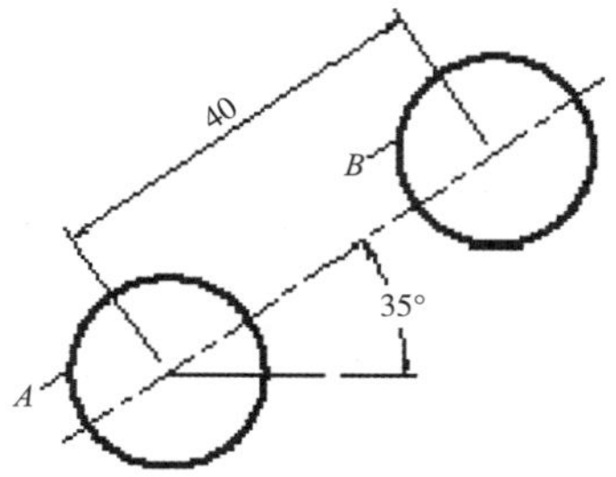

图S-4

（5）圆*A*的矩形阵列如图S-5所示，试在横线上填写阵列参数。

行数：4　　　　列数：3

行间距：−18　　　　列间距：24

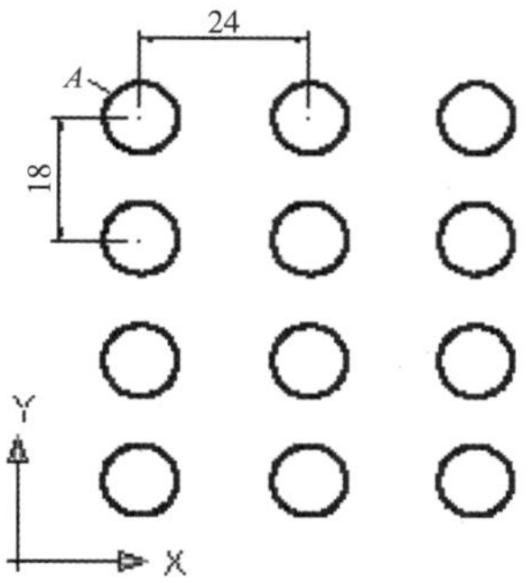

图S-5

（6）圆*A*的环形阵列如图S-6所示，试在横线上填写阵列参数。

阵列角度：−220　　　　阵列数目：5

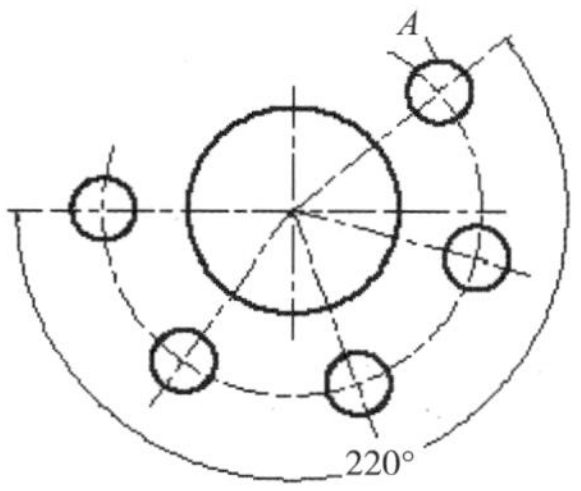

图S-6

（7）将圆*A*旋转到新位置*B*，如图S-7所示，试在横线上填写所需的参数。

命令: _rotate

选择对象: 找到 1 个　　//选择圆*A*

选择对象:　　//按Enter键

指定基点: 0, 0

指定旋转角度, 或 [复制（C）/参照（R）] <0>: r　　//使用“参照（R）”选项

指定参照角 <0>: 0, 0

指定第二点: 24, 20

指定新角度或 [点（P）] <0>: 120

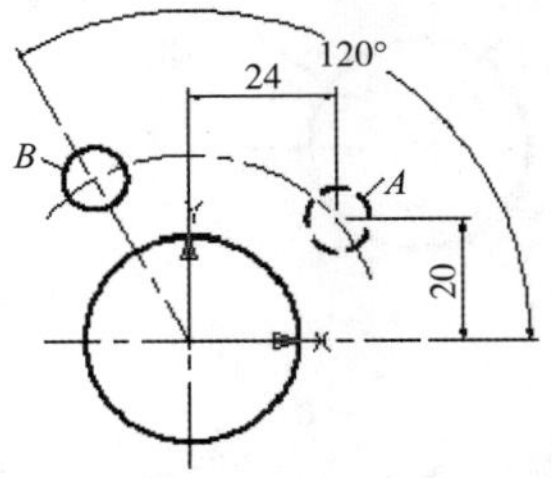

图S–7

（8）绘制图S–8所示的矩形B，试在横线上填写所需的参数。

命令: _rectang

指定第一个角点或 [倒角（C）/标高（E）/圆角（F）/厚度（T）/宽度（W）]: from

//使用正交偏移捕捉

基点: int于　　//捕捉交点*A*

<偏移>: @17, −11

指定另一个角点或 [面积（A）/尺寸（D）/旋转（R）]: @43, −20

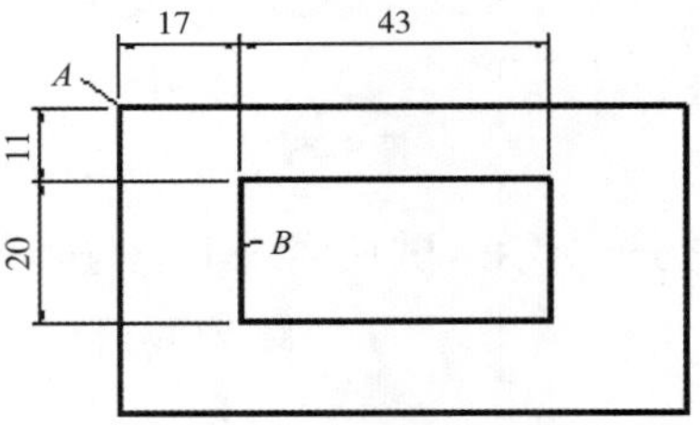

图S–8

（9）绘制图S–9所示的多边形，试在横线上填写所需的参数。

命令: _polygon 输入边的数目 <4>: 6　　//输入多边形的边数

指定正多边形的中心点或 [边（E）]:　　//捕捉*A*点

输入选项 [内接于圆（I）/外切于圆（C）] <I>: C

指定圆的半径: @18<110

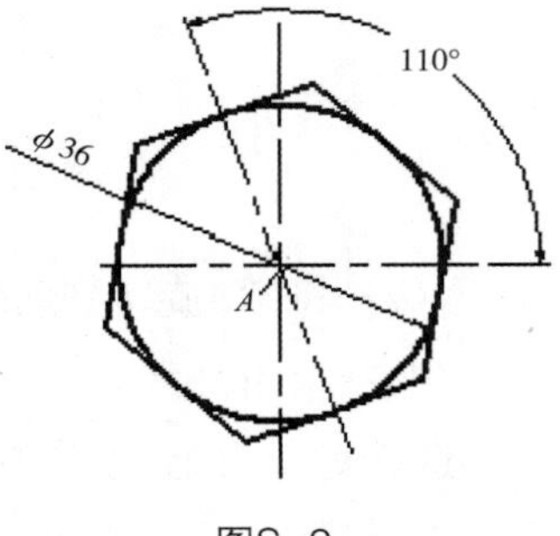

图S–9

（10）写出单行文字中特殊符号对应的代码。

文字上划线：<u>%%O</u>　　文字下划线：<u>%%U</u>

直径符号：<u>%%C</u>　　正负公差符号：<u>%%P</u>

2.选择题（共10分，每题1分）

（1）c （2）d （3）c （4）a （5）b （6）c （7）a （8）c （9）d （10）b

6.根据轴测图绘制剖视图。

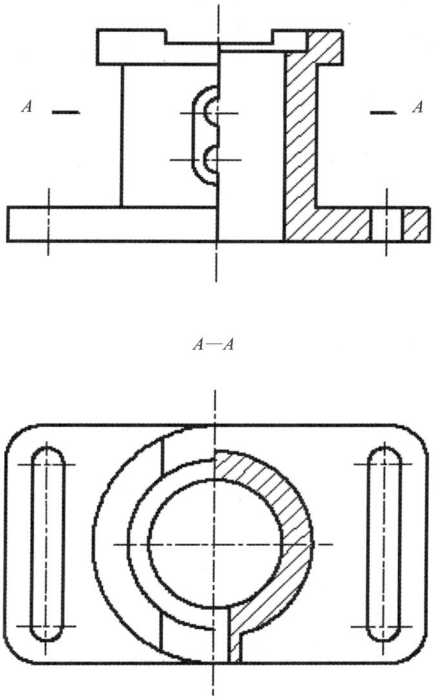

参考文献

[1] 丁建春.计算机制图——AutoCAD[M].北京：中国劳动社会保障出版社，2008.

[2] 王运峰.机械制图与AutoCAD绘图[M].北京：中国劳动社会保障出版社，2012.

[3] 郭建尊.机械制图及计算机绘图[M].北京：中国劳动社会保障出版社，2009.

[4] 刘利.机械工程语言[M].北京：煤炭工业出版社，2014.

[5] 果连成.机械制图[M].北京：中国劳动社会保障出版社，2016.